普通高等教育"十一五

U0586088

物理学教程
习题分析与解答

马文蔚 主 编
包 刚 韦 娜 殷 实 编

中国教育出版传媒集团
高等教育出版社·北京

内容简介

本书是为马文蔚等编写的《物理学教程》（第四版）中的习题编写的习题分析与解答，作者对教材中的所有习题进行了分析与解答。全书贯彻重分析、简解答的指导思想，力求通过对题目的分析，使学生在解题之前，对相关的物理规律有进一步的认识；通过解题方法和技巧的介绍和运用，拓宽学生的解题思路；通过讨论计算结果来进一步明确物理意义。而对于解题过程，本书则尽可能做到简明扼要。

本书可作为《物理学教程》（第四版）的配套教学和学习参考书，也可供各高等学校理工科非物理学类专业师生和社会读者选用。

图书在版编目（CIP）数据

物理学教程习题分析与解答 / 马文蔚主编；包刚，韦娜，殷实编. --北京:高等教育出版社,2024.1
ISBN 978-7-04-061425-1

Ⅰ.①物⋯　Ⅱ.①马⋯ ②包⋯ ③韦⋯ ④殷⋯　Ⅲ.①物理学-高等学校-题解　Ⅳ.①O4-44

中国国家版本馆 CIP 数据核字（2023）第 233160 号

WULIXUE JIAOCHENG XITI FENXI YU JIEDA

策划编辑	张海雁	责任编辑	高聚平	封面设计	王凌波　裴一丹	版式设计	李彩丽
责任绘图	于　博	责任校对	窦丽娜	责任印制	刁　毅		

出版发行	高等教育出版社	网　　址	http://www.hep.edu.cn
社　　址	北京市西城区德外大街 4 号		http://www.hep.com.cn
邮政编码	100120	网上订购	http://www.hepmall.com.cn
印　　刷	北京玥实印刷有限公司		http://www.hepmall.com
开　　本	787mm×1092mm　1/16		http://www.hepmall.cn
印　　张	15		
字　　数	370 千字	版　　次	2024 年 1 月第 1 版
购书热线	010-58581118	印　　次	2024 年 1 月第 1 次印刷
咨询电话	400-810-0598	定　　价	29.00 元

本书如有缺页、倒页、脱页等质量问题,请到所购图书销售部门联系调换
版权所有　侵权必究
物 料 号　61425-00

前　言

　　大学物理课程作为高等学校理工科类专业必修的一门基础课程，既为各专业课程奠定了必要的物理基础，还是系统了解自然界物质基本结构、基本运动、基本相互作用的窗口，是大学学习阶段学会分析问题和解决问题的入口。我们编写本书的初衷并不是给读者提供快速学会解题的套路和取得考试高分的捷径，而是希望引导读者通过解题来启迪、拓宽思维、学会分析和解决问题，并在解题过程中体会物理学科乃至自然科学的魅力、美感和价值。

　　《物理学教程习题分析与解答》伴随《物理学教程》至今已经整整二十年，编者感到欣慰的是，我们始终陪伴着一代又一代的年轻读者，为他们学习大学物理课程提供力所能及的帮助，也希望能给他们今后的学习生活留下一点有价值的记忆片段。

　　此次再版，保持了原书的特点与风格，纠正了原书中少量的错误，调整了少量的习题及其分析、解答。

　　我们真切地体会到，这二十年来，本书如果确实给读者带来一些帮助的话，离不开使用过本书的广大教师和学生的热忱、关爱和支持，他们热心的意见和建议是本书渐趋成熟的保障。在此，编者致以诚挚的感谢。

编　者

2023 年 9 月

目　录

第一篇　力学 ·· 1

　　求解力学问题的基本思路和方法 ·· 1

　　第一章　质点运动学 ·· 4

　　第二章　牛顿运动定律 ·· 18

　　第三章　动量守恒定律和能量守恒定律 ··· 32

　　第四章　刚体和流体的运动 ·· 49

第二篇　机械振动和机械波 ·· 65

　　求解机械振动和机械波问题的基本思路和方法 ·· 65

　　第五章　机械振动 ·· 67

　　第六章　机械波 ··· 83

第三篇　气体动理论和热力学基础 ·· 97

　　求解气体动理论和热力学问题的基本思路和方法 ··· 97

　　第七章　气体动理论 ··· 99

　　第八章　热力学基础 ··· 108

第四篇　电磁学 ·· 123

　　求解电磁学问题的基本思路和方法 ·· 123

　　第九章　静电场 ··· 126

　　第十章　静电场中的导体与电介质 ·· 143

　　第十一章　恒定磁场 ··· 160

　　第十二章　电磁感应　电磁场和电磁波 ·· 173

第五篇　光学 ··· 189

　　求解光学问题的基本思路和方法 ··· 189

　*第十三章　几何光学简介 ·· 191

　　第十四章　波动光学 ··· 195

第六篇　近代物理基础 ··· 209

　　求解近代物理问题的基本思路和方法 ·· 209

　　第十五章　狭义相对论 ·· 212

　　第十六章　量子物理 ··· 220

第一篇

力 学

求解力学问题的基本思路和方法

物理学是一门基础学科,它研究物质运动的各种基本规律.由于不同运动形式具有不同的运动规律,从而我们要用不同的研究方法处理它们.力学是研究物体机械运动规律的一门学科,而机械运动有各种运动形态,它们与物体的受力情况以及初始状态有密切关系.掌握物体各种运动状态的规律是求解力学问题的重要基础.但仅仅记住一些公式是远远不够的.求解一个具体物理问题首先应明确研究对象的运动性质;选择符合题意的恰当的模型;透彻认清物体受力和运动过程的特点等.根据模型、条件和结论之间的逻辑关系,运用科学合理的研究方法,进而选择一个正确简便的解题切入点,在这里思路和方法起着非常重要的作用.

1. 正确选择物理模型和认识运动过程

力学中常有质点、质点系、刚体等模型.每种模型都有特定的含义、适用范围和物理规律.采用何种模型既要考虑问题本身的限制,又要注意解决问题的需要.例如,用动能定理来处理物体的运动时,可把物体抽象为质点模型.而用功能原理来处理时,就必须把物体与地球视为一个系统来处理.再如对绕固定轴转动的门或质量和形状不能不计的定滑轮来说,必须把它视为刚体,并用角量和相应的规律来进行讨论.在正确选择了物理模型后,还必须对运动过程的性质和特点有充分理解,如物体所受力(矩)是恒定的还是变化的;质点作一般曲线运动,还是作圆周运动等,以此决定解题时采用的解题方法和数学工具.

2. 叠加法

叠加原理是物理学中应用非常广泛的一条重要原理,据此,力学中任何复杂运动都可以被看成由几个较为简单的运动叠加而成.例如质点作一般平面运动时,通常可以看成由两个相互垂直的直线运动叠加而成,而对作圆周运动的质点来说,其上的外力可按运动轨迹的切向和法向分解,其中切向力只改变速度的大小,而法向力只改变速度的方向.运动的独立性和叠加性是叠加原理中的两个重要原则,掌握若干基本的简单运动的物理规律,再运用叠加法就可以使我们化"复杂"为"简单".此外运用叠加法时要注意选择合适的坐标系,选择什么样的坐标系就意味着运动将按相应形式分解.在力学中,对一般平面曲线运动,多采用平面直角坐标系,对平面圆周运动多采用自然坐标系,而对刚体绕定轴转动则采用角坐标系等.

叠加原理在诸如电磁学,振动、波动等其他领域内都有广泛应用,是物理学研究物质运动的一种基本思想和方法,需读者在解题过程中不断体会和领悟.

3. 类比法

有些不同性质运动的规律具有某些相似性,理解这种相似性产生的条件和遵从的规律有利于发现和认识物质运动的概括性和统一性.而且读者还应在学习中善于发现并充分利用这种相似性,以拓宽自己的知识面.例如质点的直线运动和刚体绕定轴转动是两类不同运动,但是运动规律却有许多可类比和相似之处,如

$$v = \frac{\mathrm{d}x}{\mathrm{d}t} \quad 与 \quad \omega = \frac{\mathrm{d}\theta}{\mathrm{d}t}$$

$$a = \frac{\mathrm{d}v}{\mathrm{d}t} \quad 与 \quad \alpha = \frac{\mathrm{d}\omega}{\mathrm{d}t}$$

其实它们之间只是用角量替换了相应的线量而已,这就可由比较熟悉的公式联想到不太熟悉的公式.这种类比不仅运动学有,动力学也有,如

$$F = ma \qquad\qquad 与 \qquad M = J\alpha$$

$$\int F\mathrm{d}t = mv - mv_0 \qquad 与 \qquad \int M\mathrm{d}t = J\omega - J\omega_0$$

$$\int F\mathrm{d}x = \frac{1}{2}mv^2 - \frac{1}{2}mv_0^2 \qquad 与 \qquad \int M\mathrm{d}\theta = \frac{1}{2}J\omega^2 - \frac{1}{2}J\omega_0^2$$

可以看出两类不同运动中各量的对应关系十分明显,这使我们可以把对质点运动的分析方法移植到刚体转动问题的分析中去.当然移植时必须注意两种运动的区别,一个是平动而另一个是转动,状态变化的原因一个是力而另一个是力矩.此外还有许多可以类比的实例,如万有引力与库仑力,静电场与恒定磁场,电介质的极化与磁介质的磁化等.只要我们在物理学习中善于归纳类比,就可以沟通不同领域内相似物理问题的研究思想和方法,并由此及彼,触类旁通.

4. 微积分在力学解题中的运用

微积分是大学物理学习中应用很广泛的一种数学运算,在力学中较为突出,也是初学大学物理课程时遇到的一个困难.要用好微积分这个数学工具,首先应在思想上认识到物体在运动过程中,反映其运动特征的物理量是随时空的变化而变化的.一般来说,它们是时空坐标的函数.运用微积分可求得质点的运动方程和运动状态.这是大学物理和中学物理最显著的区别.例如通过对质点速度函数中的时间 t 求一阶导数就可得到质点的加速度函数.另外对物理量数学表达式进行合理变形就可得出新的物理含义.如由 $\mathrm{d}v = a\mathrm{d}t$,借助积分求和运算可求得在 $t_1 - t_2$ 时间内质点速度的变化;同样由 $\mathrm{d}r = v\mathrm{d}t$ 也可求得质点的运动方程.以质点运动学为例,我们可用微积分把运动学问题归纳如下:

第一类问题:已知(或自己建立)运动方程求速度和加速度;

第二类问题:已知质点加速度以及在起始状态时的位矢和速度,求得质点的速度和运动方程.

在力学中还有很多这样的关系,读者不妨自己归纳整理一下,从而学会自觉运用微积分来处理物理问题,运用时有以下几个问题需要引起大家的关注:

（1）运用微积分的物理条件.在力学学习中我们会发现，$v=v_0+at$ 和 $r=v_0t+\dfrac{1}{2}at^2$ 等描述质点运动规律的公式，只是式 $\displaystyle\int_{v_0}^{v}\mathrm{d}v=\int_{0}^{t}a\mathrm{d}t$ 和式 $\displaystyle\int_{0}^{r}\mathrm{d}r=\int_{0}^{t}(v_0+at)\mathrm{d}t$ 在加速度 a 为常矢量条件下积分后的结果.

此外，在高中物理中只讨论了一些质点在恒力作用下的力学规律和相关物理问题，而在大学物理中主要研究在变力和变力矩作用下的力学问题，微积分将成为求解上述问题的主要数学工具.

（2）如何对矢量函数进行微积分运算.我们知道很多物理量都是矢量，如力学中的 r、v、a、p 等物理量，矢量既有大小又有方向，从数学角度看它们都是"二元函数"，在大学物理学习中，通常结合叠加法进行操作，如对一般平面曲线运动可先将矢量在固定直角坐标系中分解，分别对 x、y 轴两个固定方向的分量（可视为标量）进行微积分运算，最后再通过叠加法求得矢量的大小和方向.

（3）积分运算中的分离变量和变量代换问题.以质点在变力作用下作直线运动为例，如已知变力表达式和初始状态求质点的速率，求解本问题的一条路径是：由 $F=ma$ 求得 a 的表达式，再由式 $\mathrm{d}v=a\mathrm{d}t$ 通过积分运算求得 v，其中如果力为时间 t 的显函数，则 $a=a(t)$，此时可两边直接积分，即 $\displaystyle\int_{v_0}^{v}\mathrm{d}v=\int_{0}^{t}a(t)\mathrm{d}t$；但如果力是速率 v 的显函数，则 $a=a(v)$，此时应先作分离变量后再两边积分，即 $\displaystyle\int_{v_0}^{v}\dfrac{1}{a(v)}\mathrm{d}v=\int_{0}^{t}\mathrm{d}t$；又如力是位置 x 的显函数，则 $a=a(x)$，此时可利用 $v=\dfrac{\mathrm{d}x}{\mathrm{d}t}$ 得 $\mathrm{d}t=\dfrac{\mathrm{d}x}{v}$，并取代原式中的 $\mathrm{d}t$，再分离变量后两边积分，即 $\displaystyle\int_{v_0}^{v}v\mathrm{d}v=\int_{x_0}^{x}a(x)\mathrm{d}x$，用变量代换的方法可求得 $v(x)$ 表达式，在以上积分中建议采用定积分，下限为与积分元对应的初始条件，上限则为待求量.

5. 求解力学问题的几条路径

综合力学中的定律，可归结为三种基本路径，即：

（1）动力学方法：如问题涉及加速度，此法应为首选.运用牛顿运动定律、转动定律以及运动学规律，可求得几乎所有的基本力学量，求解对象广泛.但由于涉及较多的过程细节，对变力（矩）问题，还将用到微积分运算，故计算量较大.因而只要问题不涉及加速度，就应首先考虑其他两种路径.

（2）（角）动量方法：如问题不涉及加速度，但涉及时间，此法可为首选.

（3）能量方法：如问题既不涉及加速度，又不涉及时间，则应首先考虑用动能定理或功能原理处理问题.

当然对复杂问题，几种方法应同时考虑.此外，三个守恒定律（动量守恒、能量守恒、角动量守恒定律）能否成立往往是求解力学问题首先应考虑的问题.总之，应学会从不同角度分析与探讨问题.

以上只是原则上给出的求解力学问题的一些基本思想与方法，其实求解具体力学问题并无固定模式，有时靠"悟性"，但这种"悟性"产生于对物理基本规律的深入理解与对物理学方法的掌握之中，要学会在解题过程中不断总结与思考，从而提高分析问题的能力.

第一章 质点运动学

1-1 质点作曲线运动,在时刻 t 的位矢为 $\boldsymbol{r}$,速度为 $\boldsymbol{v}$,速率为 v,在时间间隔 Δt 内的位移为 $\Delta \boldsymbol{r}$,路程为 Δs,位矢大小的变化量为 Δr(或 $\Delta|\boldsymbol{r}|$),平均速度为 $\overline{\boldsymbol{v}}$,平均速率为 $\overline{v}$.

(1)根据上述情况,则必有( ).

(A) $|\Delta \boldsymbol{r}| = \Delta s = \Delta r$

(B) $|\Delta \boldsymbol{r}| \neq \Delta s \neq \Delta r$,当 $\Delta t \rightarrow 0$ 时有 $|\mathrm{d}\boldsymbol{r}| = \mathrm{d}s \neq \mathrm{d}r$

(C) $|\Delta \boldsymbol{r}| \neq \Delta r \neq \Delta s$,当 $\Delta t \rightarrow 0$ 时有 $|\mathrm{d}\boldsymbol{r}| = \mathrm{d}r \neq \mathrm{d}s$

(D) $|\Delta \boldsymbol{r}| \neq \Delta s \neq \Delta r$,当 $\Delta t \rightarrow 0$ 时有 $|\mathrm{d}\boldsymbol{r}| = \mathrm{d}r = \mathrm{d}s$

(2)根据上述情况,则必有( ).

(A) $|\boldsymbol{v}| = v$,$|\overline{\boldsymbol{v}}| = \overline{v}$ (B) $|\boldsymbol{v}| \neq v$,$|\overline{\boldsymbol{v}}| \neq \overline{v}$

(C) $|\boldsymbol{v}| = v$,$|\overline{\boldsymbol{v}}| \neq \overline{v}$ (D) $|\boldsymbol{v}| \neq v$,$|\overline{\boldsymbol{v}}| = \overline{v}$

分析与解 (1)质点在时间间隔 Δt 内沿曲线从点 P 运动到点 P',各量关系如图所示,其中路程 $\Delta s = \overset{\frown}{PP'}$,位移大小 $|\Delta \boldsymbol{r}| = PP'$,而 $\Delta r = |\boldsymbol{r}'| - |\boldsymbol{r}|$ 表示质点位矢大小的变化量,三个量的物理含义不同,在曲线运动中大小也不相等(注:在直线运动中有相等的可能).但当 $\Delta t \rightarrow 0$ 时,点 P' 无限趋近点 P,则有 $|\mathrm{d}\boldsymbol{r}| = \mathrm{d}s$,但却不等于 $\mathrm{d}r$.故选(B).

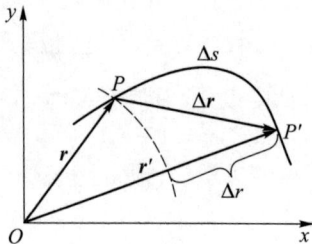

习题 1-1 图

(2)由于 $|\Delta \boldsymbol{r}| \neq \Delta s$,故 $\left|\dfrac{\Delta \boldsymbol{r}}{\Delta t}\right| \neq \dfrac{\Delta s}{\Delta t}$,即 $|\overline{\boldsymbol{v}}| \neq \overline{v}$.但由于 $|\mathrm{d}\boldsymbol{r}| = \mathrm{d}s$,

故 $\left|\dfrac{\mathrm{d}\boldsymbol{r}}{\mathrm{d}t}\right| = \dfrac{\mathrm{d}s}{\mathrm{d}t}$,即 $|\boldsymbol{v}| = v$.由此可见,应选(C).

1-2 一运动质点在某瞬时的位矢为 $\boldsymbol{r}(x,y)$,对其速度的大小有四种意见,即

(1) $\dfrac{\mathrm{d}r}{\mathrm{d}t}$; (2) $\dfrac{\mathrm{d}\boldsymbol{r}}{\mathrm{d}t}$; (3) $\dfrac{\mathrm{d}s}{\mathrm{d}t}$; (4) $\sqrt{\left(\dfrac{\mathrm{d}x}{\mathrm{d}t}\right)^2 + \left(\dfrac{\mathrm{d}y}{\mathrm{d}t}\right)^2}$.

下述判断正确的是( ).

(A) (1)、(2)是正确的 (B) 只有(2)是正确的

(C) (2)、(3)是正确的 (D) 只有(3)、(4)是正确的

分析与解 $\dfrac{\mathrm{d}r}{\mathrm{d}t}$ 表示质点到坐标原点的距离随时间的变化率,在极坐标系中叫径向速率,通常用符号 v_r 表示,这是速度矢量在位矢方向上的一个分量;$\dfrac{\mathrm{d}\boldsymbol{r}}{\mathrm{d}t}$ 表示速度矢量;在自然坐标系中速度大小可用公式 $v = \dfrac{\mathrm{d}s}{\mathrm{d}t}$ 计算,在直角坐标系中则可由公式 $v = \sqrt{\left(\dfrac{\mathrm{d}x}{\mathrm{d}t}\right)^2 + \left(\dfrac{\mathrm{d}y}{\mathrm{d}t}\right)^2}$ 求解.故选(D).

1-3 质点作曲线运动,$\boldsymbol{r}$ 表示位置矢量,$\boldsymbol{v}$ 表示速度,$\boldsymbol{a}$ 表示加速度,s 表示路程,a_t 表示切向

加速度的大小,有下列表达式:

(1) $\dfrac{\mathrm{d}v}{\mathrm{d}t}=a$;   (2) $\dfrac{\mathrm{d}r}{\mathrm{d}t}=v$;   (3) $\dfrac{\mathrm{d}s}{\mathrm{d}t}=v$;   (4) $\left|\dfrac{\mathrm{d}\boldsymbol{v}}{\mathrm{d}t}\right|=a_{\mathrm{t}}$

下述判断正确的是( ).

(A) (1)、(4)是正确的   (B) (2)、(4)是正确的

(C) 只有(2)是正确的   (D) 只有(3)是正确的

分析与解 $\dfrac{\mathrm{d}v}{\mathrm{d}t}$ 表示切向加速度 a_{t},它表示速度大小随时间的变化率,是加速度矢量沿速度方向的一个分量,起改变速度大小的作用;$\dfrac{\mathrm{d}r}{\mathrm{d}t}$ 在极坐标系中表示径向速率 v_r(习题1-2所述);$\dfrac{\mathrm{d}s}{\mathrm{d}t}$ 在自然坐标系中表示质点的速率 v;而 $\left|\dfrac{\mathrm{d}\boldsymbol{v}}{\mathrm{d}t}\right|$ 表示加速度的大小而不是切向加速度 a_{t}.因此只有式(3)是正确的.故选(D).

1-4 一个质点在作圆周运动,则( ).

(A) 切向加速度一定改变,法向加速度也改变

(B) 切向加速度可能不变,法向加速度一定改变

(C) 切向加速度可能不变,法向加速度不变

(D) 切向加速度一定改变,法向加速度不变

分析与解 加速度的切向分量 a_{t} 起改变速度大小的作用,而法向分量 a_{n} 起改变速度方向的作用.质点作圆周运动时,由于速度方向不断改变,相应法向加速度的方向也在不断改变,因而法向加速度是一定改变的.至于 a_{t} 是否改变,则要视质点的速率情况而定.质点作匀速率圆周运动时,a_{t} 恒为零;质点作匀变速率圆周运动时,a_{t} 为一不为零的常量;当 a_{t} 改变时,质点则作一般的变速率圆周运动.由此可见,应选(B).

1-5 质点自原点沿 x 轴正方向(正东方向)运动了3 m后,又向北偏西方向沿直线运动了5 m,刚好与 y 轴相交于点 P,试求其路程和位移.

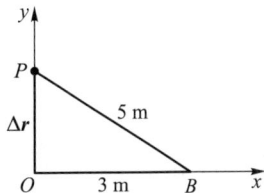
习题1-5图

分析与解 路程和位移是两个不同的物理量,前者是质点运动轨迹的长度之和(标量),而后者则是起点(点 O)指向终点(点 P)的有向线段(矢量).依题意质点运动轨迹如图所示,则

路程 $s=OB+BP=(3+5)\mathrm{m}=8\mathrm{\ m}$

位移 $\Delta\boldsymbol{r}=\overrightarrow{OP}=4\mathrm{\ m}\ \boldsymbol{j}$

1-6 质点沿 y 轴作直线运动,其位置随时间的变化规律为

$$y=5t^2(\text{SI 单位})$$

试求:(1) 2~2.1 s,2~2.001 s,2~2.000 01 s 各时间间隔内的平均速度;(2) $t=2$ s 时的瞬时速度.

分析 平均速度只能大概描述质点运动情况,其大小和方向与所取时间间隔有关.关键是由运动方程求得相应时间间隔内的位移(本题为 Δy),再由定义式求 $\overline{v}$.

解 (1) 由分析知,由 $y(t)$ 和 $y(t+\Delta t)$ 可得

$$\Delta y=5(t+\Delta t)^2-5t^2=10t\Delta t+5\Delta t^2$$

则

$$\bar{v} = \frac{\Delta y}{\Delta t} = 10t + 5\Delta t$$

将不同时间间隔 $\Delta t_1 = 0.1$ s，$\Delta t_2 = 0.001$ s 和 $\Delta t_3 = 0.000\ 01$ s 代入上式得各个时间间隔内的平均速度分别为

$$\bar{v}_1 = 20.5\ \text{m·s}^{-1}, \quad \bar{v}_2 = 20.005\ \text{m·s}^{-1}, \quad \bar{v}_3 = 20.000\ 05\ \text{m·s}^{-1}$$

方向沿 y 轴正方向.

（2）根据瞬时速度的定义，可得

$$v = \frac{dy}{dt} = \frac{d}{dt}(5t^2) = 10t$$

由此可算出 $t = 2$ s 时的瞬时速度为

$$v = 20\ \text{m·s}^{-1}$$

方向沿 y 轴正方向.由上可知瞬时速度是平均速度在 $\Delta t \to 0$ 时的极限值.

1-7 已知质点沿 x 轴作直线运动，其运动方程为 $x = 2 + 6t^2 - 2t^3$（SI 单位）求：（1）质点在运动开始后 4.0 s 内位移的大小；（2）质点在该时间间隔内所通过的路程；（3）$t = 4$ s 时质点的速度和加速度.

分析 位移和路程是两个完全不同的概念.只有当质点作直线运动且运动方向不改变时，位移的大小才会与路程相等.质点在时间间隔 t 内的位移 Δx 的大小可直接由运动方程得到：$\Delta x = x_t - x_0$，而在求路程时，就必须注意到质点在运动过程中可能改变运动方向，此时，位移的大小和路程就不同了.为此，需根据 $\dfrac{dx}{dt} = 0$ 来确定其运动方向改变的时刻 t_p，再分别求出 $0 \sim t_p$ 和 $t_p \sim t$ 内的位移大小 Δx_1、Δx_2，则时间间隔 t 内的路程为 $s = |\Delta x_1| + |\Delta x_2|$，如图所示.至于 $t = 4.0$ s 时质点的速度和加速度，我们可分别用 $\dfrac{dx}{dt}$ 和 $\dfrac{d^2x}{dt^2}$ 计算.

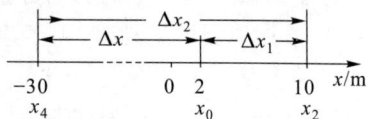

习题 1-7 图

解 （1）质点在 4.0 s 内位移的大小为

$$\Delta x = x_4 - x_0 = -32\ \text{m}$$

（2）由

$$\frac{dx}{dt} = 0$$

得知质点的换向时刻为

$$t_p = 2\ \text{s} \quad (t = 0\ \text{不合题意})$$

则

$$\Delta x_1 = x_2 - x_0 = 8.0\ \text{m}$$

$$\Delta x_2 = x_4 - x_2 = -40\ \text{m}$$

所以，质点在时间间隔 4.0 s 内的路程为

$$s = |\Delta x_1| + |\Delta x_2| = 48\ \text{m}$$

（3）$t = 4.0$ s 时

$$v = \frac{dx}{dt}\bigg|_{t=4.0\ \text{s}} = -48\ \text{m·s}^{-1}$$

$$a = \frac{\mathrm{d}^2 x}{\mathrm{d}t^2}\bigg|_{t=1.0\,\mathrm{s}} = -36 \text{ m·s}^{-2}$$

1-8 已知质点的运动方程为 $r = 2t\boldsymbol{i} + (2-t^2)\boldsymbol{j}$（SI 单位）.求:（1）质点的运动轨迹方程;（2）$t=0$ 及 $t=2$ s 时,质点的位矢;（3）由 $t=0$ 到 $t=2$ s 时间间隔内质点的位移 $\Delta \boldsymbol{r}$ 和径向增量 Δr.

分析 质点的轨迹方程为 $y=f(x)$.可由运动方程的两个分量式 $x(t)$ 和 $y(t)$ 中消去 t 即可得到.对于 $\boldsymbol{r}$、$\Delta \boldsymbol{r}$、Δr 来说,物理含义不同,可根据其定义计算（详见习题 1-1 分析）.

解 （1）由 $x(t)$ 和 $y(t)$ 中消去 t 后得质点轨迹方程为

$$y = 2 - 0.25x^2$$

这是一个抛物线方程,轨迹如图所示.

（2）将 $t=0$ s 和 $t=2$ s 分别代入运动方程,可得相应的位矢分别为

$$\boldsymbol{r}_0 = 2 \text{ m}\boldsymbol{j}, \quad \boldsymbol{r}_2 = 4 \text{ m}\boldsymbol{i} - 2 \text{ m}\boldsymbol{j}$$

图中的 P、Q 两点,即为 $t=0$ s 和 $t=2$ s 时质点所在的位置.

（3）由位移表达式,得

$$\Delta \boldsymbol{r} = \boldsymbol{r}_2 - \boldsymbol{r}_0 = (x_2 - x_0)\boldsymbol{i} + (y_2 - y_0)\boldsymbol{j} = 4 \text{ m}\boldsymbol{i} - 4 \text{ m}\boldsymbol{j}$$

其中位移大小为

$$|\Delta \boldsymbol{r}| = \sqrt{(\Delta x)^2 + (\Delta y)^2} = 5.66 \text{ m}$$

而径向增量为

$$\Delta r = \Delta |\boldsymbol{r}| = |\boldsymbol{r}_2| - |\boldsymbol{r}_0| = \sqrt{x_2^2 + y_2^2} - \sqrt{x_0^2 + y_0^2} = 2.47 \text{ m}$$

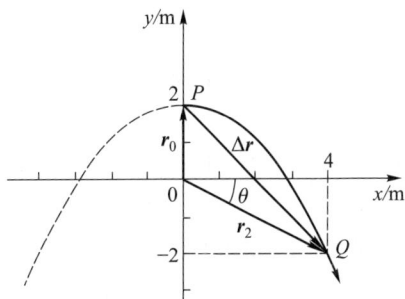

习题 1-8 图

1-9 质点的运动方程为

$$x = -10t + 30t^2$$

和

$$y = 15t - 20t^2 \quad \text{（SI 单位）}$$

试求:（1）初速度的大小和方向;（2）加速度的大小和方向.

分析 由运动方程的分量式可分别求出速度、加速度的分量,再由运动合成算出速度和加速度的大小和方向.

解 （1）速度的分量式为

$$v_x = \frac{\mathrm{d}x}{\mathrm{d}t} = -10 + 60t$$

$$v_y = \frac{\mathrm{d}y}{\mathrm{d}t} = 15 - 40t$$

当 $t=0$ 时,$v_{0x} = -10$ m·s^{-1},$v_{0y} = 15$ m·s^{-1},则初速度大小为

$$v_0 = \sqrt{v_{0x}^2 + v_{0y}^2} = 18.0 \text{ m·s}^{-1}$$

设 $\boldsymbol{v}_0$ 与 x 轴的夹角为 α,则

$$\tan \alpha = \frac{v_{0y}}{v_{0x}} = -\frac{3}{2}$$

$$\alpha = 123°41'$$

（2）加速度 a 的分量式为

$$a_x = \frac{dv_x}{dt} = 60 \text{ m·s}^{-2}$$

$$a_y = \frac{dv_y}{dt} = -40 \text{ m·s}^{-2}$$

则加速度的大小为

$$a = \sqrt{a_x^2 + a_y^2} = 72.1 \text{ m·s}^{-2}$$

设 a 与 x 轴的夹角为 β，则

$$\tan \beta = \frac{a_y}{a_x} = -\frac{2}{3}$$

$$\beta = -33°41'（\text{或} 326°19'）$$

1-10 一升降机以加速度 1.22 m·s⁻² 上升，当上升速度为 2.44 m·s⁻¹ 时，有一螺丝自升降机的天花板上松脱，天花板与升降机的底面相距 2.74 m. 计算：（1）螺丝从天花板落到底面所需要的时间；（2）螺丝相对升降机外固定柱子的下降距离.

分析 在升降机与螺丝之间有相对运动的情况下，一种处理方法是取地面为参考系，分别讨论升降机竖直向上的匀加速度运动和初速不为零的螺丝的自由落体运动，列出这两种运动在同一坐标系中的运动方程 $y_1 = y_1(t)$ 和 $y_2 = y_2(t)$，并考虑它们相遇，即位矢相同这一条件，问题即可解；另一种方法是取升降机（或螺丝）为参考系，这时，螺丝（或升降机）相对它作匀加速运动，但是，此加速度应该是相对加速度. 升降机厢的高度就是螺丝（或升降机）运动的路程.

解 1 （1）以地面为参考系，取如图所示的坐标系，升降机与螺丝的运动方程分别为

$$y_1 = v_0 t + \frac{1}{2} a t^2$$

$$y_2 = h + v_0 t - \frac{1}{2} g t^2$$

当螺丝落至底面时，有 $y_1 = y_2$，即

$$v_0 t + \frac{1}{2} a t^2 = h + v_0 t - \frac{1}{2} g t^2$$

$$t = \sqrt{\frac{2h}{g+a}} = 0.705 \text{ s}$$

（2）螺丝相对升降机外固定柱子下降的距离为

$$d = h - y_2 = -v_0 t + \frac{1}{2} g t^2 = 0.715 \text{ m}$$

解 2 （1）以升降机为参考系，此时，螺丝相对它的加速度大小 $a' = g + a$，螺丝落至底面时，有

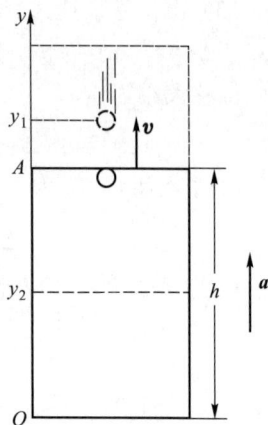

习题 1-10 图

$$0 = h - \frac{1}{2}(g+a)t^2$$

$$t = \sqrt{\frac{2h}{g+a}} = 0.705 \text{ s}$$

（2）由于升降机在 t 时间内上升的高度为

$$h' = v_0 t + \frac{1}{2}at^2$$

则
$$d = h - h' = 0.715 \text{ m}$$

1-11 质点沿直线运动,加速度 $a = 4 - t^2$(SI 单位).当 $t = 3$ s 时,$x = 9$ m,$v = 2$ m·s^{-1},求质点的运动方程.

分析 本题属于运动学第二类问题,即已知加速度求速度和运动方程,必须在给定条件下用积分方法解决.由 $a = \dfrac{\mathrm{d}x}{\mathrm{d}t}$ 和 $v = \dfrac{\mathrm{d}x}{\mathrm{d}t}$ 可得 $\mathrm{d}v = a\mathrm{d}t$ 和 $\mathrm{d}x = v\mathrm{d}t$.如 $a = a(t)$ 或 $v = v(t)$,则可两边直接积分.如果 a 或 v 不是时间 t 的显函数,则应经过诸如分离变量或变量代换等数学操作后再进行积分.

解 由分析知,应有

$$\int_{v_0}^{v} \mathrm{d}v = \int_{0}^{t} a\mathrm{d}t$$

得
$$v = 4t - \frac{1}{3}t^3 + v_0 \qquad\qquad (1)$$

由
$$\int_{x_0}^{x} \mathrm{d}x = \int_{0}^{t} v\mathrm{d}t$$

得

$$x = 2t^2 - \frac{1}{12}t^4 + v_0 t + x_0 \qquad\qquad (2)$$

将 $t = 3$ s 时,$x = 9$ m,$v = 2$ m·s^{-1} 代入式（1）、式（2）得
$$v_0 = -1 \text{ m·s}^{-1}, \quad x_0 = 0.75 \text{ m}$$

于是可得质点运动方程为

$$x = 2t^2 - \frac{1}{12}t^4 - t + 0.75$$

1-12 一石子从空中由静止下落,由于有空气阻力,石子并非作自由落体运动.现已知加速度 $a = A - Bv$,式中 A、B 为常量.试求石子的速度和运动方程.

分析 本题亦属于运动学第二类问题,与上题不同之处在于加速度是速度 v 的函数,因此,需将式 $\mathrm{d}v = a(v)\mathrm{d}t$ 分离变量为 $\dfrac{\mathrm{d}v}{a(v)} = \mathrm{d}t$ 后再对两边积分.

解 选取石子下落方向为 y 轴正方向,下落起点为坐标原点.

（1）由题意知

$$a = \frac{\mathrm{d}v}{\mathrm{d}t} = A - Bv \qquad\qquad (1)$$

用分离变量法把式（1）改写为

$$\frac{\mathrm{d}v}{A-Bv}=\mathrm{d}t \tag{2}$$

将式(2)两边积分并考虑初始条件,有

$$\int_0^v \frac{\mathrm{d}v}{A-Bv}=\int_0^t \mathrm{d}t$$

得石子速度

$$v=\frac{A}{B}(1-\mathrm{e}^{-Bt})$$

由此可知当,$t\to\infty$ 时,$v\to\dfrac{A}{B}$ 为一常量,通常称为极限速度或终极速度.

(2) 再由 $v=\dfrac{\mathrm{d}y}{\mathrm{d}t}=\dfrac{A}{B}(1-\mathrm{e}^{-Bt})$ 并考虑初始条件有

$$\int_0^y \mathrm{d}y=\int_0^t \frac{A}{B}(1-\mathrm{e}^{-Bt})\,\mathrm{d}t$$

得石子运动方程

$$y=\frac{A}{B}t+\frac{A}{B^2}(\mathrm{e}^{-Bt}-1)$$

1-13 一质点具有恒定加速度 $\boldsymbol{a}=(6\boldsymbol{i}+4\boldsymbol{j})\ \mathrm{m\cdot s^{-2}}$.在 $t=0$ 时,其速度为零,位置矢量 $\boldsymbol{r}_0=10\ \mathrm{m}\boldsymbol{i}$.求:(1)在任意时刻的速度和位置矢量;(2)求质点在 Oxy 平面上的轨迹方程,并画出轨迹的示意图.

分析 与上两题不同处在于质点作平面曲线运动,根据叠加原理,求解时需根据加速度的两个分量 a_x 和 a_y 分别积分,从而得到运动方程式 $\boldsymbol{r}$ 的两个分量式 $x(t)$ 和 $y(t)$.由于本题中质点加速度为常矢量,故两次积分后所得运动方程为固定形式,即 $x=x_0+v_{0x}t+\dfrac{1}{2}a_xt^2$ 和 $y=y_0+v_{0y}t+\dfrac{1}{2}a_yt^2$,两个分运动均为匀变速直线运动.读者不妨自己验证一下.

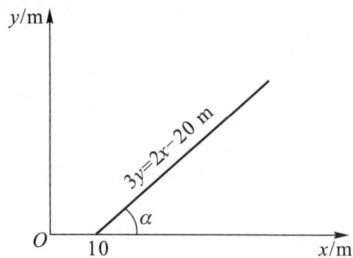

习题 1-13 图

解 由加速度定义式,根据初始条件 $t_0=0$ 时 $v_0=0$,积分可得

$$\int_0^v \mathrm{d}\boldsymbol{v}=\int_0^t \boldsymbol{a}\,\mathrm{d}t=\int_0^t (6\boldsymbol{i}+4\boldsymbol{j})\,\mathrm{d}t$$

$$\boldsymbol{v}=6t\boldsymbol{i}+4t\boldsymbol{j}\quad (\mathrm{m\cdot s^{-1}})$$

又由 $\boldsymbol{v}=\dfrac{\mathrm{d}\boldsymbol{r}}{\mathrm{d}t}$ 及初始条件 $t=0$ 时,$\boldsymbol{r}_0=10\boldsymbol{i}$ m,积分可得

$$\int_{r_0}^r \mathrm{d}\boldsymbol{r}=\int_0^t \boldsymbol{v}\,\mathrm{d}t=\int_0^t (6t\boldsymbol{i}+4t\boldsymbol{j})\,\mathrm{d}t$$

$$\boldsymbol{r}=(10+3t^2)\boldsymbol{i}+2t^2\boldsymbol{j}\quad (\mathrm{m})$$

由上述结果可得质点运动方程的分量式,即

$$x=10+3t^2\quad (\mathrm{m})$$

$$y = 2t^2 \quad (\text{m})$$

消去参量 t,可得运动的轨迹方程

$$3y = 2x - 20$$

这是一个直线方程.直线斜率 $k = \dfrac{dy}{dx} = \tan\alpha = \dfrac{2}{3}$,$\alpha = 33°41'$.轨迹如图所示.

1-14 质点在 Oxy 平面内运动,其运动方程为 $\boldsymbol{r} = 2.0t\boldsymbol{i} + (19.0 - 2.0t^2)\boldsymbol{j}$(SI 单位).求:(1) 质点的轨迹方程;(2) 在 $t_1 = 1.0$ s 到 $t_2 = 2.0$ s 时间间隔的平均速度;(3) $t_1 = 1.0$ s 时的速度及切向和法向加速度;(4) $t = 1.0$ s 时质点所在处轨迹的曲率半径 ρ.

分析　根据运动方程可直接写出其分量式 $x = x(t)$ 和 $y = y(t)$,从中消去参量 t,即得质点的轨迹方程.平均速度是反映质点在一段时间内位置的变化率,即 $\overline{\boldsymbol{v}} = \Delta\boldsymbol{r}/\Delta t$,它与时间间隔 Δt 的大小有关,当 $\Delta t \to 0$ 时,平均速度的极限即瞬时速度 $\boldsymbol{v} = \dfrac{d\boldsymbol{r}}{dt}$.切向和法向加速度是指在自然坐标下的分矢量 $\boldsymbol{a}_t$ 和 $\boldsymbol{a}_n$,前者只反映质点在切线方向速度大小的变化率,即 $\boldsymbol{a}_t = \dfrac{dv}{dt}\boldsymbol{e}_t$;后者只反映质点速度方向的变化,它可由总加速度 $\boldsymbol{a}$ 和 $\boldsymbol{a}_t$ 得到.在求得 t_1 时刻质点的速度和法向加速度的大小后,可由公式 $a_n = \dfrac{v^2}{\rho}$ 求 ρ.

解　(1) 由参量方程

$$x = 2.0t, \quad y = 19.0 - 2.0t^2$$

消去 t 得质点的轨迹方程

$$y = 19.0 - 0.50x^2$$

(2) 在 $t_1 = 1.0$ s 到 $t_2 = 2.0$ s 时间内的平均速度为

$$\overline{\boldsymbol{v}} = \frac{\Delta\boldsymbol{r}}{\Delta t} = \frac{\boldsymbol{r}_2 - \boldsymbol{r}_1}{t_2 - t_1} = 2.0 \text{ m·s}^{-1}\boldsymbol{i} - 6.0 \text{ m·s}^{-1}\boldsymbol{j}$$

(3) 质点在任意时刻的速度和加速度分别为

$$\boldsymbol{v}(t) = v_x\boldsymbol{i} + v_y\boldsymbol{j} = \frac{dx}{dt}\boldsymbol{i} + \frac{dy}{dt}\boldsymbol{j} = 2.0 \text{ m·s}^{-1}\boldsymbol{i} - 4.0t \text{ m·s}^{-1}\boldsymbol{j}$$

$$\boldsymbol{a}(t) = \frac{d^2x}{dt^2}\boldsymbol{i} + \frac{d^2y}{dt^2}\boldsymbol{j} = -4.0 \text{ m·s}^{-2}\boldsymbol{j}$$

则 $t_1 = 1.0$ s 时的速度为

$$\boldsymbol{v}(t)\Big|_{t=1.0 \text{ s}} = 2.0 \text{ m·s}^{-1}\boldsymbol{i} - 4.0 \text{ m·s}^{-1}\boldsymbol{j}$$

切向和法向加速度分别为

$$\boldsymbol{a}_t\Big|_{t=1.0 \text{ s}} = \frac{dv}{dt}\boldsymbol{e}_t = \frac{d}{dt}\left(\sqrt{v_x^2 + v_y^2}\right)\boldsymbol{e}_t = 3.58 \text{ m·s}^{-2}\boldsymbol{e}_t$$

$$\boldsymbol{a}_n = \sqrt{a^2 - a_t^2}\,\boldsymbol{e}_n = 1.78 \text{ m·s}^{-2}\boldsymbol{e}_n$$

(4) $t = 1.0$ s 时,质点的速度大小为

$$v = \sqrt{v_x^2 + v_y^2} = 4.47 \text{ m·s}^{-1}$$

则

$$\rho = \frac{v^2}{a_n} = 11.23 \ \text{m}$$

1-15 一气球以匀速度 v_0 从地面上升.由于风的影响,它获得了一个水平速度 $v_x = by$(式中 b 为常量,y 为上升高度).求:(1)气球的运动方程;(2)气球的水平偏离与高度的关系 $x(y)$.

分析 气球作平面运动,故 $x(t)$ 和 $y(t)$ 即为气球的运动方程.依题意 $y = v_0 t$,但 $x(t)$ 需通过题给条件求解.即 $v_x = \dfrac{\mathrm{d}x}{\mathrm{d}t} = by = bv_0 t$,分离变量后两边积分可求 $x(t)$.至于第二问实为气球的轨道(迹)方程.无论是运动方程还是轨道(迹)方程都应在确定的坐标系中描述.故首先应建立一个恰当的坐标系.

解 设气球出发点为坐标系原点,向上为 y 轴正方向.风吹方向为 x 轴正方向.

(1)由题意,$y = v_0 t$,而 $v_x = by = bv_0 t$,积分得

$$x = \int_0^x \mathrm{d}x = \int_0^t v_x \mathrm{d}t = \int_0^t bv_0 t \mathrm{d}t = \frac{bv_0}{2} t^2$$

气球的运动方程也可写成矢量式

$$\boldsymbol{r} = \frac{bv_0}{2} t^2 \boldsymbol{i} + v_0 t \boldsymbol{j}$$

(2)从运动方程消去 t 得运动的轨道(迹)方程

$$x = \frac{b}{2v_0} y^2$$

可见气球的运动轨迹为一开口向上的抛物线.

1-16 飞机以 $100 \ \text{m·s}^{-1}$ 的速度沿水平直线飞行,在离地面高为 $100 \ \text{m}$ 时,驾驶员要把物品空投到前方某一地面目标处,问:(1)此时目标在飞机正下方前多远?(2)投放物品时,驾驶员看目标的视线和水平线成何角度?(3)物品投出 $2.0 \ \text{s}$ 后,它的法向加速度和切向加速度各为多少?

分析 物品空投后作平抛运动.忽略空气阻力的条件下,由运动独立性原理知,物品在空中沿水平方向作匀速直线运动,在竖直方向作自由落体运动.到达地面目标时,两方向上运动时间是相同的.因此,分别列出其运动方程,运用时间相等的条件,即可求解.

此外,平抛物体在运动过程中只存在竖直向下的重力加速度.为求特定时刻 t 时物体的切向加速度和法向加速度,只需求出该时刻它们与重力加速度之间的夹角 α 或 β.由图可知,在特定时刻 t,物体的切向加速度和水平线之间的夹角 α,可由此时刻的两速度分量 v_x、v_y 求出,这样,也就可将重力加速度 $\boldsymbol{g}$ 的切向分量和法向分量求得.

习题 1-16 图

解 (1)取如图所示的坐标系,物品下落时在水平和竖直方向的运动方程分别为

$$x = vt, \qquad y = \frac{1}{2} g t^2$$

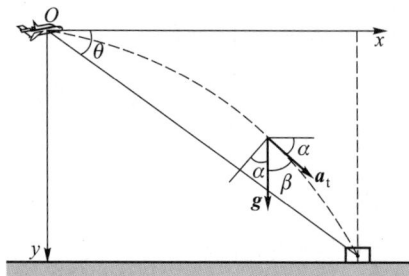

飞机水平飞行速度 $v = 100 \text{ m} \cdot \text{s}^{-1}$，飞机离地面的高度 $y = 100 \text{ m}$，由上述两式可得目标在飞机正下方前的距离

$$x = v\sqrt{\frac{2y}{g}} = 452 \text{ m}$$

（2）视线和水平线的夹角为

$$\theta = \arctan \frac{y}{x} = 12.5°$$

（3）在任意时刻物品的速度与水平轴的夹角为

$$\alpha = \arctan \frac{v_y}{v_x} = \arctan \frac{gt}{v}$$

取自然坐标系，物品在抛出 2 s 时，重力加速度的切向分量与法向分量分别为

$$a_t = g\sin\alpha = g\sin\left(\arctan \frac{gt}{v}\right) = 1.88 \text{ m} \cdot \text{s}^{-2}$$

$$a_n = g\cos\alpha = g\cos\left(\arctan \frac{gt}{v}\right) = 9.62 \text{ m} \cdot \text{s}^{-2}$$

1-17 为迎接香港回归，特技演员柯受良于 1997 年 6 月 1 日在壶口驾车飞越黄河.如图所示，他驾车从跑道东端启动，到达跑道终端时速度为 $150 \text{ km} \cdot \text{h}^{-1}$，他随即以仰角 $\alpha = 5°$ 冲出，飞越距离达 57 m，安全着落在西岸木桥上，问:（1）他飞车跨越黄河用了多长时间？（2）若起飞点高出河面 10 m，他驾车飞行的最高点与河面的距离为多少？（3）西岸木桥和起飞点的高度差为多少？

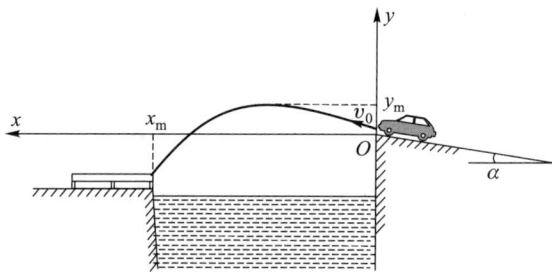

习题 1-17 图

分析 由题意知，飞车作斜上抛运动，对包含抛体在内的一般曲线运动来说，运用叠加原理是求解此类问题的普适方法.操作程序是:建立一个恰当的直角坐标系，将运动分解为两个相互正交的直线运动，由于在抛体运动中，质点的加速度恒为 g，故两个分运动均为匀变速直线运动或其中一个为匀速直线运动.直接列出相关运动规律方程即可求解，本题可建立图示坐标系，图中 y_m 和 x_m 分别表示飞车的最大高度和飞跃跨度.

解 在图示坐标系中，有

$$x = (v_0\cos\alpha)t \tag{1}$$

$$y = (v_0\sin\alpha)t - \frac{1}{2}gt^2 \tag{2}$$

$$v_y = v_0\sin\alpha - gt \tag{3}$$

（1）由式（1），令 $x = x_m = 57$ m，得飞跃时间

$$t_m = \frac{x_m}{v_0\cos\alpha} = 1.37 \text{ s}$$

（2）由式（3），令 $v_y = 0$，得飞行到最大高度所需时间

$$t'_m = \frac{v_0\sin\alpha}{g}$$

将 t'_m 代入式（2），得飞行最大高度

$$y_m = \frac{v_0^2\sin^2\alpha}{2g} = 0.67 \text{ m}$$

则飞车在最高点时距河面距离为

$$h = y_m + 10 \text{ m} = 10.67 \text{ m}$$

（3）将 $t_m = 1.37$ s 代入式（2），得西岸木桥位置为

$$y = -4.22 \text{ m}$$

"$-$"号表示木桥在飞车起飞点的下方.

讨论 本题也可以水面为坐标系原点，则飞车在 y 方向上的运动方程应为

$$y = 10 \text{ m} + (v_0\sin\alpha)t - \frac{1}{2}gt^2$$

*1-18 如图所示，从山坡底端将小球抛出，已知该山坡有恒定倾角 $\alpha = 30°$，球的抛射角 $\beta = 60°$.设球被抛出手的速率 $v_0 = 19.6$ m·s^{-1}，忽略空气阻力，问球落在山坡上处离山坡底端的距离为多少？此过程经历多长时间？

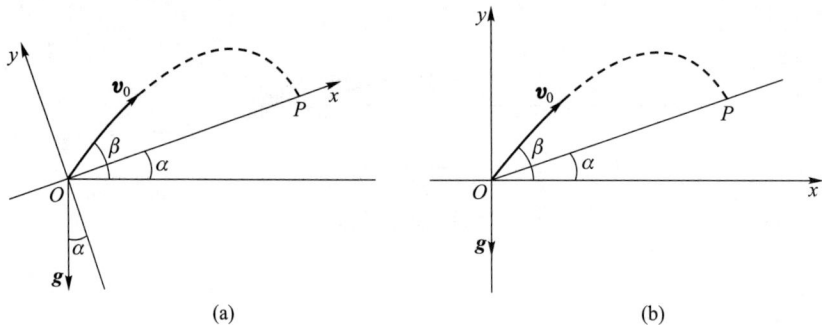

习题 1-18 图

分析 求解方法与上题类似，但本题可将运动按两种方式分解，如图（a）和图（b）所示.在图（a）坐标系中，两个分运动均为匀减速直线运动，加速度大小分别为 $-g\cos\alpha$ 和 $-g\sin\alpha$，看似复杂，但求解本题确较方便，因为落地时有 $y = 0$，对应的时间 t 和 x 的值即为本题所求.在图（b）坐标系中，分运动看似简单，但求解本题还需将落地点 P 的坐标 y 与 x 间的关系列出来.

解1 由分析知，在图（a）坐标系中，有

$$x = [v_0\cos(\beta - \alpha)]t + \frac{1}{2}(-g\sin\alpha)t^2 \tag{1}$$

$$y = [v_0\sin(\beta-\alpha)]t + \frac{1}{2}(-g\cos\alpha)t^2 \tag{2}$$

落地时,有 $y=0$,由式(2)解得飞行时间为

$$t = \frac{2v_0}{g}\tan 30° = 2.31 \text{ s}$$

将 t 值代入式(1),得

$$OP = x = \frac{2v_0^2}{3g} = 26.1 \text{ m}$$

解 2 由分析知,在图(b)坐标系中,有

对小球
$$x = (v_0\cos\beta)t \tag{1'}$$

$$y = (v_0\sin\beta)t - \frac{1}{2}gt^2 \tag{2'}$$

对落地点 P
$$y' = x\tan\alpha \tag{3'}$$

由式(1')、(2')可得球的轨道方程为

$$y = x\tan\beta - \frac{gx^2}{2v_0^2\cos^2\beta} \tag{4'}$$

落地时,应有 $y=y'$,即

$$x\tan 30° = x\tan 60° - \frac{gx^2}{2v_0^2\cos^2 60°}$$

解之得落地点 P 的坐标 x 为

$$x = \frac{\sqrt{3}v_0^2}{3g} \tag{5'}$$

则
$$OP = \frac{x}{\cos 30°} = \frac{2v_0^2}{3g} = 26.1 \text{ m}$$

联解式(1')和式(5')可得飞行时间

$$t = 2.31 \text{ s}$$

讨论 比较两种解法,你对如何灵活运用叠加原理有什么体会?

1-19 一质点沿半径为 R 的圆周按规律 $s = v_0t - \frac{1}{2}bt^2$ 运动,式中 v_0、b 都是常量.(1)求 t 时刻质点的总加速度;(2)问 t 为何值时总加速度在数值上等于 b?(3)当加速度达到 b 时,质点已沿圆周运行了多少圈?

分析 在自然坐标系中,s 表示圆周上从某一点开始的曲线坐标.由给定的运动方程 $s = s(t)$,对时间 t 求一阶、二阶导数,即是沿曲线运动的速度 v 和加速度的切向分量 a_t,而加速度的法向分量为 $a_n = v^2/R$.这样,总加速度为 $\boldsymbol{a} = a_t\boldsymbol{e}_t + a_n\boldsymbol{e}_n$.至于质点在 t 时间内通过的路程,即为曲线坐标的改变量 $\Delta s = s_t - s_0$.因圆周长为 $2\pi R$,质点所转过的圈数自然可求得.

解 (1)质点作圆周运动的速率为

$$v = \frac{\mathrm{d}s}{\mathrm{d}t} = v_0 - bt$$

其加速度的切向分量和法向分量分别为

$$a_t = \frac{\mathrm{d}^2 s}{\mathrm{d} t^2} = -b, \quad a_n = \frac{v^2}{R} = \frac{(v_0 - bt)^2}{R}$$

故加速度的大小为

$$a = \sqrt{a_n^2 + a_t^2} = \frac{\sqrt{R^2 b^2 + (v_0 - bt)^4}}{R}$$

其方向与切线之间的夹角为

$$\theta = \arctan \frac{a_n}{a_t} = \arctan \left[-\frac{(v_0 - bt)^2}{Rb} \right]$$

（2）要使 $|\boldsymbol{a}| = b$，由 $\frac{1}{R} \sqrt{R^2 b^2 + (v_0 - bt)^4} = b$ 可得

$$t = \frac{v_0}{b}$$

（3）从 $t = 0$ 开始到 $t = v_0/b$ 时，质点经过的路程为

$$s = s_t - s_0 = \frac{v_0^2}{2b}$$

因此质点运行的圈数为

$$n = \frac{s}{2\pi R} = \frac{v_0^2}{4\pi bR}$$

1-20 一半径为 0.50 m 的飞轮在启动时的短时间内，其角速度与时间的平方成正比.在 $t = 2.0$ s 时测得轮缘一点的速度值为 4.0 $\mathrm{m \cdot s^{-1}}$.求：（1）该轮在 $t' = 0.5$ s 的角速度，轮缘一点的切向加速度和总加速度；（2）该点在 2.0 s 内所转过的角度.

分析 首先应该确定角速度的函数关系 $\omega = kt^2$.依据角量与线量的关系，由特定时刻的速度值可得相应的角速度，从而求出式中的比例系数 k，$\omega = \omega(t)$ 确定后，注意到运动的角量描述与线量描述的相应关系，由运动学中两类问题求解的方法（微分法和积分法），即可得到特定时刻的角加速度、切向加速度和角位移.

解 因 $\omega R = v$，由题意 $\omega \propto t^2$ 得比例系数

$$k = \frac{\omega}{t^2} = \frac{v}{Rt^2} = 2 \ \mathrm{rad \cdot s^{-3}}$$

所以

$$\omega = \omega(t) = 2t^2$$

则 $t' = 0.5$ s 时的角速度、角加速度和切向加速度分别为

$$\omega = 2t'^2 = 0.5 \ \mathrm{rad \cdot s^{-1}}$$

$$\alpha = \frac{\mathrm{d}\omega}{\mathrm{d}t} = 4t' = 2.0 \ \mathrm{rad \cdot s^{-2}}$$

$$a_t = \alpha R = 1.0 \ \mathrm{m \cdot s^{-2}}$$

总加速度为

$$\boldsymbol{a} = \boldsymbol{a}_t + \boldsymbol{a}_n = \alpha R \boldsymbol{e}_t + \omega^2 R \boldsymbol{e}_n$$

$$a = \sqrt{(\alpha R)^2 + (\omega^2 R)^2} = 1.01 \ \text{m} \cdot \text{s}^{-2}$$

在 2.0 s 内该点所转过的角度为

$$\theta - \theta_0 = \int_0^2 \omega \, \mathrm{d}t = \int_0^2 2t^2 \, \mathrm{d}t = \frac{2}{3} t^3 \Big|_0^2 = 5.33 \ \text{rad}$$

1-21 一质点在半径为 0.10 m 的圆周上运动,其角位置为 $\theta = 2 + 4t^3$ (SI 单位).(1) 求在 $t = 2.0$ s 时质点的法向加速度和切向加速度;(2) 当切向加速度的大小恰等于总加速度大小的一半时,θ 值为多少? (3) t 为多少时,法向加速度和切向加速度的值相等?

分析 掌握角量与线量、角位移方程与位矢方程的对应关系,应用运动学求解的方法即可得到.

解 (1) 由于 $\theta = 2 + 4t^3$,则角速度 $\omega = \dfrac{\mathrm{d}\theta}{\mathrm{d}t} = 12t^2$.在 $t = 2$ s 时,法向加速度和切向加速度的大小分别为

$$a_n \Big|_{t=2 \ \text{s}} = r\omega^2 = 2.30 \times 10^2 \ \text{m} \cdot \text{s}^{-2}$$

$$a_t \Big|_{t=2 \ \text{s}} = r \frac{\mathrm{d}\omega}{\mathrm{d}t} = 4.80 \ \text{m} \cdot \text{s}^{-2}$$

(2) 当 $a_t = \dfrac{a}{2} = \dfrac{1}{2} \sqrt{a_n^2 + a_t^2}$ 时,有 $3a_t^2 = a_n^2$,即

$$3 \times (24rt)^2 = r^2 (12t^2)^4$$

得

$$t^3 = \frac{1}{2\sqrt{3}}$$

此时刻的角位置为

$$\theta = 2 + 4t^3 = 3.15 \ \text{rad}$$

(3) 要使 $a_n = a_t$,则有

$$r(12t^2)^2 = 24rt$$

$$t = 0.55 \ \text{s}$$

1-22 在无风的下雨天,一列火车以 $v_1 = 20.0 \ \text{m} \cdot \text{s}^{-1}$ 的速度匀速前进,在车内的旅客看见玻璃窗外的雨滴和竖直线成 75° 角下降.求雨滴下落的速度 v_2.(设下降的雨滴作匀速直线运动.)

分析 这是一个相对运动的问题.设雨滴为研究对象,地面为静参考系 S,火车为动参考系 S'.v_1 为 S' 相对 S 的速度,v_2 为雨滴相对 S 的速度,利用相对运动速度的关系即可解.

解 以地面为参考系,火车相对地面运动的速度为 v_1,雨滴相对地面竖直下落的速度为 v_2,旅客看到雨滴下落的速度 v_2' 为相对速度,它们之间的关系为 $v_2 = v_2' + v_1$ (如图所示),于是可得

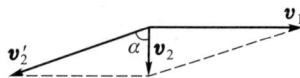

习题 1-22 图

$$v_2 = \frac{v_1}{\tan 75°} = 5.36 \ \text{m} \cdot \text{s}^{-1}$$

*1-23 如图(a)所示,一辆汽车在雨中沿直线行驶,其速率为 v_1,下落雨滴的速度方向偏于竖直方向之前 θ 角,速率为 v_2.若车后有一长方形物体,问车速 v_1 为多大时,此物体正好不会被雨

水淋湿?

分析 这也是一个相对运动的问题.可视雨点为研究对象,地面为静参考系 S,汽车为动参考系 S′.如图(a)所示,要使物体不被淋湿,在车上观察雨点下落的方向(即雨点相对于汽车的运动速度 $\boldsymbol{v}_2'$ 的方向)应满足 $\alpha \geqslant \arctan \dfrac{l}{h}$.再由相对速度的矢量关系 $\boldsymbol{v}_2'+\boldsymbol{v}_1=\boldsymbol{v}_2$,即可求出所需车速 $\boldsymbol{v}_1$.

解 由 $\boldsymbol{v}_2'+\boldsymbol{v}_1=\boldsymbol{v}_2$,如图(b)所示,有

$$\alpha = \arctan \frac{v_1-v_2\sin\theta}{v_2\cos\theta}$$

而要使 $\alpha \geqslant \arctan \dfrac{l}{h}$,则

$$\frac{v_1-v_2\sin\theta}{v_2\cos\theta} \geqslant \frac{l}{h}$$

即

$$v_1 \geqslant v_2 \left(\frac{l\cos\theta}{h} + \sin\theta \right)$$

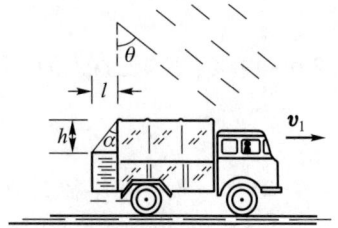

(a)

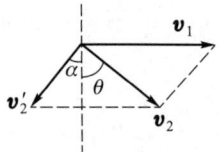

(b)

习题 1-23 图

第二章　牛顿运动定律

2-1 如图(a)所示,质量为 m 的物体用平行于斜面的细线连接并置于光滑的斜面上,若斜面向左方作加速运动,当物体刚脱离斜面时,它的加速度的大小为(　　).

（A）$g\sin\theta$　　（B）$g\cos\theta$　　（C）$g\tan\theta$　　（D）$g\cot\theta$

分析与解 当物体离开斜面瞬间,斜面对物体的支持力消失为零,物体在绳子拉力 F_{T}(其方向仍可认为平行于斜面)和重力作用下产生平行水平面向左的加速度 a,如图(b)所示,由其可解得合外力为 $mg\cot\theta$,故选(D).求解的关键是正确分析物体刚离开斜面瞬间的物体受力情况和状态特征.

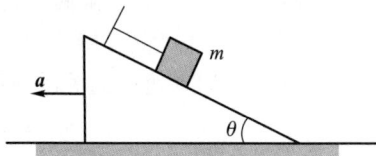

(a)

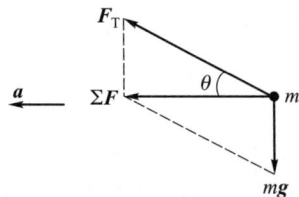

(b)

习题 2-1 图

2-2 用水平力 F_{N} 把一个物体压着靠在粗糙的竖直墙面上保持静止.当 F_{N} 逐渐增大时,物体所受的静摩擦力 F_{f} 的大小(　　).

（A）不为零,但保持不变

（B）随 F_N 成正比地增大

（C）开始随 F_N 增大,达到某一最大值后,就保持不变

（D）无法确定

分析与解 与滑动摩擦力不同的是,静摩擦力可在零与最大值 μF_N 范围内取值.当 F_N 增加时,静摩擦力可取的最大值成正比增加,但具体大小则取决于被作用物体的运动状态.由题意知,物体一直保持静止状态,故静摩擦力与重力大小相等,方向相反,并保持不变,故选（A）.

2-3 一段路面水平的公路,转弯处轨道半径为 R,汽车轮胎与路面间的摩擦因数为 μ,要使汽车不至于发生侧向打滑,汽车在该处的行驶速率（　　）.

（A）不得小于 $\sqrt{\mu g R}$　　　　　　（B）必须等于 $\sqrt{\mu g R}$

（C）不得大于 $\sqrt{\mu g R}$　　　　　　（D）还应由汽车的质量 m 决定

分析与解 由题意知,汽车应在水平面内作匀速率圆周运动,为保证汽车转弯时不侧向打滑,所需向心力只能由路面与轮胎间的静摩擦力提供,能够提供的最大向心力应为 μF_N.由此可算得汽车转弯的最大速率应为 $v=\sqrt{\mu R g}$.因此只要汽车转弯时的实际速率不大于此值,均能保证不侧向打滑.应选（C）.

2-4 一物体沿固定圆弧形光滑轨道由静止下滑,在下滑过程中,（　　）.

（A）它的加速度方向永远指向圆心,其速率保持不变

（B）它受到的轨道的作用力的大小不断增加

（C）它受到的合外力大小变化,方向永远指向圆心

（D）它受到的合外力大小不变,其速率不断增加

分析与解 由图可知,物体在下滑过程中受到大小和方向不变的重力以及时刻指向圆轨道中心的轨道支持力 F_N 作用,其合外力方向并非指向圆心,其大小和方向均与物体所在位置有关.重力的切向分量（$mg\cos\theta$）使物体的速率将会不断增加（由机械能守恒亦可判断）,则物体作圆周运动

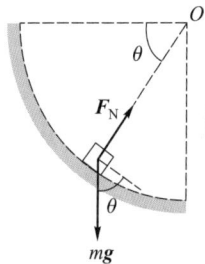
习题 2-4 图

的向心力（又称法向力）将不断增大,由轨道法向方向上的动力学方程 $F_N-mg\sin\theta=m\dfrac{v^2}{R}$ 可判断,随 θ 角不断增大,轨道支持力 F_N 也将不断增大,由此可见应选（B）.

*2-5 图（a）所示系统置于以 $a=\dfrac{1}{4}g$ 的加速度上升的升降机内,A、B 两物体质量相同且均为 m,A 所在的桌面是水平的,绳子和定滑轮质量均不计,若忽略滑轮轴上和桌面上的摩擦,并不计空气阻力,则绳中张力为（　　）.

（A）$\dfrac{5}{8}mg$　　　（B）$\dfrac{1}{2}mg$　　　（C）mg　　　（D）$2mg$

分析与解 本题可考虑对 A、B 两物体加上惯性力后,以电梯这个非惯性参考系进行求解.此时 A、B 两物体受力情况如图（b）所示,图中 a' 为 A、B 两物体相对电梯的加速度,ma 为惯性力.对 A、B 两物体应用牛顿第二定律,可解得 $F_T=\dfrac{5}{8}mg$.故选（A）.

讨论 对于习题 2-5 这种类型的物理问题,往往从非惯性参考系（本题为电梯）观察到的运动图像较为明确,但由于牛顿运动定律只适用于惯性参考系,故从非惯性参考系求解力学问题

时,必须对物体加上一个虚拟的惯性力.如以地面为惯性参考系求解,则两物体的加速度 a_A 和 a_B 均应对地而言,本题中 a_A 和 a_B 的大小与方向均不相同.其中 a_A 应斜向上.对 a_A、a_B、a 和 a' 之间还要用到相对运动规律,求解过程较繁琐.有兴趣的读者不妨自己尝试一下.

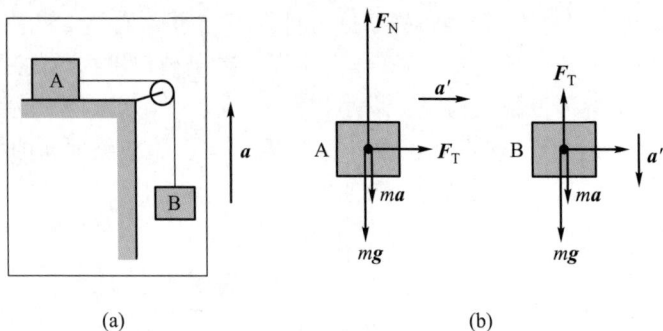

(a)   (b)

习题 2-5 图

2-6 图示为一斜面,倾角为 α,底边 AB 长为 $l = 2.1$ m,质量为 m 的物体从斜面顶端由静止开始向下滑动,物体与斜面间的摩擦因数为 $\mu = 0.14$.试问,当 α 为何值时,物体在斜面上下滑的时间最短? 其值为多少?

分析 动力学问题一般分为两类:(1) 已知物体受力求其运动情况;(2) 已知物体的运动情况来分析其所受的力.当然,在一个具体题目中,这两类问题并无截然的界限,且都是以加速度作为中介,把动力学方程和运动学规律联系起来.本题关键在于列出动力学和运动学方程后,解出倾角与时间的函数关系 $\alpha = f(t)$,然后运用对 t 求极值的方法即可得出数值来.

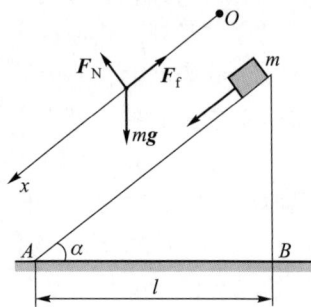

习题 2-6 图

解 取沿斜面为坐标轴 Ox,原点 O 位于斜面顶点,则由牛顿第二定律有

$$mg\sin\alpha - mg\mu\cos\alpha = ma \tag{1}$$

又物体在斜面上作匀变速直线运动,故有

$$\frac{l}{\cos\alpha} = \frac{1}{2}at^2 = \frac{1}{2}g(\sin\alpha - \mu\cos\alpha)t^2$$

则

$$t = \sqrt{\frac{2l}{g\cos\alpha(\sin\alpha - \mu\cos\alpha)}} \tag{2}$$

为使下滑的时间最短,可令 $\dfrac{\mathrm{d}t}{\mathrm{d}\alpha} = 0$,由式(2)有

$$-\sin\alpha(\sin\alpha - \mu\cos\alpha) + \cos\alpha(\cos\alpha + \mu\sin\alpha) = 0$$

则可得

$$\tan 2\alpha = -\frac{1}{\mu}, \quad \alpha = 49°$$

此时

$$t_{\min} = \sqrt{\frac{2l}{g\cos\alpha(\sin\alpha - \mu\cos\alpha)}} = 0.99 \text{ s}$$

2-7 工地上有一吊车,将甲、乙两块混凝土预制板吊起送至高空.甲块板质量为 $m_1 = 2.00 \times 10^2$ kg,

乙块板质量为 $m_2 = 1.00 \times 10^2$ kg.设吊车、框架和钢丝绳的质量不计.试求下述两种情况下,钢丝绳所受的张力以及乙块板对甲块板的作用力:(1)两块板以 10.0 m·s^{-2} 的加速度上升;(2)两块板以 1.0 m·s^{-2} 的加速度上升.从本题的结果,你能体会到起吊重物时必须缓慢加速的道理吗?

分析 预制板、吊车框架、钢丝等可视为一组物体.处理动力学问题通常采用"隔离体"的方法,分析物体所受的各种作用力,在所选定的惯性系中列出它们各自的动力学方程.根据连接体中物体的多少可列出相应数目的方程式.结合各物体之间的相互作用和联系,可解决物体的运动或相互作用力.

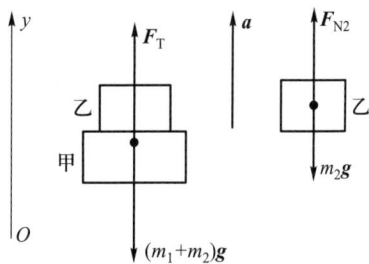

习题 2-7 图

解 按题意,可分别取吊车(含甲、乙块板)和乙块板作为隔离体,画示力图,并取竖直向上为 Oy 轴正方向(如图所示).当框架以加速度 a 上升时,有

$$F_T - (m_1 + m_2)g = (m_1 + m_2)a \tag{1}$$

$$F_{N2} - m_2 g = m_2 a \tag{2}$$

解上述方程,得

$$F_T = (m_1 + m_2)(g + a) \tag{3}$$

$$F_{N2} = m_2(g + a) \tag{4}$$

(1)当整个装置以加速度 $a = 10$ m·s^{-2} 上升时,由式(3)可得绳所受张力的值为

$$F_T = 5.94 \times 10^3 \text{ N}$$

乙块板对甲块板的作用力为

$$F'_{N2} = -F_{N2} = -m_2(g + a) = -1.98 \times 10^3 \text{ N}$$

(2)当整个装置以加速度 $a = 1$ m·s^{-2} 上升时,得绳所受张力的值为

$$F'_T = 3.24 \times 10^3 \text{ N}$$

此时,乙块板对甲块板的作用力则为

$$F'_{N2} = -1.08 \times 10^3 \text{ N}$$

由上述计算可见,在起吊相同重量的物体时,由于起吊加速度不同,绳中所受张力也不同,加速度越大,绳中张力也越大.因此,起吊重物时必须缓慢加速,以确保起吊过程的安全.

2-8 如图(a)所示,已知两物体 A、B 的质量均为 $m = 3.0$ kg,物体 A 以加速度 $a = 1.0$ m·s^{-2} 运动,求物体 B 与桌面间的摩擦力.(滑轮与连接绳的质量不计.)

分析 该题为连接体问题,同样可用隔离体法求解.分析时应注意绳中张力大小处处相等是有条件的,即必须在绳的质量和伸长可忽略、滑轮与绳之间的摩擦不计的前提下成立.同时也要注意到张力方向是不同的.

解 分别对物体和滑轮作受力分析[图(b)].由牛顿运动定律分别对物体 A、B 及滑轮列动力学方程,有

$$m_A g - F_T = m_A a \tag{1}$$

$$F'_{T1} - F_f = m_B a' \tag{2}$$

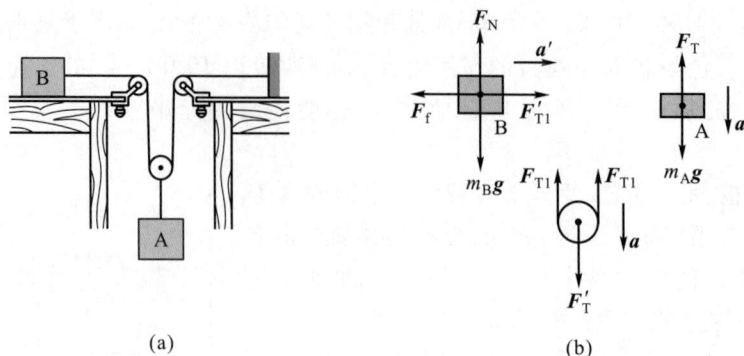

(a)   (b)

习题 2-8 图

$$F'_T - 2F_{T1} = 0 \tag{3}$$

考虑到 $m_A = m_B = m, F_T = F'_T, F_{T1} = F'_{T1}, a' = 2a$，可联立解得物体与桌面的摩擦力为

$$F_f = \frac{mg - (m + 4m)a}{2} = 7.2 \text{ N}$$

讨论 动力学问题的一般解题步骤可分为:(1)分析题意,确定研究对象,分析受力,选定坐标;(2)根据物理的定理和定律列出原始方程组;(3)解方程组,得出文字结果;(4)核对量纲,再代入数据,计算出结果来.

2-9 质量为 m' 的长平板以速度 v' 在光滑平面上作直线运动,现将质量为 m 的木块轻轻平稳地放在长平板上,板与木块之间的动摩擦因数为 μ,如图所示,问木块在长平板上滑行多远才能达到与板相同的速度?

分析 当木块 B 平稳地轻轻放至运动着的长平板 A 上时,木块的初速度可视为零,由于它与长平板之间速度的差异而存在滑动摩擦力,该力将改变它们的运动状态.根据牛顿运动定律可得到它们各自相对地面的加速度.换以长平板为参考系来分析,此时,木块以初速度 $-v'$(与长平板运动速率大小相等、方向相反)作匀减速运动,其加速度为相对加速度,按运动学公式即可解得.

该题也可应用第三章所讲述的系统的动能定理来解.将长平板与木块作为系统,该系统的动能由平板原有的动能变为木块和长平板一起运动的动能,而它们的共同速度可根据动量定理求得.又因为系统内只有摩擦力做功,根据系统的动能定理,摩擦力的功应等于系统动能的增量.木块相对长平板移动的距离即可求出.

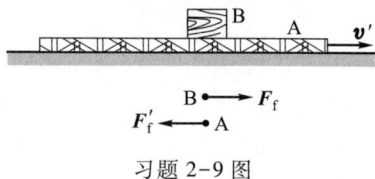

习题 2-9 图

解 1 以地面为参考系,在摩擦力 $F_f = \mu mg$ 的作用下,根据牛顿运动定律分别对木块、长平板列出动力学方程:

$$F_f = \mu mg = ma_1$$
$$F'_f = -F_f = m'a_2$$

a_1 和 a_2 分别是木块和长平板相对地面参考系的加速度.若以木板为参考系,木块相对长平板的加速度 $a = a_1 + a_2$,木块相对长平板以初速度 $-v'$ 作匀减速运动直至最终停止.由运动学规律有

$$v'^2 = 2as$$

由上述各式可得木块相对于长平板所移动的距离为

$$s = \frac{m'v'^2}{2\mu g(m'+m)}$$

解 2　以木块和长平板为系统,它们之间一对摩擦力做的总功为

$$W = F_f(s+l) - F_f l = \mu mgs$$

式中 l 为长平板相对地面移动的距离.

由于系统在水平方向上不受外力,当木块放至长平板上时,根据动量守恒定律,有

$$m'v' = (m'+m)v''$$

由系统的动能定理,有

$$\mu mgs = \frac{1}{2}m'v'^2 - \frac{1}{2}(m'+m)v''^2$$

由上述各式可得

$$s = \frac{m'v'^2}{2\mu g(m'+m)}$$

2-10　如图(a)所示,在一只半径为 R 的半球形碗内,有一个质量为 m 的小钢球,当小钢球以角速度 ω 在水平面内沿碗内壁作匀速率圆周运动时,它距碗底有多高?

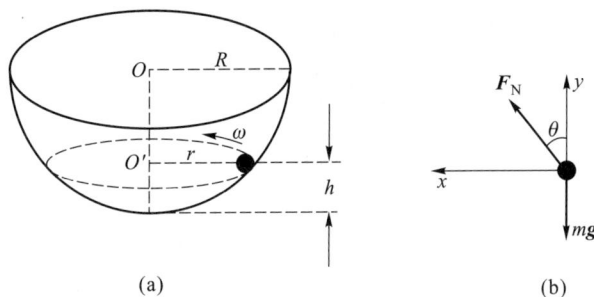

习题 2-10 图

分析　维持小钢球在水平面内作匀角速度转动时,必须使小钢球受到一与向心加速度相对应的力(向心力),而该力是由碗内壁对球的支持力 F_N 的分力来提供的,由于支持力 F_N 始终垂直于碗内壁,所以支持力的大小和方向是随 ω 而变的.取图示 Oxy 坐标系,列出动力学方程,即可求解小钢球距碗底的高度.

解　取小钢球为隔离体,其受力分析如图(b)所示.在图示坐标中列动力学方程

$$F_N\sin\theta = ma_n = mR\omega^2\sin\theta \tag{1}$$

$$F_N\cos\theta = mg \tag{2}$$

且有

$$\cos\theta = \frac{R-h}{R} \tag{3}$$

由上述各式可解得小钢球距碗底的高度为

$$h = R - \frac{g}{\omega^2}$$

可见, h 随 ω 的变化而变化.

2-11 在如图(a)所示的轻滑轮上跨有一轻绳,绳的两端连接着质量分别为 1 kg 和 2 kg 的物体 A 和 B.现以 50 N 的恒力 F 向上提滑轮的轴,不计滑轮质量及滑轮与轻绳间摩擦,问 A 和 B 的加速度各为多少?

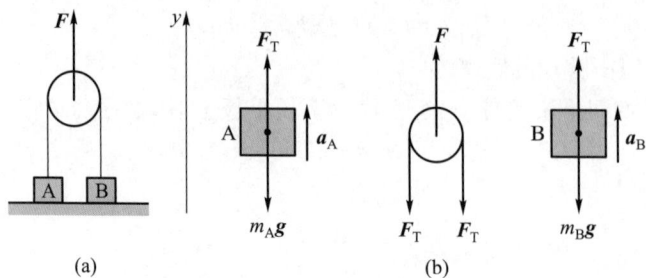

习题 2-11 图

分析 在上提物体过程中,由于滑轮可以转动,所以 A、B 两物体对地加速度并不相同,故应将 A、B 和滑轮分别隔离后,运用牛顿运动定律求解,本题中因滑轮质量可以不计,故两边绳子张力相等,且有 $F=2F_T$.

解 隔离后,各物体受力如图(b)所示,有

滑轮: $$F-2F_T=0$$
A: $$F_T-m_Ag=m_Aa_A$$
B: $$F_T-m_Bg=m_Ba_B$$

联立三式,得

$$a_A=15.2 \text{ m·s}^{-2}, \quad a_B=2.7 \text{ m·s}^{-2}$$

讨论 如由式 $F-(m_A+m_B)g=(m_A+m_B)a$ 求解,所得 a 是 A、B 两物体构成的质点系的质心加速度,并不是 A、B 两物体的加速度.上式称为质心运动定理.

2-12 一质量为 50 g 的物体挂在一弹簧末端后,弹簧伸长一段距离后静止,经扰动后物体作上下振动,若以物体静平衡位置为原点,向下为 Oy 轴正方向.测得其运动规律按余弦形式变化,即 $y=0.20\cos(5t+\pi/2)$(SI 单位).(1) 试求作用于该物体上的合外力的大小;(2) 证明作用在物体上的合外力大小与物体离开平衡位置的距离 y 成正比.

分析 本题可直接用 $F=ma=m\dfrac{d^2y}{dt^2}$ 求解,y 为物体的运动方程,F 即为作用于物体上的合外力(即为重力与弹簧力之和)的表达式,本题显示了物体作简谐振动时的动力学特征.

解 (1) 由分析知

$$F=ma=m\frac{d^2y}{dt^2}=-0.25\cos\left(5t+\frac{\pi}{2}\right) \text{ (N)}$$

该式表示作用于物体上的合外力随时间 t 按余弦形式作用周期性变化,$F>0$ 表示合外力向下,$F<0$ 表示合外力向上.

(2) $$F=-0.25\cos\left(5t+\frac{\pi}{2}\right)=-1.25\left[0.20\cos\left(5t+\frac{\pi}{2}\right)\right]=-1.25y$$

由上式知,合外力 F 的大小与物体离开平衡位置距离 y 的大小成正比."−"号表示与位移的

方向相反.

2-13 一质量为 10 kg 的质点在力 F 的作用下沿 Ox 轴作直线运动,已知 $F = 120\ t + 40$(SI 单位).在 $t = 0$ 时,质点位于 $x_0 = 5.0$ m 处,其速度 $v_0 = 6.0$ m·s^{-1}.求质点在任意时刻的速度和位置.

分析 这是在变力作用下的动力学问题.由于力是时间的函数,而加速度 $a = \mathrm{d}v/\mathrm{d}t$,这时,动力学方程就成为速度对时间的一阶微分方程,解此微分方程可得质点的速度 $v(t)$;由速度的定义 $v = \mathrm{d}x/\mathrm{d}t$,用积分的方法可求出质点的位置.

解 因加速度 $a = \mathrm{d}v/\mathrm{d}t$,在直线运动中,根据牛顿运动定律有

$$120t + 40 = m\frac{\mathrm{d}v}{\mathrm{d}t}$$

依据质点运动的初始条件,即 $t_0 = 0$ 时 $v_0 = 6.0$ m·s^{-1},运用分离变量法对上式积分,得

$$\int_{v_0}^{v} \mathrm{d}v = \int_0^t (12.0t + 4.0)\,\mathrm{d}t$$

$$v = 6.0 + 4.0t + 6.0t^2$$

又因 $v = \mathrm{d}x/\mathrm{d}t$,并由质点运动的初始条件:$t_0 = 0$ 时 $x_0 = 5.0$ m,对上式分离变量后积分,有

$$\int_{x_0}^{x} \mathrm{d}x = \int_0^t (6.0 + 4.0t + 6.0t^2)\,\mathrm{d}t$$

$$x = 5.0 + 6.0t + 2.0t^2 + 2.0t^3$$

2-14 轻型飞机连同驾驶员总质量为 1.0×10^3 kg.飞机以 55.0 m·s^{-1} 的速率在水平跑道上着陆后,驾驶员开始制动.若阻力与时间成正比,比例系数 $\alpha = 5.0 \times 10^2$ N·s^{-1},空气对飞机的升力不计,求:(1)10 s 后飞机的速率;(2)飞机着陆后 10 s 内滑行的距离.

分析 飞机连同驾驶员在水平跑道上运动可视为质点作直线运动.其水平方向所受制动力 F 为变力,且是时间的函数.在求速率和距离时,可根据动力学方程和运动学规律,采用分离变量法求解.

解 (1)以地面飞机滑行方向为坐标正方向,由牛顿运动定律及初始条件,有

$$F = ma = m\frac{\mathrm{d}v}{\mathrm{d}t} = -\alpha t$$

$$\int_{v_0}^{v} \mathrm{d}v = \int_0^t -\frac{\alpha t}{m}\,\mathrm{d}t$$

得

$$v = v_0 - \frac{\alpha}{2m}t^2$$

因此,飞机着陆 10 s 后的速率为

$$v = 30.0\ \text{m·s}^{-1}$$

(2)又

$$\int_{x_0}^{x} \mathrm{d}x = \int_0^t \left(v_0 - \frac{\alpha}{2m}t^2\right)\mathrm{d}t$$

故飞机着陆后 10 s 内所滑行的距离为

$$s = x - x_0 = v_0 t - \frac{\alpha}{6m}t^3 = 467\ \text{m}$$

*2-15** 一质量为 m 的跳水运动员,从 10.0 m 高台上由静止跳下落入水中.高台与水面距离为 h,跳水运动员可视为质点,略去空气阻力.运动员入水后竖直下沉,水对其阻力为 bv^2,其中 b

为一常量.若以水面上一点为坐标原点 O,竖直向下为 Oy 轴正方向,(1)求运动员在水中的速率 v 与 y 的函数关系;(2)若 $b/m=0.40$ m^{-1},则跳水运动员在水中下沉多少距离才能使其速率 v 减少到入水速率 v_0 的 $1/10$?(假定跳水运动员在水中的浮力与所受的重力大小恰好相等.)

分析 如图所示,该题可以分为两个过程,入水前是自由落体运动,入水后,运动员受重力 $\boldsymbol{P}$、浮力 $\boldsymbol{F}$ 和水的阻力 $\boldsymbol{F}_\mathrm{f}$ 的作用,其合力是一变力,因此,运动员作变加速直线运动.虽然运动员的受力分析比较简单,但是,由于变力是速度的函数(在有些问题中变力是时间或者位置的函数),对这类问题列出动力学方程并不复杂,但要从它计算出运动员运动的位置和速度就比较困难了.通常需要采用分离变量后积分的方法去解所列出的微分方程.这也成了解题过程中的难点.在解方程的过程中,特别需要注意到积分变量的统一和初始条件的确定.

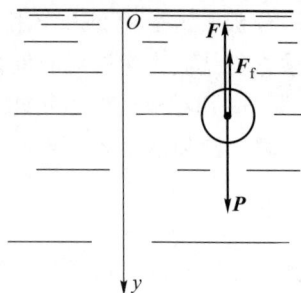

习题 2-15 图

解 (1)运动员入水前可视为自由落体运动,故入水时的速度为

$$v_0=\sqrt{2gh}$$

运动员入水后,由牛顿运动定律得

$$P-F_\mathrm{f}-F=ma$$

由题意 $P=F$,$F_\mathrm{f}=bv^2$,而 $a=\mathrm{d}v/\mathrm{d}t=v(\mathrm{d}v/\mathrm{d}y)$,代入上式后得

$$-bv^2=mv(\mathrm{d}v/\mathrm{d}y)$$

考虑到初始条件 $y_0=0$ 时,$v_0=\sqrt{2gh}$,对上式分离变量后积分,有

$$\int_0^y\left(-\frac{b}{m}\right)\mathrm{d}y=\int_{v_0}^v\frac{\mathrm{d}v}{v}$$

$$v=v_0\mathrm{e}^{-by/m}=\sqrt{2gh}\,\mathrm{e}^{-by/m}$$

(2)将已知条件 $\dfrac{b}{m}=0.40$ m^{-1},$v=0.1v_0$ 代入上式,则得

$$y=-\frac{m}{b}\ln\frac{v}{v_0}=5.76\text{ m}$$

2-16 如图所示,质量为 m 的小球与弹性系数为 k 的轻弹簧构成弹簧振子系统,开始时,弹簧处于原长,小球静止.现以恒力 $\boldsymbol{F}$ 向右(在弹簧的弹性限度内)拉小球,若小球与水平面间的摩擦因数为 μ,求小球向右运动的最大距离.

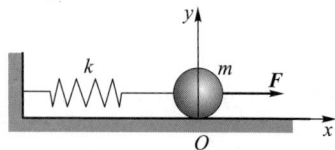

习题 2-16 图

分析 运用牛顿运动定律求解变力作用下的运动均要涉及微积分运算.其中如力为时间或速度的函数,对牛顿运动定律方程只需作分离变量后积分(如前几题所示).但如力为位置的函数,则需增加变量变换的操作.以一维运动为例,有 $F(x)=m\dfrac{\mathrm{d}v}{\mathrm{d}t}=m\dfrac{\mathrm{d}v}{\mathrm{d}x}\dfrac{\mathrm{d}x}{\mathrm{d}t}=\dfrac{mv\mathrm{d}v}{\mathrm{d}x}$,变量变换后,再分离变量,之后两边积分.本题中由于弹性力的存在,故求解时用到以上操作技巧.对本题所求最大距离 x_m 则可以在定积分中完成.把 $x=0$ 处 $v=0$ 和 $x=x_\mathrm{m}$ 处 $v=0$ 作为定积分上下限即可.

解 对小球在 x 处作受力分析,列出牛顿运动定律方程:

$$\begin{cases} \sum F_x = F - kx - \mu F_N = m\dfrac{\mathrm{d}v}{\mathrm{d}t} & (1) \\ \sum F_y = F_N - mg = 0 & (2) \end{cases}$$

由式(2)得 $F_N = mg$,并代入式(1),得

$$F - kx - \mu mg = m\frac{\mathrm{d}v}{\mathrm{d}t} = m\frac{\mathrm{d}v}{\mathrm{d}x}\frac{\mathrm{d}x}{\mathrm{d}t} = mv\frac{\mathrm{d}v}{\mathrm{d}x}$$

对上式分离变量后两边积分:

$$\int_0^{x_m} (F - kx - \mu mg)\mathrm{d}x = \int_{v_0}^0 mv\mathrm{d}v$$

得

$$x_m = \frac{2(F - \mu mg)}{k}$$

本题亦可用动能定理或功能原理求解,过程相对简便一些.

2-17 一物体自地球表面以速率 v_0 竖直上抛.假定空气对物体阻力的值为 $F_r = kmv^2$,式中 m 为物体的质量,k 为常量.试求:(1)该物体能上升的高度;(2)物体返回地面时速度的值.(设重力加速度为常量.)

分析 由于空气对物体的阻力始终与物体运动的方向相反,因此,物体在上抛过程中所受重力 **P** 和阻力 **F_r** 的方向相同;而下落过程中,所受重力 **P** 和阻力 **F_r** 的方向则相反.又因阻力是变力,在解动力学方程时,需用积分的方法.

解 分别对物体上抛、下落时作受力分析,以地面为原点,竖直向上为 y 轴(如图所示).

(1)物体在上抛过程中,根据牛顿运动定律有

$$-mg - kmv^2 = m\frac{\mathrm{d}v}{\mathrm{d}t} = m\frac{v\mathrm{d}v}{\mathrm{d}y}$$

依据初始条件对上式积分,有

$$\int_0^y \mathrm{d}y = -\int_{v_0}^v \frac{v\mathrm{d}v}{g + kv^2}$$

$$y = -\frac{1}{2k}\ln\left(\frac{g + kv^2}{g + kv_0^2}\right)$$

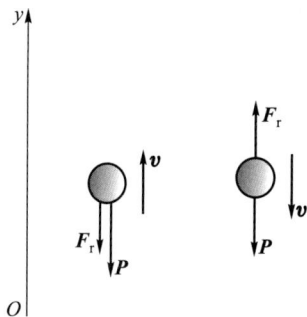

习题 2-17 图

物体到达最高处时,$v = 0$,故有

$$h = y_{max} = \frac{1}{2k}\ln\left(\frac{g + kv_0^2}{g}\right)$$

(2)物体下落过程中,有

$$-mg + kmv^2 = m\frac{v\mathrm{d}v}{\mathrm{d}y}$$

对上式积分,有

$$\int_h^0 \mathrm{d}y = -\int_0^v \frac{v\mathrm{d}v}{g - kv^2}$$

则

$$v = v_0\left(1 + \frac{kv_0^2}{g}\right)^{-1/2}$$

2-18 质量为 m 的摩托车在恒定的牵引力 F 的作用下工作,它所受的阻力与其速率的二次

方成正比,它能达到的最大速率是v_m.试计算摩托车从静止加速到$v_m/2$所需的时间以及所经过的路程.

分析 该题依然是运用动力学方程求解变力作用下的速度和位置的问题,求解方法与前两题相似,只是在解题过程中必须设法求出阻力系数k.由于阻力$F_r=kv^2$,且F_r又与恒力F的方向相反;故当阻力随速度增加至与恒力大小相等时,加速度为零,此时速度达到最大.因此,根据速度最大值可求出阻力系数.但在求摩托车所经过的路程时,需对变量作变换.

解 设摩托车沿x轴正方向运动,在牵引力$\boldsymbol{F}$和阻力$\boldsymbol{F}_r$同时作用下,由牛顿运动定律有

$$F - kv^2 = m\frac{\mathrm{d}v}{\mathrm{d}t} \tag{1}$$

当加速度$a = \dfrac{\mathrm{d}v}{\mathrm{d}t} = 0$时,摩托车的速率最大,因此可得

$$k = \frac{F}{v_m^2} \tag{2}$$

由式(1)和式(2)可得

$$F\left(1 - \frac{v^2}{v_m^2}\right) = m\frac{\mathrm{d}v}{\mathrm{d}t} \tag{3}$$

根据始末条件对式(3)分离变量后积分,有

$$\int_0^t \mathrm{d}t = \frac{m}{F}\int_0^{v_m/2}\left(1 - \frac{v^2}{v_m^2}\right)^{-1}\mathrm{d}v$$

则

$$t = \frac{mv_m}{2F}\ln 3$$

又因式(3)中$m\dfrac{\mathrm{d}v}{\mathrm{d}t} = \dfrac{mv\mathrm{d}v}{\mathrm{d}x}$,再利用始末条件对式(3)分离变量后积分,有

$$\int_0^x \mathrm{d}x = \frac{m}{F}\int_0^{v_m/2} v\left(1 - \frac{v^2}{v_m^2}\right)^{-1}\mathrm{d}v$$

则

$$x = \frac{mv_m^2}{2F}\ln\frac{4}{3} \approx 0.144\,\frac{mv_m^2}{F}$$

2-19 如图所示,一质量为m的小球被系于长为L的轻绳的一端,绳的另一端悬挂在天花板上.小球与绳组成一单摆,可在竖直平面内运动.设开始时,将小球摆线拉到与竖直方向的夹角为θ_0,然后由静止释放.试求小球的运动速度以及绳中张力与夹角θ的关系.

分析 在曲线运动(含圆周运动)中常用自然坐标系,即将质点在任意位置所受力按轨道的切向和法向分解,如力为位置的函数(本题为θ),如前面习题一样也需对牛顿运动定律的切向方程作变量变换和分离变量的操作.

解 小球在任意位置θ处,其受力如图(b)所示,则

切向 $$mg\sin\theta = m\frac{\mathrm{d}v}{\mathrm{d}t} \tag{1}$$

法向 $$F_T - mg\cos\theta = m\frac{v^2}{L} \tag{2}$$

对式(1)作变量变换,即

$$\frac{\mathrm{d}v}{\mathrm{d}t}=\frac{\mathrm{d}v}{\mathrm{d}\theta}\cdot\frac{\mathrm{d}\theta}{\mathrm{d}t}=\frac{v}{L}\frac{\mathrm{d}v}{\mathrm{d}\theta}$$

再分离变量后两边积分:

$$\int_{\theta_0}^{\theta}gL\sin\theta\,\mathrm{d}\theta=\int_0^v v\mathrm{d}v$$

得小球的运动速度为

$$v=\sqrt{2gL(\cos\theta_0-\cos\theta)}$$

代入式(2),得绳中张力为

$$F_{\mathrm{T}}=2mg\cos\theta_0-mg\cos\theta$$

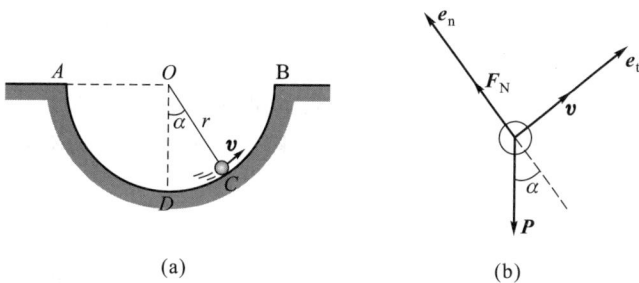

习题 2-19 图

讨论 小球在竖直面内并非作匀速圆周运动,故速度和绳子张力与位置有关.另本题满足机械能守恒,用机械能守恒定律求 v 很方便.但牛顿运动定律仍是求解力学问题的一种普适方法,读者应很好地理解和掌握.

2-20 一质量为 m 的小球最初位于如图(a)所示的 A 点,然后沿半径为 r 的光滑圆轨道 $ADCB$ 下滑.试求小球到达点 C 时的角速度和对圆轨道的作用力.

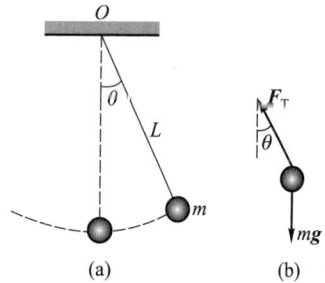

习题 2-20 图

分析 该题可由牛顿第二定律求解.在取自然坐标系的情况下,沿圆弧方向的加速度就是切向加速度 a_{t},与其相对应的外力 F_{t} 是重力的切向分量 $mg\sin\alpha$,而与法向加速度 a_{n} 相对应的外力是支持力 F_{N} 和重力的法向分量 $mg\cos\alpha$.由此,可分别列出切向和法向的动力学方程 $F_{\mathrm{t}}=m\mathrm{d}v/\mathrm{d}t$ 和 $F_{\mathrm{n}}=ma_{\mathrm{n}}$.由于小球在滑动过程中加速度不是恒定的,因此,需应用积分求解,为使运算简便,可转换积分变量.

*该题也能应用以小球、圆弧与地球为系统的机械能守恒定律求解小球的速度和角速度,方法比较简便.但它不能直接给出小球与圆弧表面之间的作用力.

解 小球在运动过程中受到重力 $\boldsymbol{P}$ 和圆轨道对它的支持力 $\boldsymbol{F}_{\mathrm{N}}$.取图(b)所示的自然坐标系,由牛顿运动定律得

$$F_{\mathrm{t}}=-mg\sin\alpha=m\frac{\mathrm{d}v}{\mathrm{d}t} \tag{1}$$

$$F_{\mathrm{n}}=F_{\mathrm{N}}-mg\cos\alpha=\frac{mv^2}{r} \tag{2}$$

由 $v=\dfrac{\mathrm{d}s}{\mathrm{d}t}=\dfrac{r\mathrm{d}\alpha}{\mathrm{d}t}$ 得 $\mathrm{d}t=\dfrac{r\mathrm{d}\alpha}{v}$,代入式(1),并根据小球从点 A 运动到点 C 的始末条件,进行积分,有

$$\int_0^v v\mathrm{d}v = \int_{\pi/2}^\alpha (-rg\sin\alpha)\mathrm{d}\alpha$$

$$v = \sqrt{2rg\cos\alpha}$$

得

则小球在点 C 的角速度为

$$\omega = \frac{v}{r} = \sqrt{(2g\cos\alpha)/r}$$

由式(2)得

$$F_N = \frac{mv^2}{r} + mg\cos\alpha = 3mg\cos\alpha$$

由此可得小球对圆轨道的作用力为

$$F'_N = -F_N = -3mg\cos\alpha$$

负号表示 $\boldsymbol{F'_N}$ 与 $\boldsymbol{e_n}$ 反向.

2-21 光滑的水平桌面上放置一半径为 R 的固定圆环,物体紧贴环的内侧作圆周运动,其摩擦因数为 μ. 开始时物体的速率为 v_0,求:(1) t 时刻物体的速率;(2) 当物体速率从 v_0 减少到 $v_0/2$ 时,物体所经历的时间及经过的路程.

分析 运动学与动力学之间的联系是以加速度为桥梁的,因而,可先分析动力学问题.物体在作圆周运动的过程中,促使其运动状态发生变化的是圆环内侧对物体的支持力 $\boldsymbol{F_N}$ 和环与物体之间的摩擦力 $\boldsymbol{F_f}$,而摩擦力大小与正压力 $\boldsymbol{F'_N}$ 成正比,且 $\boldsymbol{F_N}$ 与 $\boldsymbol{F'_N}$ 又是作用力与反作用力,这样,就可通过它们把切向和法向两个加速度联系起来了,从而可用运动学的积分关系式求解速率和路程.

解 (1) 设物体质量为 m,取图中所示的自然坐标系,按牛顿运动定律,有

$$F_N = ma_n = \frac{mv^2}{R}$$

$$F_f = ma_t = m\frac{\mathrm{d}v}{\mathrm{d}t}$$

由分析中可知,摩擦力的大小 $F_f = \mu F_N$,由上述各式可得

$$\mu\frac{v^2}{R} = -\frac{\mathrm{d}v}{\mathrm{d}t}$$

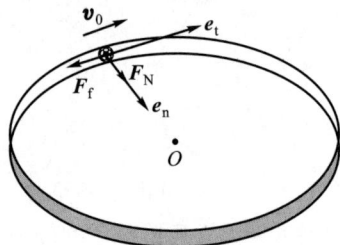

习题 2-21 图

取初始条件 $t = 0$ 时 $v = v_0$,并对上式分离变量后积分,有

$$\int_0^t \mathrm{d}t = -\frac{R}{\mu}\int_{v_0}^v \frac{\mathrm{d}v}{v^2}$$

$$v = \frac{Rv_0}{R + v_0\mu t}$$

(2) 当物体的速率从 v_0 减少到 $v_0/2$ 时,由上式可得所需的时间为

$$t' = \frac{R}{\mu v_0}$$

物体在这段时间内所经过的路程为

$$s = \int_0^{t'} v\,\mathrm{d}t = \int_0^{t'} \frac{Rv_0}{R + v_0 t\mu}\mathrm{d}t$$

$$s = \frac{R}{\mu}\ln 2$$

*2-22 在卡车车厢底板上放一木箱,该木箱距车厢前沿挡板的距离 $L = 2.0$ m,已知刹车时卡车的加速度 $a = 7.0$ m·s^{-2},设刹车一开始木箱就开始滑动,求该木箱撞上挡板时相对卡车的速率.(设木箱与底板间的动摩擦因数 $\mu = 0.50$.)

分析 如同习题 2-5 分析中指出的那样,可对木箱加上惯性力 F_0 后,以车厢为参考系进行求解,如图所示,此时木箱在水平方向受到惯性力和摩擦力作用,图中 a' 为木箱相对车厢的加速度.

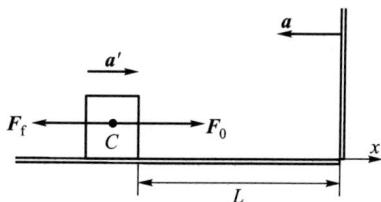

习题 2-22 图

解 由非惯性参考系中的牛顿第二定律和相关运动学规律有

$$F_0 - F_f = ma - \mu mg = ma' \tag{1}$$

$$v'^2 = 2a'L \tag{2}$$

联立解(1)、(2)两式并代入题给数据,得木箱撞上车厢挡板时的速度为

$$v' = \sqrt{2(a - \mu g)L} = 2.9 \text{ m·s}^{-1}$$

2-23 如图所示,将质量为 m 的小球用细线挂在倾角为 θ 的光滑斜面上.(1)若斜面以加速度 a 沿图示方向运动,求细线的张力及小球对斜面的正压力;(2)当加速度 a 取何值时,小球刚可以离开斜面?

分析 本题可在两种参考系中求解,若以地面为参考系,则小球在真实力作用下,产生和斜面相同的加速度 a,如图(b)所示.若以斜面为参考系,则小球还受到惯性力"作用",相对斜面静止,如图(c)所示.求解所立方程建议采用直角坐标系中的分量式,解方程组时可巧妙运用 $\sin^2\theta + \cos^2\theta = 1$ 这一关系式.

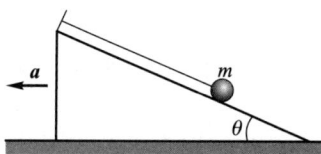

(a)

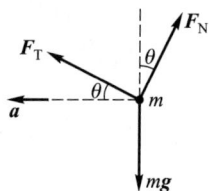

(b)

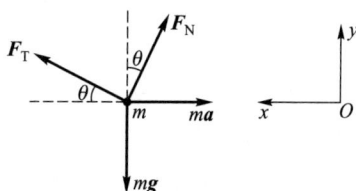

(c)

习题 2-23 图

解 1 （1）在如图（b）所示直角坐标系中，牛顿运动定律的分量式为

$$F_{\mathrm{T}}\cos\theta - F_{\mathrm{N}}\sin\theta = ma \tag{1}$$

$$F_{\mathrm{T}}\sin\theta + F_{\mathrm{N}}\cos\theta - mg = 0 \tag{2}$$

由（1）、（2）两式可得

$$F_{\mathrm{T}} = m(g\sin\theta + a\cos\theta)$$

$$F_{\mathrm{N}} = m(g\cos\theta - a\sin\theta)$$

小球对斜面的压力大小等于 F_{N}，方向垂直斜面向下．

（2）离开斜面时有 $F_{\mathrm{N}} = 0$ 可得

$$a = g\cot\theta$$

解 2 以斜面为参考系，则小球处在非惯性系中，引入惯性力 ma，对小球"静止"状态立方程求解，如图（c）所示．

$$F_{\mathrm{T}}\cos\theta - F_{\mathrm{N}}\sin\theta - ma = 0$$

$$F_{\mathrm{T}}\sin\theta + F_{\mathrm{N}}\cos\theta - mg = 0$$

解上述方程组可得与解 1 相同的结果．

讨论 ma 在解 1 中表示小球所受真实合外力；而在解 2 中则为虚拟惯性力．两种解法的所选参考系不同，物理思想亦不同．

第三章　动量守恒定律和能量守恒定律

3-1 对质点系有以下几种说法：

（1）质点系总动量的改变与内力无关；

（2）质点系总动能的改变与内力无关；

（3）质点系机械能的改变与保守内力无关．

下述判断正确的是（　　）．

（A）只有（1）是正确的　　　　　　（B）（1）、（2）是正确的

（C）（1）、（3）是正确的　　　　　　（D）（2）、（3）是正确的

分析与解 在质点系中内力总是成对出现的，它们是作用力与反作用力．由于一对内力的冲量和恒为零，故内力不会改变质点系的总动量．但由于相互有作用力的两个质点的位移大小以及位移与力的夹角一般不同，故一对内力所做功之和不一定为零，应作具体分析，如一对弹性内力的功的代数和一般为零，一对摩擦内力的功代数和有可能不为零，对于保守内力来说，所做的功能使质点系动能与势能相互转化，因此保守内力即使有可能改变质点系的动能，但也不可能改变质点系的机械能．综上所述（1）、（3）说法是正确的．故选（C）．

3-2 有两个倾角不同、高度相同、质量一样的斜面放在光滑的水平面上，斜面是光滑的，有两个一样的物块分别从这两个斜面的顶点由静止开始滑下，则（　　）．

（A）物块到达斜面底端时的动量相等

（B）物块到达斜面底端时的动能相等

（C）物块和斜面（以及地球）组成的系统，机械能不守恒

（D）物块和斜面组成的系统水平方向上动量守恒

分析与解 对题述系统来说，由题意知并无外力和非保守内力做功，故系统机械能守恒.物体在下滑过程中，一方面通过重力做功将势能转化为动能，另一方面通过物体与斜面之间的弹性内力做功将一部分能量转化为斜面的动能，其大小取决于其中一个内力所做的功.由于斜面倾角不同，故物体沿不同倾角斜面滑至底端时动能大小不等.动量自然也就不等（动量方向也不同）.故（A）、（B）、（C）三种说法均不正确.至于说法（D）正确，是因为该系统动量虽不守恒（下滑前系统动量为零，下滑后物体与斜面动量的矢量和不可能为零.由此可知，此时向上的地面支持力并不等于物体与斜面向下的重力），但在水平方向上并无外力，故系统在水平方向上分动量守恒.

3-3 对功的概念有以下几种说法：

（1）保守力做正功时，系统内相应的势能增加；

（2）质点运动经一闭合路径，保守力对质点做的功为零；

（3）作用力和反作用力大小相等、方向相反，所以两者所做的功的代数和必为零.

下列对上述说法判断正确的是（　　　）.

（A）（1）、（2）是正确的　　　　　（B）（2）、（3）是正确的

（C）只有（2）是正确的　　　　　　（D）只有（3）是正确的

分析与解 保守力做正功时，系统内相应势能应该减少.由于保守力做功与路径无关，而只与始末位置有关，如质点环绕一周过程中，保守力在一段过程中做正功，在另一段过程中必然做负功，两者之和必为零.至于一对作用力与反作用力分别作用于两个质点所做的功之和未必为零（详见习题3-1分析），由此可见只有说法（2）正确，故选（C）.

3-4 如图所示，质量分别为 m_1 和 m_2 的物体 A 与 B 置于光滑桌面上，A 和 B 之间连有一轻弹簧.另有质量分别为 m_1 和 m_2 的物体 C 和 D 分别置于物体 A 与 B 之上，且物体 A 和 C、B 和 D 之间的摩擦因数均不为零.首先用外力沿水平方向相向推压 A 和 B，使弹簧被压缩，然后撤掉外力，则在 A 和 B 弹开的过程中，对 A、B、C、D 以及弹簧组成的系统，（　　　）.

习题3-4图

（A）动量守恒，机械能守恒　　　　（B）动量不守恒，机械能守恒

（C）动量不守恒，机械能不守恒　　（D）动量守恒，机械能不一定守恒

分析与解 由题意知，作用在题述系统上的合外力为零，故系统动量守恒，但机械能未必守恒，这取决于在 A、B 弹开过程中 C 与 A 或 D 与 B 之间有无相对滑动，如有则必然会因摩擦内力做功，而使一部分机械能转化为热能，故选（D）.

3-5 如图所示，子弹射入放在水平光滑地面上静止的木块后穿出.以地面为参考系，下列说法中正确的说法是（　　　）.

（A）子弹减少的动能转化为木块的动能

（B）子弹-木块系统的机械能守恒

（C）子弹减少的动能等于子弹克服木块阻力所做的功

（D）子弹克服木块阻力所做的功等于这一过程中产生的热

习题3-5图

分析与解 子弹-木块系统在子弹射入过程中，作用于系统的合外力为零，故系统动量守恒，但机械能并不守恒.这是因为子弹与木块作用的一对内力所做的功的代数和不为零（原因为

子弹对地位移大于木块对地位移所致),子弹动能的减少等于子弹克服阻力所做的功,子弹减少的动能中,一部分通过其反作用力对木块做正功而转化为木块的动能,另一部分则转化为热能(大小就等于这一对内力所做的功的代数和).综上所述,只有说法(C)的表述是完全正确的.

3-6 一架以 $3.0×10^2\ \mathrm{m·s^{-1}}$ 的速率水平飞行的飞机,与一只身长为 $0.20\ \mathrm{m}$、质量为 $0.50\ \mathrm{kg}$ 的飞鸟相碰.设碰撞后飞鸟的躯体与飞机具有同样的速度,而原来飞鸟对于地面的速率甚小,可以忽略不计.试估计飞鸟对飞机的冲击力(碰撞时间可用飞鸟身长被飞机速率相除来估算).根据本题的计算结果,你对于高速运动的物体(如飞机、汽车)与通常情况下不足以引起危害的物体(如飞鸟、小石子)相碰后会产生什么后果的问题有些什么体会?

分析 由于飞鸟与飞机之间的作用是一短暂时间内急剧变化的变力,直接应用牛顿运动定律解决变力问题是不可能的.如果考虑力的时间累积效果,运用动量定理来分析,就可避免作用过程中的细节情况.在求飞鸟对飞机的冲力(常指在短暂时间内的平均力)时,由于飞机的状态(指动量)变化不知道,使计算也难以进行;这时,可将问题转化为讨论飞鸟的状态变化来分析其受力情况,并根据飞鸟与飞机作用的相互性(作用与反作用),问题就很简单了.

解 以飞鸟为研究对象,取飞机运动方向为 x 轴正方向.由动量定理得

$$\overline{F'}\Delta t=mv-0$$

式中 $\overline{F'}$ 为飞机对飞鸟的平均冲力,而身长为 $20\ \mathrm{cm}$ 的飞鸟与飞机碰撞时间约为 $\Delta t=l/v$,以此代入上式可得

$$\overline{F'}=\frac{mv^2}{l}=2.25×10^5\ \mathrm{N}$$

飞鸟对飞机的平均冲力为

$$\overline{F}=-\overline{F'}=-2.25×10^5\ \mathrm{N}$$

式中负号表示飞机受到的冲力与其飞行方向相反.从计算结果可知,$2.25×10^5\ \mathrm{N}$ 的冲力大致相当于一个质量为 $22\ \mathrm{t}$ 的物体所受的重力,可见,此冲力是相当大的.若飞鸟与发动机叶片相碰,足以使发动机损坏,造成飞行事故.

3-7 如图所示,质量为 m 的物体,由水平面上点 O 以初速为 v_0 抛出,v_0 与水平面成仰角 α.若不计空气阻力,求:(1)物体从发射点 O 到最高点 A 的过程中,重力的冲量;(2)物体从发射点到落回至同一水平面的过程中,重力的冲量.

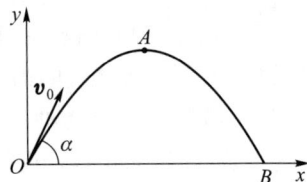

分析 重力是恒力,因此,求其在一段时间内的冲量时,只需求出时间间隔即可.由抛体运动规律可知,物体到达最高点的时间

$\Delta t_1=\dfrac{v_0\sin\alpha}{g}$,物体从出发到落回至同一水平面所需的时间是到达最高点时间的两倍.这样,按冲量的定义即可求得结果.

习题 3-7 图

另一种解的方法是根据过程的始末动量,由动量定理求出.

解 1 物体从出发到达最高点所需的时间为

$$\Delta t_1=\frac{v_0\sin\alpha}{g}$$

则物体落回地面的时间为

$$\Delta t_2 = 2\Delta t_1 = \frac{2v_0\sin\alpha}{g}$$

于是,在相应的过程中重力的冲量分别为

$$\boldsymbol{I}_1 = \int_{\Delta t_1} \boldsymbol{F}\mathrm{d}t = -mg\Delta t_1\boldsymbol{j} = -mv_0\sin\alpha\,\boldsymbol{j}$$

$$\boldsymbol{I}_2 = \int_{\Delta t_2} \boldsymbol{F}\mathrm{d}t = -mg\Delta t_2\boldsymbol{j} = -2mv_0\sin\alpha\,\boldsymbol{j}$$

解 2　根据动量定理,物体由发射点 O 运动到点 A、B 的过程中,重力的冲量分别为

$$\boldsymbol{I}_1 = mv_{Ay}\boldsymbol{j} - mv_{0y}\boldsymbol{j} = -mv_0\sin\alpha\,\boldsymbol{j}$$

$$\boldsymbol{I}_2 = mv_{By}\boldsymbol{j} - mv_{0y}\boldsymbol{j} = -2mv_0\sin\alpha\,\boldsymbol{j}$$

3-8　合外力 $F_x = 30 + 4t$(SI 单位)作用在质量 $m = 10$ kg 的物体上,(1) 求在开始 2 s 内此力的冲量;(2) 若冲量 $I = 300$ N·s,求此力作用的时间;(3) 若物体的初速度大小 $v_1 = 10$ m·s^{-1},方向与 F_x 相同,在 $t = 6.86$ s 时,求此物体的速度 v_2.

分析　本题可由冲量的定义式 $I = \int_{t_1}^{t_2} F\mathrm{d}t$,求变力的冲量,继而根据动量定理求物体的速度大小 v_2.

解　(1) 由分析知

$$I = \int_0^2 (30 + 4t)\mathrm{d}t = 30t + 2t^2 \Big|_0^2 = 68\ (\text{N·s})$$

(2) 由 $I = 300 = 30t + 2t^2$(N·s),解此方程可得

$$t = 6.86\ \text{s}\quad(\text{另一解不合题意已舍去})$$

(3) 由动量定理,有

$$I = mv_2 - mv_1$$

由(2)可知 $t = 6.86$ 时,$I = 300$ N·s,将 I、m 及 v_1 代入可得

$$v_2 = \frac{I + mv_1}{m} = 40\ \text{m·s}^{-1}$$

3-9　高空作业时系安全带是非常必要的.假如一质量为 51.0 kg 的人,在操作时不慎从高空竖直跌落下来,由于安全带的保护,最终使他被悬挂起来.已知此时人离跌落处的距离为 2.0 m,安全带弹性缓冲作用时间为 0.50 s.求安全带对人的平均冲力.

分析　从人受力的情况来看,可分两个阶段:在开始下落的过程中,只受重力作用,人体可看成作自由落体运动;在安全带保护的缓冲过程中,人体同时受重力和安全带冲力的作用,其合力是一变力,且作用时间很短.为求安全带的冲力,可以从缓冲时间内,人体运动状态(动量)的改变来分析,即运用动量定理来讨论.

事实上,动量定理也可应用于整个过程.但是,这时必须分清重力和安全带冲力作用的时间是不同的;而在此过程中的初态和末态,人体的速度均为零.这样,运用动量定理仍可得到相同的结果.

解 1　以人为研究对象,按分析中的两个阶段进行讨论.在自由落体运动过程中,人跌落 2 m 时的速度为

$$v_1 = \sqrt{2gh} \qquad (1)$$

在缓冲过程中,人受重力和安全带冲力的作用,根据动量定理,有

$$(\boldsymbol{F} + \boldsymbol{P})\Delta t = m\boldsymbol{v}_2 - m\boldsymbol{v}_1 \qquad (2)$$

由式(1)、(2)可得安全带对人的平均冲力大小为

$$\overline{F} = mg + \frac{\Delta(mv)}{\Delta t} = mg + \frac{m\sqrt{2gh}}{\Delta t} = 1.14 \times 10^3 \text{ N}$$

解2 从整个过程来讨论.根据动量定理有

$$-mg\sqrt{\frac{2h}{g}} + (\overline{F} - mg)\Delta t = 0$$

$$\overline{F} = \frac{mg}{\Delta t}\sqrt{2h/g} + mg = 1.14 \times 10^3 \text{ N}$$

3-10 一质量为 m 的小球,在力 $F = -kx$ 作用下运动,已知 $x = A\cos\omega t$,其中 k、ω、A 均为正常量.求在 $t = 0$ 到 $t = \dfrac{\pi}{2\omega}$ 时间内小球动量的增量.

分析 由冲量定义求得力 F 的冲量后,根据动量定理,即为动量增量,注意用式 $\int_{t_1}^{t_2} F\mathrm{d}t$ 积分前,应先将式中 x 用 $x = A\cos\omega t$ 代之,方能积分.

解 力 F 的冲量为

$$I = \int_{t_1}^{t_2} F\mathrm{d}t = \int_{t_1}^{t_2} -kx\mathrm{d}t = -\int_0^{\pi/2\omega} kA\cos\omega t\mathrm{d}t = -\frac{kA}{\omega}$$

即

$$\Delta(mv) = I = -\frac{kA}{\omega}$$

3-11 一只质量为 $m = 0.11$ kg 的垒球以 $v_1 = 17$ m·s^{-1} 的水平速率被扔向打击手,球经球棒击出后,具有如图(a)所示的方向且大小为 $v_2 = 34$ m·s^{-1}.若球与棒的接触时间为 0.025 s,(1)求棒对该球平均作用力的大小;(2)问垒球手至少对球做了多少功?

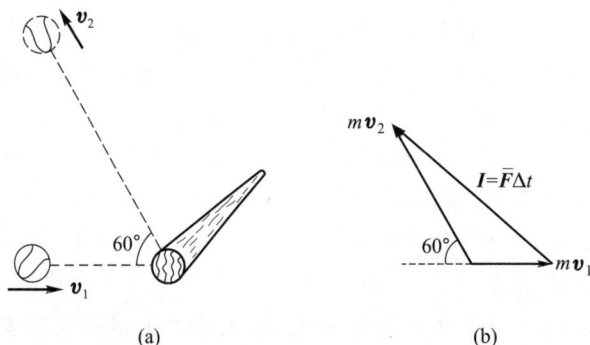

习题 3-11 图

分析 第(1)问可对垒球运用动量定理,既可根据动量定理的矢量式,用几何法求解,如图

（b）所示；也可建立如图（a）所示的坐标系，用动量定量的分量式求解，对打击、碰撞一类作用时间很短的过程来说，物体的重力一般可略去不计.

解　（1）**解1**　由分析知，有

$$\overline{F}\Delta t = m\boldsymbol{v}_2 - m\boldsymbol{v}_1$$

其矢量关系如图（b）所示，则

$$(\overline{F}\Delta t)^2 = (mv_1)^2 + (mv_2)^2 - 2(mv_1)(mv_2)\cos(180°-60°)$$

解之得

$$\overline{F} = 197.9\ \text{N}$$

解2　由图（a）有

$$\overline{F}_x\Delta t = mv_{2x} - mv_{1x}$$

$$\overline{F}_y\Delta t = mv_{2y} - 0$$

将 $v_{1x} = v_1$，$v_{2x} = -v_2\cos60°$ 及 $v_{2y} = v_2\sin60°$ 代入解得 $\overline{F}_x$ 和 $\overline{F}_y$，则

$$|\overline{F}| = \sqrt{\overline{F}_x^2 + \overline{F}_y^2} = 197.9\ \text{N}$$

（2）由质点的动能定理，得

$$W = \frac{1}{2}mv_2^2 - \frac{1}{2}mv_1^2 = 47.7\ \text{J}$$

3-12　如图所示，在水平地面上，有一横截面 $S = 0.20\ \text{m}^2$ 的直角弯管，管中有流速为 $v = 3.0\ \text{m·s}^{-1}$ 的水通过，求弯管所受力的大小和方向.

分析　对于弯曲部分 AB 段内的水而言，由于流速一定，在 Δt 时间内，从其一端流入的水量等于从另一端流出的水量.因此，对这部分水来说，在 Δt 时间内动量的增量也就是流入与流出水的动量的增量 $\Delta \boldsymbol{p} = \Delta m(\boldsymbol{v}_B - \boldsymbol{v}_A)$；此动量的变化是管壁在 Δt 时间内对其作用冲量 $\boldsymbol{I}$ 的结果.依据动量定理可求得该段水受到管壁的冲力 $\boldsymbol{F}$；由牛顿第三定律，自然就得到水流对管壁的作用力 $\boldsymbol{F}' = -\boldsymbol{F}$.

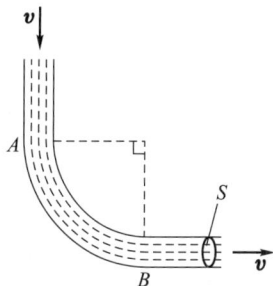

习题 3-12 图

解　在 Δt 时间内，从管一端流入（或流出）水的质量为 $\Delta m = \rho v S \Delta t$，弯曲部分 AB 的水的动量的增量则为

$$\Delta \boldsymbol{p} = \Delta m(\boldsymbol{v}_B - \boldsymbol{v}_A) = \rho v S \Delta t(\boldsymbol{v}_B - \boldsymbol{v}_A)$$

依据动量定理 $\boldsymbol{I} = \Delta \boldsymbol{p}$，得到管壁对这部分水的平均冲力为

$$\overline{F} = \frac{\boldsymbol{I}}{\Delta t} = \rho S v(\boldsymbol{v}_B - \boldsymbol{v}_A)$$

从而可得水流对管壁作用力的大小为

$$\overline{F}' = -\overline{F} = -\sqrt{2}\rho S v^2 = -2.5\times10^3\ \text{N}$$

作用力的方向则沿直角平分线指向弯管外侧.

3-13　A、B 两船在平静的湖面上平行相向航行，当两船擦肩相遇时，两船各自向对方平稳地传递 50 kg 的重物，结果是 A 船停了下来，而 B 船以 $3.4\ \text{m·s}^{-1}$ 的速度继续向前驶去.A、B 两船原来的质量分别为 0.5×10^3 kg 和 1.0×10^3 kg，求在传递重物前两船的速度.(忽略水对船的阻力.)

分析 由于两船横向传递的速度可略去不计,则对搬出重物后的船 A 与从船 B 搬入的重物所组成的系统 I 来讲,在水平方向上无外力作用,因此,它们相互作用的过程中应满足动量守恒;同样,对搬出重物后的船 B 与从船 A 搬入的重物所组成的系统 II 亦是这样.由此,分别列出系统 I、II 的动量守恒方程即可解出结果.

解 设 A、B 两船原有的速度分别以 v_A、v_B 表示,传递重物后船的速度分别以 v_A',v_B' 表示,被搬运重物的质量以 m 表示.分别对上述系统 I、II 应用动量守恒定律,则有

$$(m_A - m)v_A + mv_B = m_A v_A' \tag{1}$$

$$(m_B - m)v_B + mv_A = m_B v_B' \tag{2}$$

由题意知 $v_A' = 0$,$v_B' = 3.4 \text{ m·s}^{-1}$ 代入数据后,可解得

$$v_A = \frac{-m_B m v_B'}{(m_B - m)(m_A - m) - m^2} = -0.40 \text{ m·s}^{-1}$$

$$v_B = \frac{(m_A - m)m_B v_B'}{(m_A - m)(m_B - m) - m^2} = 3.6 \text{ m·s}^{-1}$$

也可以选择不同的系统,例如,把 A、B 两船(包括传递的物体在内)视为系统,同样能满足动量守恒,也可列出相对应的方程求解.

3-14 质量为 m' 的人手里拿着一个质量为 m 的物体,此人用与水平面成 α 角的速度 $\boldsymbol{v}_0$ 向前跳去.当他到达最高点时,他将物体以相对于人为 $\boldsymbol{u}$ 的水平速度向后抛出.问:由于人抛出物体,他跳跃的距离增加了多少?(假设人可视为质点.)

分析 人跳跃距离的增加是由于他在最高点处向后抛出物体所致.在抛物的过程中,人与物之间相互作用力的冲量,使他们各自的动量发生了变化.如果把人与物视为一系统,因水平方向不受外力作用,故系统在该方向上动量守恒.但在应用动量守恒定律时,必须注意系统是相对地面(惯性系)而言的,因此,在处理人与物的速度时,要根据相对运动的关系来确定.至于,人因跳跃而增加的距离,可根据人在水平方向速率的增量 Δv 来计算.

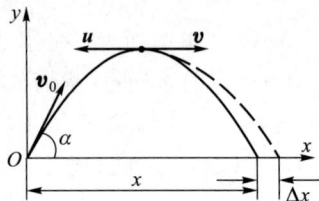
习题 3-14 图

解 取如图所示坐标系.把人与物视为一系统,当人跳跃到最高点处,在向左抛物的过程中,满足动量守恒,故有

$$(m + m')v_0 \cos\alpha = m'v + m(v - u)$$

式中 v 为人抛物后相对地面的水平速率,$v - u$ 为抛出物对地面的水平速率,得

$$v = v_0 \cos\alpha + \frac{m}{m' + m}u$$

人的水平速率的增量为

$$\Delta v = v - v_0 \cos\alpha = \frac{m}{m' + m}u$$

而人从最高点到地面的运动时间为

$$t = \frac{v_0 \sin\alpha}{g}$$

所以,人跳跃后增加的距离为

$$\Delta x = \Delta v t = \frac{m v_0 \sin\alpha}{(m'+m)g} u$$

3-15 一位质量为 $m_1 = 80$ kg 的宇航员在舱外作业时推进器失灵.此时,该宇航员在飞船后 $s = 30$ m 处,且与飞船同速飞行.为了回到飞船,宇航员将其随身携带的一个质量为 $m_2 = 0.5$ kg 的扳手以相对于飞船为 $u = 20$ m·s^{-1} 的速率反向扔出.求宇航员多久以后回到了飞船?

分析 本题物理图像与习题 3-14 类似,可通过动量守恒定律求得宇航员反向扔出扳手后,在飞船飞行方向上增加的速度,进而求得回到飞船的时间.另注意题中的 u 是相对飞船而非相对宇航员.由于动量守恒对任意惯性系都成立,故本题可采用不同惯性系求解.

解 1 以飞船为参考系,扔出扳手前宇航员与扳手均相对飞船静止.设飞船飞行方向为正方向,由动量守恒有

$$m_1 v_1 - m_2 u = 0$$

则扔出扳手后宇航员相对飞船速度为

$$v_1 = \frac{m_2}{m_1} u = 0.125 \text{ m·s}^{-1}$$

宇航员回到飞船时间为

$$\Delta t = \frac{s}{v_1} = 240 \text{ s}$$

解 2 以地球为参考系,设扔出扳手前宇航员与飞船相对地球的速度均为 v.同样由动量守恒有

$$(m_1 + m_2)v = m_1 v_1' + m_2(v - u)$$

式中 $v-u$ 为扳手相对地球的速度.由上式可得

$$v_1' = v + \frac{m_2}{m_1} u$$

则扔出扳手后宇航员相对飞船速度为

$$v_1 = v_1' - v = \frac{m_2}{m_1} u = 0.125 \text{ m·s}^{-1}$$

同样可求得宇航员回到飞船时间为 240 s.

显然本题以飞船为参考系求解较为简便.

3-16 一物体在介质中按规律 $x = ct^3$ 作直线运动,c 为一常量.设介质对物体的阻力正比于速度的二次方.试求物体由 $x_0 = 0$ 运动到 $x = l$ 时,阻力所做的功.(已知阻力系数为 k.)

分析 本题是一维变力做功问题,仍需按功的定义式 $W = \int \boldsymbol{F} \cdot d\boldsymbol{x}$ 来求解.关键在于寻找力函数 $F = F(x)$.根据运动学关系,可将已知力与速度的函数关系 $F(v) = kv^2$ 变换到 $F(t)$,进一步按 $x = ct^3$ 的关系把 $F(t)$ 转换为 $F(x)$,这样就可按功的定义式求解.

解 由运动学方程 $x = ct^3$,可得物体的速度为

$$v = \frac{dx}{dt} = 3ct^2$$

按题意及上述关系,物体所受阻力的大小为

$$F = kv^2 = 9kc^2t^4 = 9kc^{2/3}x^{4/3}$$

则阻力的功为

$$W = \int_0^l \boldsymbol{F} \cdot \mathrm{d}\boldsymbol{x} = \int_0^l F\cos 180°\mathrm{d}x = -\int_0^l 9kc^{2/3}x^{4/3}\mathrm{d}x = -\frac{27}{7}kc^{2/3}l^{7/3}$$

3-17 如图所示,一人从 10.0 m 深的井中提水,起始桶中装有 10.0 kg 的水,由于水桶漏水,每升高 1.00 m 要漏去 0.20 kg 的水.求水桶被匀速地从井中提到井口的过程中,人所做的功.

分析 由于水桶在匀速上提过程中,拉力必须始终与水桶重力相平衡.水桶重力因漏水而随提升高度而变,因此,拉力做功实为变力做功.由于拉力做功也就是克服重力的功,因此,只要能写出重力随高度变化的关系,拉力做的功即可求出.

解 水桶在匀速上提过程中,$\boldsymbol{a}=\boldsymbol{0}$,拉力与水桶重力平衡,有

$$\boldsymbol{F} + \boldsymbol{P} = \boldsymbol{0}$$

在图示所取坐标系下,水桶重力随位置的变化关系为

$$P = mg - \alpha gy$$

其中 $\alpha = 0.2$ kg/m,人对水桶的拉力所做的功为

$$W = \int_0^{10} \boldsymbol{F} \cdot \mathrm{d}\boldsymbol{y} = \int_0^{10} (mg - \alpha gy)\mathrm{d}y = 882 \text{ J}$$

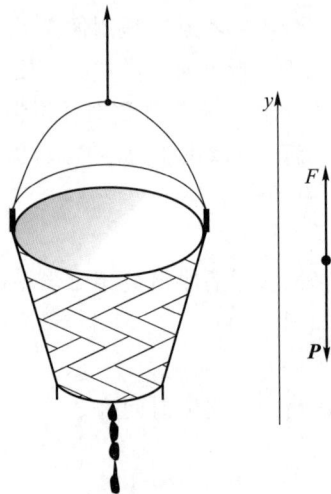

习题 3-17 图

3-18 一质量为 m 的质点,系在细绳的一端,绳的另一端固定在水平面上.此质点在粗糙水平面上作半径为 r 的圆周运动.设质点的最初速率是 v_0.当它运动一周时,其速率为 $v_0/2$.求:
(1) 求摩擦力做的功;(2) 求动摩擦因数;(3) 问在静止以前质点运动了多少圈?

分析 质点在运动过程中速度的减缓,意味着其动能减少;而减少的这部分动能则消耗在运动中克服摩擦力做功上.由此,可依据动能定理列式解之.

解 (1) 摩擦力做的功为

$$W = E_\mathrm{k} - E_\mathrm{k0} = \frac{1}{2}mv^2 - \frac{1}{2}mv_0^2 = -\frac{3}{8}mv_0^2 \tag{1}$$

(2) 由于摩擦力是一恒力,且 $F_\mathrm{f} = \mu mg$,故有

$$W = F_\mathrm{f}s\cos 180° = -2\pi r\mu mg \tag{2}$$

由式(1)、(2)可得动摩擦因数为

$$\mu = \frac{3v_0^2}{16\pi rg}$$

(3) 由于一周中损失的动能为 $\frac{3}{8}mv_0^2$,则在静止前可运行的圈数为

$$n = \left| \frac{E_\mathrm{k0}}{W} \right| = \frac{4}{3} \text{ 圈}$$

3-19 一辆以恒定速率 v 运动的汽车可看作一横截面积为 A 的圆柱.假设空气中尘埃粒子都是悬浮不动的,且车前进方向上的空气会全部黏附在车前.设空气密度为 ρ,则在这个模型中,

汽车为克服空气阻力而损耗的功率是多少?

分析 如图所示,在 dt 时间内汽车前方体积为 $dV = Avdt$ 体元内的悬浮粒子都将与车子发生完全非弹性碰撞.粒子由此获得的动能都来自汽车,其大小都等于汽车克服阻力所做的功.

解 由分析知,在 dt 时间与汽车发生碰撞的粒子质量为

$$dm = \rho dV = \rho Avdt$$

碰撞后粒子获得动能为

$$dE_k = \frac{1}{2}dmv^2 = \frac{1}{2}\rho Av^3 dt$$

由功能原理,汽车克服阻力所做的功为

$$dW = dE_k = \frac{1}{2}\rho Av^3 dt$$

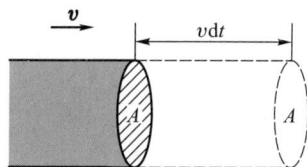

习题 3-19 图

汽车为克服空气阻力而损耗的功率为

$$P = \frac{dW}{dt} = \frac{1}{2}\rho Av^3$$

3-20 如图(a)所示,A 和 B 两块板用一轻弹簧连接起来,它们的质量分别为 m_1 和 m_2.问在 A 板上需加多大的压力,方可使力停止作用后,恰能使 A 在跳起来时 B 稍被提起.(设弹簧的弹性系数为 k.)

分析 运用守恒定律求解是解决力学问题最简捷的途径之一.因为它与过程的细节无关,也常常与特定力的细节无关."守恒"则意味着在条件满足的前提下,过程中任何时刻守恒量不变.在具体应用时,必须恰当地选取研究对象(系统),注意守恒定律成立的条件.该题可用机械能守恒定律来解决.选取两块板、弹簧和地球为系统,该系统在外界所施压力撤除后(取作状态 1),直到 B 板刚被提起(取作状态 2),在这一过程中,系统不受外力作用,而内力中又只有保守力(重力和弹力)做功,支持力不做功,因此,满足机械能守恒的条件.只需取状态 1 和状态 2,运用机械能守恒定律列出方程,并结合这两状态下受力的平衡,便可将所需压力求出.

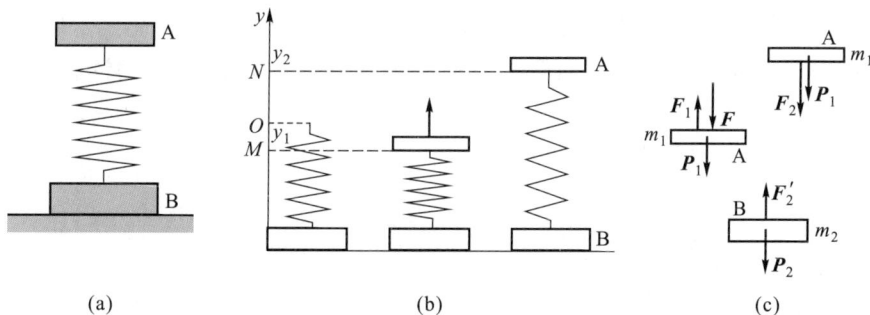

习题 3-20 图

解 选取如图(b)所示坐标系,取原点 O 处为重力势能和弹性势能零点.作各状态下物体的受力图.对 A 板而言,当施以外力 F 时,根据受力平衡有

$$F_1 = P_1 + F \tag{1}$$

当外力撤除后,按分析中所选的系统,由机械能守恒定律可得

$$\frac{1}{2}ky_1^2 - m_1gy_1 = \frac{1}{2}ky_2^2 + m_1gy_2$$

整理后为

$$\frac{1}{2}k(y_1^2 - y_2^2) = m_1g(y_1 + y_2)$$

式中 y_1、y_2 为 M、N 两点对原点 O 的位移.因为 $F_1 = ky_1$，$F_2 = ky_2$ 及 $P_1 = m_1g$，上式化简后可写为

$$F_1 - F_2 = 2P_1 \tag{2}$$

由式（1）、（2）可得

$$F = P_1 + P_2 \tag{3}$$

当 A 板跳到点 N 时，B 板刚被提起，此时弹性力 $F_2' = P_2$，$P_2 = m_2g$ 且 $F_2 = F_2'$.由式（3）可得

$$F = P_1 + P_2 \geqslant (m_1 + m_2)g$$

应注意，势能的零点位置是可以任意选取的.为计算方便起见，通常取弹簧原长时的弹性势能为零点，也同时为重力势能的零点.

3-21 如图所示，一质量为 m 的木块静止在光滑水平面上，一质量为 $\frac{m}{2}$ 的子弹沿水平方向以速率 v_0 射入木块一段距离 L（此时木块滑行距离恰为 s）后留在木块内.（1）木块与子弹的共同速率为 v，问此过程中木块和子弹的动能各变化了多少？（2）子弹与木块间的摩擦阻力对木块和子弹各做了多少功？（3）证明这一对摩擦阻力所做的功的代数和就等于其中一个摩擦阻力沿相对位移 L 所做的功.（4）证明这一对摩擦阻力所做的功的代数和就等于子弹-木块系统总机械能的减少量（亦即转化为热的那部分能量）.

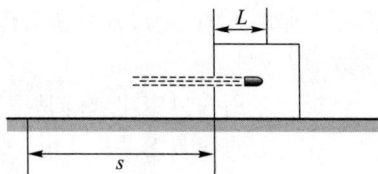
习题 3-21 图

分析 对子弹-木块系统来说，满足动量守恒，但系统动能并不守恒，这是因为一对摩擦内力所做功的代数和并不为零，其中摩擦阻力对木块做正功，其反作用力对子弹做负功，后者功的数值大于前者，通过这一对作用力与反作用力做功，子弹将一部分动能转化给木块，而另一部分却转化为物体内能.本题（3）、（4）两问给出了具有普遍意义的结论，可帮助读者以后分析此类问题.

解 （1）子弹-木块系统满足动量守恒，有

$$\frac{m}{2}v_0 = \left(\frac{m}{2} + m\right)v$$

解得共同速度为

$$v = \frac{1}{3}v_0$$

对木块

$$\Delta E_{k1} = \frac{1}{2}mv^2 - 0 = \frac{1}{18}mv_0^2$$

对子弹

$$\Delta E_{k2} = \frac{1}{2}\left(\frac{m}{2}\right)v^2 - \frac{1}{2}\left(\frac{m}{2}\right)v_0^2 = -\frac{2}{9}mv_0^2$$

（2）对木块和子弹分别运用质点动能定理，则

对木块
$$W_1 = \Delta E_{k1} = \frac{1}{18}mv_0^2$$

对子弹
$$W_2 = \Delta E_{k2} = -\frac{2}{9}mv_0^2$$

（3）设摩擦阻力大小为 F_f，在两者取得共同速度时，木块对地位移为 s，则子弹对地位移为 $L+s$，有

对木块
$$W_1 = F_f s$$

对子弹
$$W_2 = -F_f(L+s)$$

得
$$W = W_1 + W_2 = -F_f L$$

式中 L 即为子弹对木块的相对位移，"−"号表示这一对摩擦阻力（非保守力）做功必定会使系统机械能减少.

（4）对木块有
$$W_1 = F_f s = \frac{1}{2}mv^2$$

对子弹有
$$W_2 = -F_f(L+s) = \frac{1}{2}\left(\frac{m}{2}\right)v^2 - \frac{1}{2}\left(\frac{m}{2}\right)v_0^2$$

两式相加，得
$$W_1 + W_2 = \left[\frac{1}{2}mv^2 + \frac{1}{2}\left(\frac{m}{2}\right)v^2\right] - \frac{1}{2}\left(\frac{m}{2}\right)v_0^2$$

即
$$-F_f L = -\frac{3}{18}mv_0^2$$

两式相加后实为子弹-木块系统作为质点系的动能定理表达式，左边为一对内力所做的功的代数和，右边为系统动能的变化量.

3-22 一人用铁锤把钉子敲入墙面木板.设木板对钉子的阻力与钉子进入木板的深度成正比.若第一次敲击时，能把钉子钉入木板 1.00×10^{-2} m.第二次敲击时，保持第一次敲击钉子的速度，那么第二次能把钉子钉入多深？

分析 由于两次锤击的条件相同，锤击后钉子获得的速度也相同，所具有的初动能也相同.钉子钉入木板是将钉子的动能用于克服阻力做功，由动能定理可知钉子两次所做的功相等.由于阻力与进入木板的深度成正比，按变力的功的定义得两次功的表达式，并由功相等的关系即可求解.

解 因阻力与深度成正比，则有 $F = kx$（k 为阻力系数）.现令 $x_0 = 1.00 \times 10^{-2}$ m，第二次钉入的深度为 Δx，由于钉子两次所做的功相等，可得
$$\int_0^{x_0} kx\,\mathrm{d}x = \int_{x_0}^{x_0+\Delta x} kx\,\mathrm{d}x$$
$$\Delta x = 0.41 \times 10^{-2} \text{ m}$$

3-23 一质量为 m 的人造地球卫星，沿半径为 $3R_E$ 的圆轨道运动，R_E 为地球的半径.已知地球的质量为 m_E，求：（1）卫星的动能；（2）卫星的引力势能；（3）卫星的机械能.

分析 根据势能和动能的定义，只需知道卫星的所在位置和绕地球运动的速率，其势能和动

能即可算出.由于卫星在地球引力作用下作圆周运动,由此可算得卫星绕地球运动的速率和动能.由于卫星的引力势能是属于系统(卫星和地球)的,要确定特定位置的势能时,必须规定势能的零点,通常取卫星与地球相距无限远时的势能为零.这样,卫星在特定位置的势能也就能确定了.至于卫星的机械能则是动能和势能的总和.

解　(1)卫星与地球之间的万有引力提供卫星作圆周运动的向心力,由牛顿运动定律可得

$$G\frac{m_E m}{(3R_E)^2} = m\frac{v^2}{3R_E}$$

则

$$E_k = \frac{1}{2}mv^2 = G\frac{m_E m}{6R_E}$$

(2)取卫星与地球相距无限远($r \to \infty$)时的势能为零,则处在轨道上的卫星所具有的势能为

$$E_p = -G\frac{m_E m}{3R_E}$$

(3)卫星的机械能为

$$E = E_k + E_p = G\frac{m_E m}{6R_E} - G\frac{m_E m}{3R_E} = -G\frac{m_E m}{6R_E}$$

3-24　如图(a)所示,天文观测台有一半径为 R 的半球形屋面,有一冰块从光滑屋面的最高点由静止沿屋面滑下,若摩擦力略去不计,求此冰块离开屋面的位置以及在该位置时的速度.

分析　取冰块、屋面和地球为系统,由于屋面对冰块的支持力 F_N 始终与冰块运动的方向垂直,故支持力不做功;而重力 P 又是保守内力,所以,系统的机械能守恒.但是,仅有一个机械能守恒方程不能解出速度和位置两个物理量;因此,还需设法根据冰块在脱离屋面时支持力为零这一条件,由牛顿运动定律列出冰块沿径向的动力学方程.求解上述两方程即可得出结果.

解　由系统的机械能守恒,有

$$mgR = \frac{1}{2}mv^2 + mgR\cos\theta \quad\quad (1)$$

根据牛顿运动定律,冰块沿径向的动力学方程为

$$mg\cos\theta - F_N = \frac{mv^2}{R} \quad\quad (2)$$

冰块脱离球面时,支持力 $F_N = 0$,由式(1)、式(2)可得冰块的角位置

$$\theta = \arccos\frac{2}{3} = 48.2°$$

冰块此时的速率为

$$v = \sqrt{gR\cos\theta} = \sqrt{\frac{2Rg}{3}}$$

v 的方向与重力 P 的方向的夹角为

$$\alpha = 90° - \theta = 41.8°$$

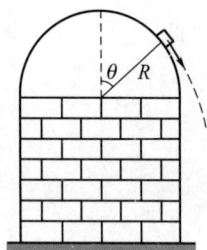
(a)

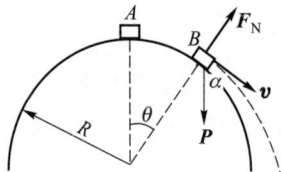
(b)

习题 3-24 图

3-25 如图所示,质量 $m = 0.20 \text{ kg}$ 的小球放在位置 A 时,弹簧被压缩 $\Delta l = 7.5 \times 10^{-2} \text{m}$,然后在弹簧的弹性力作用下,小球从位置 A 由静止被释放,小球沿轨道 $ABCD$ 运动. 小球与轨道间的摩擦不计. 已知 $\widehat{BCD}$ 为半径 $r = 0.15 \text{ m}$ 的半圆弧,AB 相距为 $2r$,求弹簧弹性系数的最小值.

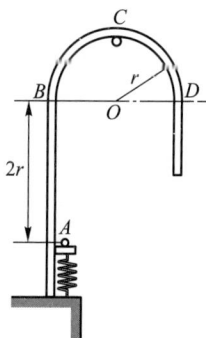

习题 3-25 图

分析 若取小球、弹簧和地球为系统,小球在被释放后的运动过程中,只有重力和弹力这两个保守内力做功,轨道对球的支持力不做功,因此,在运动的过程中,系统的机械能守恒. 运用守恒定律解题时,关键在于选好系统的初态和终态. 为获取本题所求的结果,初态选在压缩弹簧刚被释放时刻,这样,可使弹簧的弹性系数与初态相联系. 而终态则取在小球刚好能通过半圆弧时的最高点 C 处,因为这时小球的速率正处于一种临界状态,若大于、等于此速率时,小球定能沿轨道继续向前运动;小于此速率时,小球将脱离轨道抛出. 该速率则可根据重力提供圆弧运动中所需的向心力,由牛顿运动定律求出. 这样,再由系统的机械能守恒定律即可解出该弹簧弹性系数的最小值.

解 小球要刚好通过最高点 C 时,轨道对小球支持力 $F_N = 0$,因此有

$$mg = \frac{mv_C^2}{r} \tag{1}$$

取小球开始时所在位置 A 为重力势能的零点,由系统的机械能守恒定律,有

$$\frac{1}{2}k(\Delta l)^2 = mg(3r) + \frac{1}{2}mv_C^2 \tag{2}$$

由式(1)、式(2)可得最小值为

$$k = \frac{7mgr}{(\Delta l)^2} = 366 \text{ N} \cdot \text{m}^{-1}$$

3-26 如图所示,质量为 m、速度为 $\boldsymbol{v}$ 的钢球,射向质量为 m' 的靶. 靶中心有一小孔,内有弹性系数为 k 的弹簧,此靶最初处于静止状态,但可在水平面上作无摩擦滑动. 求子弹射入靶内弹簧后,弹簧的最大压缩长度.

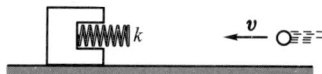

习题 3-26 图

分析 这也是一种碰撞问题. 碰撞的全过程是指小球刚与弹簧接触直至弹簧被压缩到最大,小球与靶刚好到达共同速度为止,在这过程中,小球和靶组成的系统在水平方向不受外力作用,外力的冲量为零,因此,在此方向上的动量守恒. 但是,仅靠动量守恒定律还不能求出结果. 又考虑到无外力对系统做功,系统无非保守内力做功,故系统的机械能也守恒. 应用上述两个守恒定律,并考虑到球与靶具有相同速度时,弹簧被压缩量最大这一条件,即可求解. 应用守恒定律求解,可免除碰撞中的许多细节问题.

解 设弹簧的最大压缩量为 x_m,小球与靶共同运动的速度为 v_1,由动量守恒定律,有

$$mv = (m + m')v_1 \tag{1}$$

又由机械能守恒定律,有

$$\frac{1}{2}mv^2 = \frac{1}{2}(m + m')v_1^2 + \frac{1}{2}kx_0^2 \tag{2}$$

由式(1)、式(2)可得

$$x_m = v \sqrt{\frac{mm'}{k(m+m')}}$$

3-27 质量为 m 的子弹,穿过如图所示的摆锤后,速率由 v 减少到 $v/2$.已知摆锤的质量为 m',摆线长度为 l,如果摆锤能在竖直平面内完成一个完全的圆周运动,子弹速度 v 的最小值应为多少?

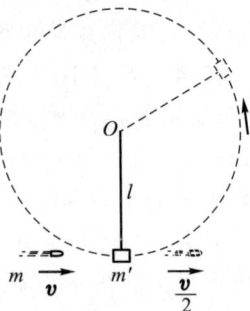

分析 该题可分两个过程分析.首先是子弹穿越摆锤的过程.就子弹与摆锤所组成的系统而言,由于穿越过程的时间很短,重力和的张力在水平方向的冲量远小于冲击力的冲量,因此,可认为系统在水平方向不受外力的冲量作用,系统在该方向上满足动量守恒.摆锤在碰撞中获得了一定的速度,因而具有一定的动能,为使摆锤能在垂直平面内作圆周运动,必须使摆锤在最高点处有确定的速率,该速率最小值可由其本身的重力提供圆周运动所需的向心力来确定;与此同时,摆锤在作圆周运动过程中,摆锤与地球组成的系统满足机械能守恒定律,根据两守恒定律即可解出结果.

解 由水平方向的动量守恒定律,有

$$mv = m\frac{v}{2} + m'v' \tag{1}$$

为使摆锤恰好能在垂直平面内作圆周运动,在最高点时,摆线中的张力 $F_T = 0$,则

$$m'g = \frac{m'v_h'^2}{l} \tag{2}$$

式中 v_h' 为摆锤在圆周最高点的最小运动速率.

又摆锤在垂直平面内作圆周运动的过程中,满足机械能守恒定律,故有

$$\frac{1}{2}m'v'^2 = 2m'gl + \frac{1}{2}m'v_h'^2 \tag{3}$$

解上述三个方程,可得子弹所需速率的最小值为

$$v = \frac{2m'}{m}\sqrt{5gl}$$

3-28 两质量相同均为 m 的物体发生碰撞.已知碰撞前两物体速度分别为 $-v_0\boldsymbol{i}$ 和 $v_0\boldsymbol{j}$,碰撞后一物体速度为 $-\frac{1}{2}v_0\boldsymbol{i}$.(1)求碰撞后另一物体的速度 $\boldsymbol{v}$;(2)问碰撞中两物体损失的机械能共为多少?

分析 本题可直接运用动量守恒定律的矢量式求解,由于不是完全弹性碰撞,必定有部分机械能转化为两物体的内能.

解 (1)由动量守恒定律得

$$-mv_0\boldsymbol{i} + mv_0\boldsymbol{j} = -m\frac{v_0}{2}\boldsymbol{i} + m\boldsymbol{v}$$

碰撞后另一物体的速度为

习题 3-27 图

$$v = -\frac{v_0}{2}\boldsymbol{i} + v_0\boldsymbol{j}$$

读者通过上式还可求得速度的大小和方向.

（2）碰撞后另一物体速度大小为

$$v = \sqrt{\left(-\frac{v_0}{2}\right)^2 + v_0^2} = \frac{\sqrt{5}}{2}v_0$$

则

$$\Delta E = \left[\frac{1}{2}mv^2 + \frac{1}{2}m\left(\frac{v_0}{2}\right)^2\right] - \left(\frac{1}{2}mv_0^2 + \frac{1}{2}mv_0^2\right)$$

$$= -\frac{1}{4}mv_0^2$$

"-"号表示碰撞后系统机械能减少了.

3-29 质量为 7.2×10^{-23} kg,速率为 6.0×10^7 m·s^{-1} 的粒子 A,与另一个质量为其一半而静止的粒子 B 发生二维完全弹性碰撞,碰撞后粒子 A 的速率为 5.0×10^7 m·s^{-1}.求:(1)粒子 B 的速率及相对粒子 A 原来速度方向的偏转角;(2)粒子 A 的偏转角.

分析 这是粒子系统的二维弹性碰撞问题.这类问题通常采用守恒定律来解决.因为粒子系统在碰撞的平面内不受外力作用,同时,碰撞又是完全弹性的,故系统同时满足动量守恒和机械能守恒.由两守恒定律方程即可解得结果.

解 取如图所示的坐标系,由于粒子系统属于斜碰,在碰撞平面内根据系统动量守恒定律可取两个分量式,有

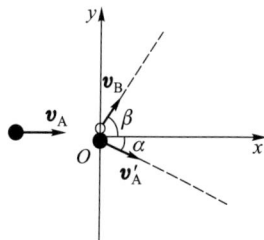

习题 3-29 图

$$mv_A = \frac{m}{2}v_B\cos\beta + mv'_A\cos\alpha \tag{1}$$

$$0 = \frac{m}{2}v_B\sin\beta - mv'_A\sin\alpha \tag{2}$$

又由机械能守恒定律,有

$$\frac{1}{2}mv_A^2 = \frac{1}{2}\left(\frac{m}{2}\right)v_B^2 + \frac{1}{2}mv_A'^2 \tag{3}$$

解式（1）、（2）、（3）可得碰撞后粒子 B 的速率为

$$v_B = \sqrt{2\left(v_A^2 - v_A'^2\right)} = 4.69 \times 10^7 \text{ m·s}^{-1}$$

各粒子相对原粒子方向的偏转角分别为

$$\alpha = \arccos\frac{v_A^2 + 3v_A'^2}{4v_A v'_A} = 22°20'$$

$$\beta = \arccos\frac{3v_B}{4v_A} = 54°6'$$

*3-30** 如图所示,一质量为 m' 的物块放置在斜面的最底端 A 处,斜面固定在地面上,倾角为小角度 α,高度为 h,物块与斜面的动摩擦因数为 μ（μ 较小）.今有一质量为 m 的子弹以速度 $\boldsymbol{v}_0$ 沿水平方向射入物块并留在其中,且使物块沿斜面向上滑动,求物块滑出顶端时的速度大小.

分析 该题可分两个阶段来讨论,首先是子弹和物块的撞击过程,然后是物块（包含子弹）

沿斜面向上的滑动过程.在撞击过程中,对物块和子弹组成的系统而言,由于撞击前后的总动量明显是不同的,因此,撞击过程中动量不守恒.应该注意,不是任何碰撞过程中动量都是守恒的.但是,若取沿斜面的方向,因为撞击力(属于内力)远大于子弹的重力 P_1 和物块的重力 P_2 在斜面方向上的分力以及物块所

习题 3-30 图

受的摩擦力 F_f,所以在该方向上动量近似守恒,由此可得到物块被撞击后的速度.在物块沿斜面上滑的过程中,为解题方便,可重新选择系统(即取子弹、物块和地球为系统),此系统不受外力作用,而非保守内力中仅摩擦力做功,根据系统的功能原理,可解得最终的结果.分动量近似守恒是在倾角 α 和 μ 均较小的情况下近似成立.

解 在子弹与物块的撞击过程中,在沿斜面的方向上,根据动量近似守恒有

$$mv_0\cos\alpha = (m'+m)v_1 \tag{1}$$

在物块上滑的过程中,若令物块刚滑出斜面顶端时的速度为 v_2,并取点 A 的重力势能为零,则由系统的功能原理可得

$$-\mu(m+m')g\cos\alpha\frac{h}{\sin\alpha}$$

$$=\frac{1}{2}(m+m')v_2^2+(m+m')gh-\frac{1}{2}(m+m')v_1^2 \tag{2}$$

由式(1)、式(2)可得

$$v_2=\sqrt{\left(\frac{m}{m'+m}v_0\cos\alpha\right)^2-2gh(\mu\cot\alpha+1)}$$

本题中物块能滑出顶端是有条件的,有兴趣可自行讨论.

*3-31 如图所示,一质量为 m 的小球从内壁为半球形的容器边缘点 A 滑下.设容器质量为 m',半径为 R,内壁光滑,并放置在摩擦可以忽略的水平桌面上.开始时小球和容器都处于静止状态,当小球沿内壁滑到容器底部的点 B 时,受到向上的支持力为多大?

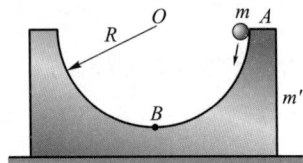

分析 由于桌面无摩擦,容器可以在水平桌面上滑动,当小球沿容器内壁下滑时,容器在桌面上也要发生移动.将小球与容器视为系统,该系统在运动过程中沿水平桌面方向不受外力作用,系统在该方向上的动量守恒;若将小球、容器与地球视为系统,因系统

习题 3-31 图

无外力作用,而内力中重力是保守力,而支持力不做功,系统的机械能守恒.由两个守恒定律可解得小球和容器在惯性系中的速度.由于相对运动的存在,小球相对容器运动的轨迹是圆,而相对桌面运动的轨迹就不再是圆了,因此,在运用曲线运动中的法向动力学方程求解小球受力时,必须注意参考系的选择.若取容器为参考系(非惯性系),小球在此参考系中的轨迹仍是容器圆弧,其法向加速度可由此刻的速度(相对于容器速度)求得.在分析小球受力时,除重力和支持力外,还必须计及它所受的惯性力.小球位于容器的底部这一特殊位置时,容器的加速度为零,惯性力也为零.这样,由法向动力学方程求解小球所受的支持力就很容易了.若仍取地面为参考系(惯性系),虽然无须考虑惯性力,但是因小球的轨迹方程比较复杂,其曲率半径及法向加速度难以确定,使求解较为困难.

解 根据水平方向动量守恒定律以及小球在下滑过程中机械能守恒定律可分别得

$$mv_m - m'v_{m'} = 0 \tag{1}$$

$$\frac{1}{2}mv_m^2 + \frac{1}{2}m'v_{m'}^2 = mgR \tag{2}$$

式中 v_m、$v_{m'}$ 分别表示小球、容器相对桌面的速度. 由式(1)、式(2)可得小球到达容器底部时小球、容器的速度大小分别为

$$v_m = \sqrt{\frac{2m'gR}{m'+m}}$$

$$v_{m'} = \frac{m}{m'}\sqrt{\frac{2m'gR}{m'+m}}$$

由于小球相对地面运动的轨迹比较复杂,为此,可改为以容器为参考系(非惯性系). 在容器底部时,小球相对容器的运动速度为

$$v_m' = v_m - (-v_{m'}) = v_m + v_{m'} = \sqrt{\left(\frac{m'+m}{m'}\right)2gR} \tag{3}$$

在容器底部,小球所受惯性力为零,其法向运动方程为

$$F_N - mg = m\frac{v_m'^2}{R} \tag{4}$$

由式(3)、式(4)可得小球此时所受到的支持力为

$$F_N = mg\left(3 + \frac{2m}{m'}\right)$$

第四章 刚体和流体的运动

4-1 有两个力作用在一个有固定转轴的刚体上,对此有以下几种说法:

(1) 这两个力都平行于轴作用时,它们对轴的合力矩一定是零;

(2) 这两个力都垂直于轴作用时,它们对轴的合力矩可能是零;

(3) 当这两个力的合力为零时,它们对轴的合力矩也一定是零;

(4) 当这两个力对轴的合力矩为零时,它们的合力也一定是零.

下述判断正确的是( ).

(A) 只有(1)是正确的

(B) (1)、(2)是正确的

(C) (1)、(2)、(3)是正确的

(D) (1)、(2)、(3)、(4)都正确

分析与解 力对轴的力矩通常有三种情况:其中两种情况下力矩为零:一是力的作用线通过转轴,二是力平行于转轴(例如门的重力并不能使门转动). 不满足上述情况下的作用力(含题述作用力垂直于转轴的情况)对轴的力矩不为零,但同时有两个力作用时,只要满足两力矩大小相等、方向相反,两力矩对同一轴的合力矩也可以为零,由以上规则可知(1)、(2)说法是正确的. 对

于(3)、(4)两种说法,如作用于刚体上的两个力为共点力,当合力为零时,它们对同一轴的合力矩也一定为零,反之亦然.但如这两个力为非共点力,则以上结论不成立,故(3)、(4)说法不完全正确.综上所述,应选(B).

4-2 关于力矩有以下几种说法:

(1) 对某个定轴转动刚体而言,内力矩不会改变刚体的角加速度;

(2) 一对作用力和反作用力对同一轴的力矩之和必为零;

(3) 质量相等,形状和大小不同的两个刚体,在相同力矩的作用下,它们的运动状态一定相同.

下述判断正确的是(   ).

(A) 只有(2)是正确的   (B) (1)、(2)是正确的

(C) (2)、(3)是正确的   (D) (1)、(2)、(3)都是正确的

分析与解 刚体中相邻质元之间的一对内力属于作用力与反作用力,且作用点相同,故对同一轴的力矩之和必为零,因此可推知刚体中所有内力矩之和为零,因而不会影响刚体的角加速度或角动量等,故(1)、(2)说法正确.对说法(3)来说,题述情况中两个刚体对同一轴的转动惯量因形状、大小不同有可能不同,因而在相同力矩作用下,产生的角加速度不一定相同,因而运动状态未必相同,由此可见应选(B).

4-3 均匀细棒 OA 可绕通过其一端 O 而与棒垂直的水平固定光滑轴转动,如图所示,今使棒从水平位置由静止开始自由下落,在棒摆到竖直位置的过程中,下述说法正确的是(   ).

(A) 角速度从小到大,角加速度不变

(B) 角速度从小到大,角加速度从小到大

(C) 角速度从小到大,角加速度从大到小

(D) 角速度不变,角加速度为零

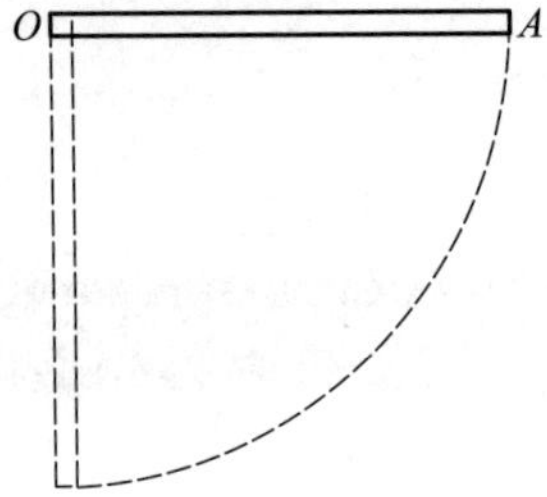

分析与解 如图所示,在棒下落过程中,重力对轴的力矩是变化的,其大小与棒和水平面的夹角有关.当棒处于水平位置,重力矩最大,当棒处于竖直位置时,重力矩为零.因此在棒的下落过程中,重力矩由大到小,由转动定律知,棒的角加速度亦由大到小,而棒的角速度却由小到大(由机械能守恒亦可判断角速度变化情况),应选(C).

习题 4-3 图

4-4 一圆盘绕通过盘心且垂直于盘面的水平轴转动,轴承间摩擦不计.如图所示,射来两个质量相同、速度大小相同、方向相反并在一条直线上的子弹,它们同时射入圆盘并且留在盘内,则子弹射入后的瞬间,对于圆盘和子弹系统的角动量 L 以及圆盘的角速度 ω,则(   ).

(A) L 不变,ω 增大

(B) 两者均不变

(C) L 不变,ω 减小

(D) 两者均不确定

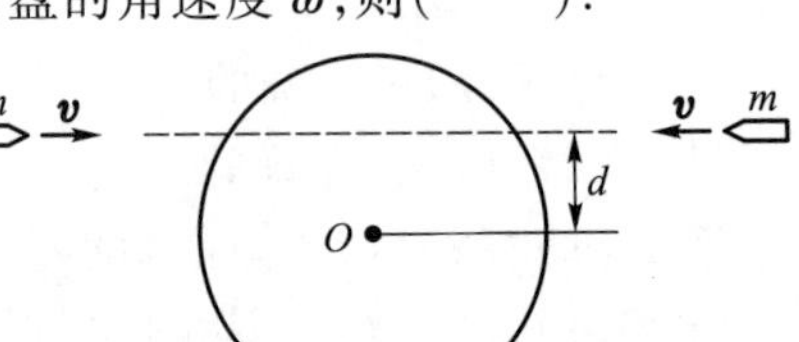

习题 4-4 图

分析与解 对于圆盘-子弹系统来说,并无外力矩作用,故系统对轴 O 的角动量守恒,故 L 不变,此时应有下式成立,即

$$mvd - mvd + J_0\omega_0 = J\omega$$

式中 mvd 为子弹对点 O 的角动量, ω_0 为圆盘初始角速度, J 为子弹留在盘中后系统对轴 O 的转动惯量, J_0 为子弹射入前盘对轴 O 的转动惯量. 由于 $J > J_0$, 则 $\omega < \omega_0$. 故选(C).

4-5 假设人造地球卫星环绕地球中心作椭圆运动, 则在运动过程中, 卫星对地球中心的( ).

（A）角动量守恒, 动能守恒

（B）角动量守恒, 机械能守恒

（C）角动量不守恒, 机械能守恒

（D）角动量不守恒, 动量也不守恒

（E）角动量守恒, 动量也守恒

分析与解 由于卫星一直受到万有引力作用, 故其动量不可能守恒, 但由于万有引力一直指向地球中心, 则万有引力对地球中心的力矩为零, 故卫星对地球中心的角动量守恒, 即 $\boldsymbol{r} \times m\boldsymbol{v} =$ 常量, 式中 $\boldsymbol{r}$ 为地球中心指向卫星的位矢. 当卫星处于椭圆轨道上不同位置时, 由于 $|\boldsymbol{r}|$ 不同, 由角动量守恒知卫星速率不同, 其中当卫星处于近地点时速率最大, 处于远地点时速率最小, 故卫星动能并不守恒, 但由于万有引力为保守力, 所以卫星的机械能守恒, 即卫星动能与万有引力势能之和维持不变, 由此可见, 应选(B).

4-6 一汽车发动机曲轴的转速在 12 s 内由 1.2×10^3 r·min^{-1} 均匀地增加到 2.7×10^3 r·min^{-1}. (1)求曲轴转动的角加速度; (2)问在此时间内, 曲轴转了多少转?

分析 这是刚体的运动学问题. 刚体定轴转动的运动学规律与质点的运动学规律有类似的关系, 本题为匀变速转动.

解 (1)由于角速度 $\omega = 2\pi n$(n 为单位时间内的转数), 根据角加速度的定义 $\alpha = \dfrac{\mathrm{d}\omega}{\mathrm{d}t}$, 在匀变速转动中角加速度为

$$\alpha = \frac{\omega - \omega_0}{t} = \frac{2\pi(n - n_0)}{t} = 13.1 \ \text{rad·s}^{-2}$$

(2)发动机曲轴转过的角度为

$$\theta = \omega_0 t + \frac{1}{2}\alpha t^2 = \frac{\omega + \omega_0}{2}t = \pi(n + n_0)t$$

在 12 s 内曲轴转过的圈数为

$$N = \frac{\theta}{2\pi} = \frac{n + n_0}{2}t = 390(\text{圈})$$

4-7 水分子的形状如图所示, 从光谱分析得知, 水分子对 AA' 轴的转动惯量 $J_{AA'} = 1.93 \times 10^{-47}$ kg·m^2, 对 BB' 轴的转动惯量 $J_{BB'} = 1.14 \times 10^{-47}$ kg·m^2, 试由此数据和各原子的质量求出氢原子和氧原子间的距离 d 和夹角 θ. 假设各原子都可视为质点.

分析 如将原子视为质点, 则水分子中的氧原子对 AA' 轴和 BB' 轴的转动惯量均为零, 因此计算水分子对两个轴的转动惯量时, 只需考虑氢原子即可.

解 由图可得

$$J_{AA'} = 2m_{\text{H}}d^2\sin^2\theta$$
$$J_{BB'} = 2m_{\text{H}}d^2\cos^2\theta$$

此二式相加,可得

$$J_{AA'} + J_{BB'} = 2m_H d^2$$

则

$$d = \sqrt{\frac{J_{AA'} + J_{BB'}}{2m_H}} = 9.59 \times 10^{-11} \text{ m}$$

由二式相比,可得

$$J_{AA'} / J_{BB'} = \tan^2\theta$$

则

$$\theta = \arctan\sqrt{\frac{J_{AA'}}{J_{BB'}}} = \arctan\sqrt{\frac{1.93}{1.14}} = 52.3°$$

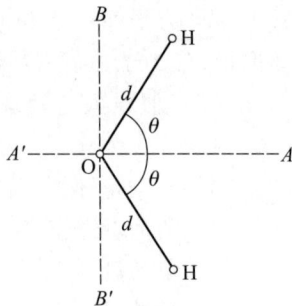

习题 4-7 图

4-8 一飞轮由一直径为 30 cm、厚度为 2.0 cm 的圆盘和两个直径都为 10 cm,长为 8.0 cm 的共轴圆柱体组成,设飞轮的密度为 7.8×10^3 kg·m^{-3},求飞轮对轴的转动惯量.

分析 根据转动惯量的可叠加性,飞轮对轴的转动惯量可视为圆盘与两圆柱体对同轴的转动惯量之和;而匀质圆盘、圆柱体对轴的转动惯量的计算可查书中公式,或根据转动惯量的定义,用简单的积分计算得到.

习题 4-8 图

解 如图所示,根据转动惯量的叠加性,由匀质圆盘、圆柱体对轴的转动惯量公式可得

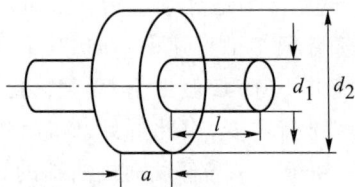

$$J = J_1 + J_2 = 2 \times \frac{1}{2}m_1\left(\frac{d_1}{2}\right)^2 + \frac{1}{2}m_2\left(\frac{d_2}{2}\right)^2$$

$$= \frac{1}{16}\pi\rho\left(ld_1^4 + \frac{1}{2}ad_2^4\right) = 0.136 \text{ kg·m}^2$$

4-9 用落体观察法测定飞轮的转动惯量,是将半径为 R 的飞轮支承在点 O 上,然后在绕过飞轮的绳子的一端挂一质量为 m 的重物,令重物以初速度为零下落,并带动飞轮转动,如图所示.记下重物下落的距离和时间,就可算出飞轮的转动惯量.试写出它的计算式.(假设轴承间无摩擦.)

分析 在运动过程中,飞轮和重物的运动形式是不同的.飞轮作定轴转动,而重物是作落体运动,它们之间有着内在的联系.由于绳子不可伸长,并且质量可以忽略,这样,飞轮的转动惯量,就可根据转动定律和牛顿运动定律联合来确定,其中重物的加速度,可通过它下落时的匀加速运动规律来确定.

该题也可用功能关系来处理.将飞轮、重物和地球视为系统,绳子张力作用于飞轮、重物的功之和为零,系统的机械能守恒.利用匀加速运动的路程、速度和加速度关系,以及线速度和角速度的关系,代入机械能守恒方程中即可解得.

习题 4-9 图

解 1 设绳子的拉力为 F_T,对飞轮而言,根据转动定律,有

$$F_T R = J\alpha \tag{1}$$

而对重物而言,由牛顿运动定律,有

$$mg - F_T = ma \tag{2}$$

由于绳子不可伸长,因此有

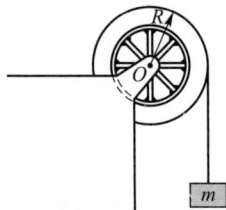

$$a = R\alpha \qquad (3)$$

重物作匀加速下落,则有

$$h = \frac{1}{2}at^2 \qquad (4)$$

由上述各式可解得飞轮的转动惯量为

$$J = mR^2\left(\frac{gt^2}{2h} - 1\right)$$

解 2 根据系统的机械能守恒定律,有

$$-mgh + \frac{1}{2}mv^2 + \frac{1}{2}J\omega^2 = 0 \qquad (1')$$

而线速度和角速度的关系为

$$v = R\omega \qquad (2')$$

又根据重物作匀加速运动时,有

$$v = at \qquad (3')$$
$$v^2 = 2ah \qquad (4')$$

由上述各式可得

$$J = mR^2\left(\frac{gt^2}{2h} - 1\right)$$

若轴承处存在摩擦,上述测量转动惯量的方法仍可采用.这时,只需通过用两个不同质量的重物作两次测量即可消除摩擦力矩带来的影响.

4-10 质量为 m_1 和 m_2 的两物体 A、B 分别悬挂在图(a)所示的组合轮两端.设两轮的半径分别为 R 和 r,两轮的转动惯量分别为 J_1 和 J_2,轮与轴承间、绳索与轮间的摩擦力均略去不计,绳的质量也略去不计.试求两物体的加速度和绳的张力.

分析 由于组合轮是一整体,它的转动惯量是两轮转动惯量之和,它所受的力矩是两绳索张力矩的矢量和(注意两力矩的方向不同).对平动的物体和转动的组合轮分别列出动力学方程,结合角加速度和线加速度之间的关系即可解得.

解 分别对两物体及组合轮作受力分析,如图(b)所示.根据质点的牛顿运动定律和刚体的转动定律,有

$$P_1 - F'_{T1} = m_1g - F_{T1} = m_1a_1 \qquad (1)$$
$$F'_{T2} - P_2 = F_{T2} - m_2g = m_2a_2 \qquad (2)$$
$$(F_{T1}R - F_{T2}r) = (J_1 + J_2)\alpha \qquad (3)$$
$$F'_{T1} = F_{T1}, \qquad F'_{T2} = F_{T2} \qquad (4)$$

由角加速度和线加速度之间的关系,有

$$a_1 = R\alpha \qquad (5)$$
$$a_2 = r\alpha \qquad (6)$$

解上述方程组,可得

$$a_1 = \frac{m_1R - m_2r}{J_1 + J_2 + m_1R^2 + m_2r^2}gR$$

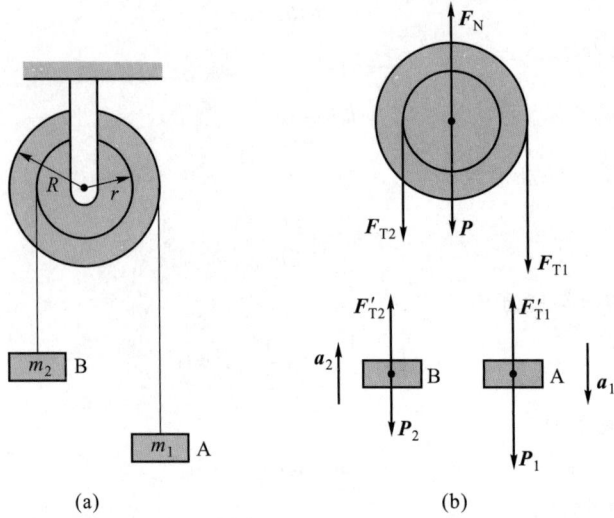

(a)　　　　　　　　　　(b)

习题 4-10 图

$$a_2 = \frac{m_1 R - m_2 r}{J_1 + J_2 + m_1 R^2 + m_2 r^2} g r$$

$$F_{T1} = \frac{J_1 + J_2 + m_2 r^2 + m_2 Rr}{J_1 + J_2 + m_1 R^2 + m_2 r^2} m_1 g$$

$$F_{T2} = \frac{J_1 + J_2 + m_1 R^2 + m_1 Rr}{J_1 + J_2 + m_1 R^2 + m_2 r^2} m_2 g$$

4-11 如图(a)所示装置,定滑轮的半径为 r,绕转轴的转动惯量为 J,滑轮两边分别悬挂质量为 m_1 和 m_2 的物体 A、B.A 置于倾角为 θ 的斜面上,它和斜面间的摩擦因数为 μ,若 B 向下作加速运动,则求:(1) 其下落的加速度大小;(2) 滑轮两边绳子的张力.(设绳的质量及伸长均不计,绳与滑轮间无滑动,滑轮轴光滑.)

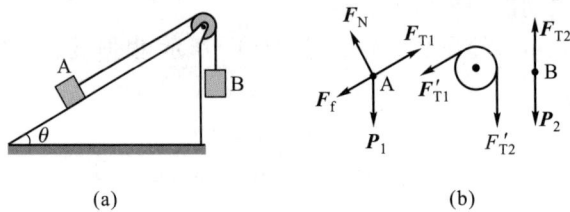

(a)　　　　　　　　　　(b)

习题 4-11 图

分析 这是连接体的动力学问题,对于这类问题仍采用隔离体的方法,从受力分析着手,然后列出各物体在不同运动形式下的动力学方程.物体 A 和 B 可视为质点,则运用牛顿运动定律.由于绳与滑轮间无滑动,滑轮两边绳中的张力是不同的,滑轮在力矩作用下产生定轴转动,因此,对滑轮必须运用刚体的定轴转动定律.列出动力学方程,并考虑到角量与线量之间的关系,即能解出结果来.

解 作 A、B 和滑轮的受力分析,如图(b)所示.其中 A 是在张力 $\boldsymbol{F}_{T1}$、重力 $\boldsymbol{P}_1$,支持力 $\boldsymbol{F}_N$ 和摩擦力 $\boldsymbol{F}_f$ 的作用下运动,根据牛顿运动定律,沿斜面方向有

$$F_{T1}-m_1g\sin\theta-\mu m_1g\cos\theta=m_1a_1 \tag{1}$$

而 B 则是在张力 $\boldsymbol{F}_{T2}$ 和重力 $\boldsymbol{P}_2$ 的作用下运动,有

$$m_2g-F_{T2}=m_2a_2 \tag{2}$$

由于绳子不能伸长、绳与轮之间无滑动,则有

$$a_1=a_2=r\alpha \tag{3}$$

对滑轮而言,根据定轴转动定律有

$$F'_{T2}r-F'_{T1}r=J\alpha \tag{4}$$

且有

$$F_{T1}=F'_{T1}, \qquad F_{T2}=F'_{T2} \tag{5}$$

解上述各方程可得

$$a_1=a_2=\frac{m_2g-m_1g\sin\theta-\mu m_1g\cos\theta}{m_1+m_2+J/r^2}$$

$$F_{T1}=\frac{m_1m_2g(1+\sin\theta+\mu\cos\theta)+(\sin\theta+\mu\cos\theta)m_1gJ/r^2}{m_1+m_2+J/r^2}$$

$$F_{T2}=\frac{m_1m_2g(1+\sin\theta+\mu\cos\theta)+m_2gJ/r^2}{m_1+m_2+J/r^2}$$

4-12 如图(a)所示,飞轮的质量为 60 kg,直径为 0.50 m,转速为 1.0×10^3 r·min^{-1}.现用闸瓦制动使其在 5.0 s 内停止转动,求制动力 F.设闸瓦与飞轮之间的摩擦因数 $\mu=0.40$,飞轮的质量全部分布在轮缘上.

分析 飞轮的制动是闸瓦对它的摩擦力矩作用的结果,因此,由飞轮的转动规律可确定制动时所需的摩擦力矩.但是,摩擦力矩的产生与大小,是由闸瓦与飞轮之间的正压力 $\boldsymbol{F}_N$ 决定的,而此力又是由制动力 F 通过杠杆作用来实现的.所以,制动力可以通过杠杆的力矩平衡来求出.

解 飞轮和闸杆的受力分析,如图(b)所示.根据闸杆的力矩平衡,有

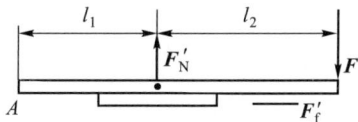

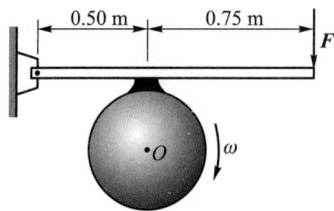

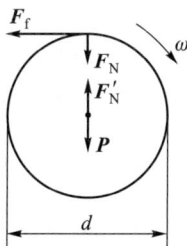

(a)　　　　　　　(b)

习题 4-12 图

$$F(l_1+l_2)-F'_N l_1 = 0$$

而 $F_N = F'_N$，则闸瓦作用于轮的摩擦力矩为

$$M = F_f \frac{d}{2} = \frac{1}{2} F_N \mu d = \frac{l_1+l_2}{2l_1} F \mu d \tag{1}$$

摩擦力矩是恒力矩,飞轮作匀角变速转动,由转动的运动规律,有

$$\alpha = \left| \frac{\omega-\omega_0}{t} \right| = \frac{\omega_0}{t} = \frac{2\pi n}{t} \tag{2}$$

因飞轮的质量集中于轮缘,它绕轴的转动惯量 $J = md^2/4$,根据转动定律 $M = J\alpha$,由式(1)、式(2)可得制动力

$$F = \frac{\pi nmdl_1}{\mu(l_1+l_2)t} = 3.14 \times 10^2 \text{ N}$$

4-13　如图所示,一通风机的转动部分以初角速度 ω_0 绕其轴转动,空气的阻力矩与角速度成正比,比例系数 C 为一常量.若转动部分对其轴的转动惯量为 J,问:(1)经过多少时间后其转动角速度减少为初角速度的一半?(2)在此时间内共转过多少圈?

分析　由于空气的阻力矩与角速度成正比,由转动定律可知,在变力矩作用下,通风机叶片的转动是变角加速转动,因此,在讨论转动的运动学关系时,必须从角加速度和角速度的定义出发,通过积分的方法去解.

解　(1)通风机叶片所受的阻力矩为 $M = -C\omega$,由转动定律 $M = J\alpha$,可得叶片的角加速度为

$$\alpha = \frac{d\omega}{dt} = -\frac{C\omega}{J} \tag{1}$$

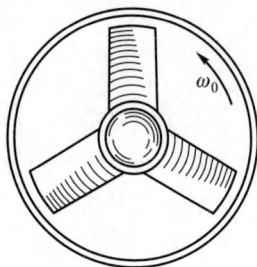

习题 4-13 图

根据初始条件对式(1)积分,有

$$\int_{\omega_0}^{\omega} \frac{d\omega}{\omega} = \int_0^t -\frac{C}{J} dt$$

由于 C 和 J 均为常量,得

$$\omega = \omega_0 e^{-\frac{C}{J}t} = \frac{d\theta}{dt} \tag{2}$$

当角速度由 $\omega_0 \to \frac{1}{2}\omega_0$ 时,转动所需的时间为

$$t = \frac{J}{C}\ln 2$$

(2)根据初始条件对式(2)分离变量后积分,有

$$\int_0^\theta d\theta = \int_0^t \omega_0 e^{-\frac{C}{J}t} dt$$

即

$$\theta = \frac{J\omega_0}{2C}$$

在时间 t 内所转过的圈数为

$$N = \frac{\theta}{2\pi} = \frac{J\omega_0}{4\pi C}$$

4-14 电风扇接通电源后一般经 5 s 后到达额定转速 $n_0 = 300$ r·min^{-1}, 而关闭电源后经 16 s 后风扇停止转动. 已知电风扇的转动惯量为 0.5 kg·m^2, 设启动时的电磁力矩 M 和各种阻力矩 M_f 均为常量, 求启动时的电磁力矩 M.

分析 由题意知 M 和 M_f 均为常量, 故启动时电风扇在 M 和 M_f 共同作用下, 作匀加速转动, 直至到达额定转速, 关闭电源后, 电风扇仅在 M_f 的作用下作匀减速转动. 运用匀变速转动的运动学规律和转动定律即可求解.

解 设启动时和关闭电源后, 电风扇转动时的角加速度分别为 α_1 和 α_2, 则
启动过程

$$M - M_f = J\alpha_1$$

$$\omega_0 = \alpha_1 t_1$$

关闭电源后

$$-M_f = J\alpha_2$$

$$\omega_0 + \alpha_2 t_2 = 0$$

联解以上各式并将 $\omega_0 = \dfrac{2\pi n_0}{60}$ 以及 n_0、t_1、t_2 和 J 值代入, 得

$$M = 4.12 \text{ N·m}$$

4-15 如图所示, 一位观察者站在东西方向的高速公路南侧 250 m 处, 一辆质量为 1 340 kg 的汽车正以 36.4 m·s^{-1} 的速度向东行驶. 试求: (1) 汽车运行到观察者正北方 A 处时, 汽车相对于观察者的角动量大小和方向; (2) 汽车继续向东行驶, 在到达前方 500 m B 处时, 汽车相对于观察者的角动量的大小和方向.

分析 无论质点作任何运动都有角动量概念, 但角动量必须相对参考系中某一固定点而言, 选不同参考点其值不同. 本题可根据角动量定义计算, 但需注意矢量叉乘的运算法则.

解 取坐标系如图所示, 设观察者位于坐标原点.

(1) 汽车运行到观察者正北方 (图中点 A) 时, 根据角动量的定义

$$L = r_A \times mv$$

汽车相对于观察者的角动量的大小为

$$L = mvr_A \sin 90° = 1.22 \times 10^7 \text{ kg·m}^2\text{·s}^{-1}$$

角动量的方向由右手螺旋定则确定, 垂直纸面向里.

(2) 汽车向东行驶, 到达前方 500 m (图中点 B) 时, 根据角动量的定义

$$L = r_B \times mv$$

汽车相对于观察者的角动量的大小为

$$L = mvr_B \sin\theta = mvr_A = 1.22 \times 10^7 \text{ kg·m}^2\text{·s}^{-1}$$

角动量的方向垂直纸面向里.

当质点作匀速直线运动时, 对某一点的角动量为一不变量.

习题 4-15 图

4-16 如图所示, 一质量为 m'、半径为 R 的均匀圆盘, 通过其中心且与盘面垂直的水平轴以角速度 ω 转动. 若在某时刻, 一质量为 m 的小碎块从盘边缘裂开, 且恰好沿竖直方向上抛, 问:

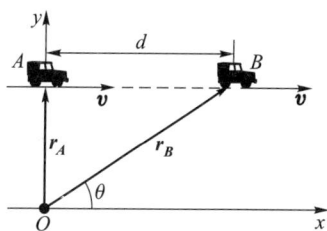

（1）它可能到达的高度是多少？（2）破裂后圆盘的角动量为多大？

分析 盘边缘裂开时,小碎块以原有的切向速度作上抛运动,由质点运动学规律可求得上抛的最大高度.此外,在碎块与盘分离的过程中,满足角动量守恒条件,由角动量守恒定律可计算破裂后盘的角动量.

解 （1）碎块抛出时的初速度为

$$v_0 = \omega R$$

由于碎块作竖直上抛运动,它所能到达的高度为

$$h = \frac{v_0^2}{2g} = \frac{\omega^2 R^2}{2g}$$

（2）圆盘在裂开的过程中,其角动量守恒,故有

$$L = L_0 - L'$$

式中 $L_0 = \frac{1}{2}m'R^2\omega$ 为圆盘未碎时的角动量; $L' = mR^2\omega$ 为碎块被视为质

点时,碎块对轴的角动量; L 为破裂后盘的角动量.则

$$L = \left(\frac{1}{2}m' - m\right)R^2\omega$$

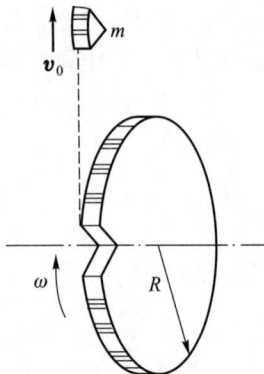

习题 4-16 图

4-17 一质量为 20.0 kg 的小孩,站在一半径为 3.00 m、转动惯量为 450 kg·m² 的静止水平转台的边缘上,此转台可绕通过转台中心的竖直轴转动,转台与轴间的摩擦不计.如果此小孩相对转台以 1.00 m·s⁻¹ 的速率沿转台边缘行走,问转台的角速率有多大？

分析 小孩与转台作为一定轴转动系统,人与转台之间的相互作用力为内力,另由于小孩的重力平行于轴,故沿竖直轴方向不受外力矩作用,故系统的角动量守恒.在应用角动量守恒时,必须注意人和转台的角速度 ω、ω_0 都是相对于地面而言的,而人相对于转台的角速度 ω_1 应满足相对角速度的关系式 $\omega = \omega_0 + \omega_1$.

解 由相对速度的关系,人相对地面的角速度为

$$\omega = \omega_0 + \omega_1 = \omega_0 + \frac{v}{R} \tag{1}$$

由于系统初始是静止的,根据系统的角动量守恒定律,有

$$J_0\omega_0 + J_1(\omega_0 + \omega_1) = 0 \tag{2}$$

式中 J_0 为转台对转台中心轴的转动惯量, $J_1 = mR^2$ 为人对转台中心轴的转动惯量.由式（1）、式（2）可得转台的角速度为

$$\omega_0 = -\frac{mR^2}{J_0 + mR^2}\frac{v}{R} = -9.52 \times 10^{-2}\ \text{s}^{-1}$$

式中负号表示转台转动的方向与人对地面的转动方向相反.

4-18 一转台绕其中心的竖直轴以角速度 $\omega_0 = \pi$ rad·s⁻¹ 转动,转台对转轴的转动惯量为 $J_0 = 4.0 \times 10^{-3}$ kg·m². 今有砂粒以 $Q = 2t$（ Q 的单位为 g·s⁻¹, t 的单位为 s）的流量竖直落至转台,并黏附于台面形成一圆环,若环的半径为 $r = 0.10$ m,求砂粒下落 $t = 10$ s 时转台的角速度.

分析 对转动系统而言,随着砂粒的下落,系统的转动惯量发生了改变.但是,砂粒下落对转台不产生力矩的作用,因此,系统在转动过程中的角动量是守恒的.在时间 t 内落至台面的砂粒

的质量,可由其流量求出,从而可算出它所引起的附加的转动惯量.这样,转台在不同时刻的角速度就可由角动量守恒定律求出.

解 在时间 0~10 s 内落至台面的砂粒的质量为

$$m = \int_0^{10} Q\,\mathrm{d}t = 0.10 \text{ kg}$$

根据系统的角动量守恒定律,有

$$J_0\omega_0 = (J_0 + mr^2)\omega$$

则 $t = 10$ s 时,转台的角速度为

$$\omega = \frac{J_0\omega_0}{J_0 + mr^2} = 0.8\pi \text{ rad·s}^{-1}$$

4-19 为使运行中的飞船停止绕其中心轴转动,人们可在飞船的侧面对称地安装两个切向控制喷管(如图所示),利用喷管高速喷射气体来制止旋转.若飞船绕其中心轴的转动惯量 $J = 2.0 \times 10^3$ kg·m²,旋转的角速度为 $\omega = 0.2$ rad·s⁻¹,喷口与轴线之间的距离为 $r = 1.5$ m;喷气以恒定的流量 $Q = 1.0$ kg·s⁻¹ 和速率 $u = 50$ m·s⁻¹ 从喷口喷出,问为使该飞船停止旋转,气体应喷射多长时间?

分析 将飞船与喷出的气体作为研究系统,在喷气过程中,系统不受外力矩作用,其角动量守恒.在列出方程时应注意:① 由于气体质量远小于飞船质量,喷气前、后系统的角动量近似为飞船的角动量 $J\omega$;② 喷气过程中气流速率 u 远大于飞船侧面的线速度 ωr,因此,整个喷气过程中,气流相对于空间的速率仍可近似

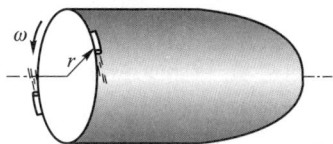

习题 4-19 图

看作 u,这样,排出气体的总角动量 $L = \int_m (u + \omega r) r\,\mathrm{d}m \approx mur$.经上述方法处理后,可使问题大大简化.

解 取飞船和喷出的气体为系统,根据角动量守恒定律,有

$$J\omega - mur = 0 \tag{1}$$

因气体的流量恒定,故有

$$m = 2Qt \tag{2}$$

由式(1)、式(2)可得气体的喷射时间为

$$t = \frac{J\omega}{2Qur} = 2.67 \text{ s}$$

***4-20** 一自行车轮形状的太空站的半径为 $R = 100$ m,有 150 位工作人员(平均质量为 $m = 65$ kg)住在太空站的外缘,这种情况下,整个太空站相对于其对称轴的转动惯量为 $J_0 = 5 \times 10^8$ kg·m².另太空站的旋转使工作人员感受到的加速度的大小为 g.若现在有 100 位工作人员到位于太空站中央的会议室开会,太空站的转速会发生相应的改变.求未参加会议的工作人员感受到的加速度的大小变为多少?

分析 在几乎没有力的外空间中,旋转的太空站将会保持角动量状态不变,即 $J\omega = $ 常量.当其上工作人员的位置变动(如开会前后),围绕中心轴转动惯量的变化会使太空站旋转角速度发生相应变化.在太空站稳定转动时,每个工作人员都会感受到一个加速度,此加速度即为圆周运

动中的向心加速度.注意以上两点本题即可求解.

解 如图所示,设开会前太空站旋转的角速度为 ω_0,工作人员感受到的加速度为

$$a_n = \omega_0^2 R = g \tag{1}$$

开会后太空站绕中心轴的转动惯量减少为

$$J = J_0 - 100mR^2 \tag{2}$$

开会前后太空站保持角动量守恒,即

$$J_0\omega_0 = J\omega \tag{3}$$

仍然在外缘的工作人员感受到的加速度为

$$a'_n = \omega^2 R \tag{4}$$

联解上述四式并将数值代入,得

$$a'_n = \left(\frac{J_0}{J}\omega_0\right)^2 R = \left(\frac{J_0}{J}\right)^2 g = 1.32g$$

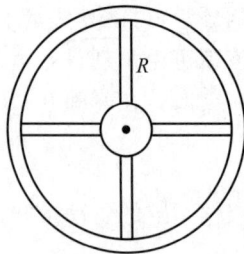

习题 4-20 图

4-21 如图所示,长为 l、质量为 m 的匀质杆,可绕点 O 在竖直平面内转动,令杆在水平位置由静止摆下,在竖直位置与质量为 $\dfrac{m}{2}$ 的物体发生完全非弹性碰撞,碰后物体沿摩擦因数为 μ 的水平面滑动,试求此物体滑过的距离 s.

分析 本题可分为三个过程,即细杆绕点 O 的转动过程,细杆与物体的完全非弹性碰撞以及碰撞后物体在粗糙水平面上的滑动过程.注意前两个过程,只能运用刚体定轴转动所满足的力学规律.其中,第一个过程满足机械能守恒,如以细杆摆至竖直位置时细杆质心为势能零点,则细杆在水平位置的势能应为 $mg\dfrac{l}{2}$(而不是 mgl),摆至竖直位置时细杆的动能为 $\dfrac{1}{2}J\omega^2$(而不是 $\dfrac{1}{2}mv^2$);第二个过程细杆和物

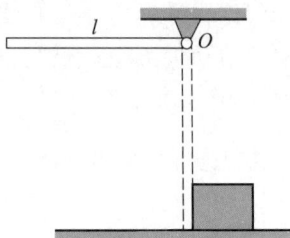

习题 4-21 图

体对点 O 的角动量守恒(而不是动量守恒,想一想为什么?),此外对完全非弹性碰撞,碰撞后瞬间满足 $v = \omega'l$,ω' 为碰撞后细杆的角速度,v 为碰撞后物体的速度.

解 由分析知,有

转动过程 $\qquad\qquad\qquad mg\dfrac{l}{2} = \dfrac{1}{2}J\omega^2$

碰撞过程 $\qquad\qquad\qquad J\omega = \left(J + \dfrac{m}{2}l^2\right)\dfrac{v}{l}$

滑动过程 $\qquad\qquad\qquad -\dfrac{m}{2}g\mu s = 0 - \dfrac{1}{2}\left(\dfrac{m}{2}\right)v^2$

将 $J = \dfrac{1}{3}ml^2$ 代入以上三式,解得物体滑过的距离为

$$s = \frac{6l}{25\mu}$$

讨论 碰撞时作用在细杆-物体系统的外力均通过点 O，外力矩为零，故系统对点 O 的角动量守恒，但此时转轴的点 O 处会产生水平方向的轴力分量，使合外力并不为零，故系统动量并不守恒，这是初学者容易犯的一种错误.

4-22 一位滑冰者伸开双臂来以 $1.0\ r \cdot s^{-1}$ 绕身体中心轴转动，此时她的转动惯量为 $1.44\ kg \cdot m^2$，她收起双臂来增加转速.如收起双臂后的转动惯量变为 $0.48\ kg \cdot m^2$，求：(1) 她收起双臂后的转速；(2) 她收起双臂前后绕身体中心轴的转动动能.

分析 各种物体（含刚体和变形体）在运动过程中，只要对空间某定点或定轴的外力矩之和为零，则物体对同一点或轴的角动量就守恒.在本题中当滑冰者绕身体中心轴转动时，人体重力和地面支持力均与该轴重合，故无外力矩作用，满足角动量守恒.此时改变身体形状（即改变对轴的转动惯量）就可改变转速，这是在体育运动中经常要利用的物理规律.

解 (1) 由分析可知

$$J_0\omega_0 = J\omega$$

则

$$\omega = \frac{J_0}{J}\omega_0 = 3\ r \cdot s^{-1}$$

(2) 收起双臂前

$$E_{k1} = \frac{1}{2}J_0\omega_0^2 = 28.4\ J$$

收起双臂后

$$E_{k2} = \frac{1}{2}J\omega^2 = 85.2\ J$$

此时由于人体内力做功，有

$$E_{k2} > E_{k1}$$

4-23 一质量为 $1.12\ kg$，长为 $1.0\ m$ 的均匀细棒，支点在棒的上端点，开始时棒自由悬挂.当以 $100\ N$ 的力打击它的下端点，打击时间为 $0.02\ s$ 时，若打击前棒是静止的，求：(1) 打击时其角动量的变化；(2) 棒的最大偏转角.

分析 如图所示，该题属于常见的刚体转动问题，可分为两个过程来讨论：① 瞬间的打击过程.在瞬间外力的打击下，棒受到外力矩的角冲量，根据角动量定理，棒的角动量将发生变化，则获得一定的角速度.② 棒的转动过程.由于棒和地球所组成的系统，除重力（保守内力）外无其他外力做功，因此系统的机械能守恒，根据机械能守恒定律，可求得棒的偏转角度.

解 (1) 由刚体的角动量定理得

$$\Delta L = J\omega_0 = \int M\mathrm{d}t = Fl\Delta t \tag{1}$$
$$= 2.0\ kg \cdot m^2 \cdot s^{-1}$$

(2) 取棒和地球为一系统，并选 O 处为重力势能零点.在转动过程中，系统的机械能守恒，即

$$\frac{1}{2}J\omega_0^2 = \frac{1}{2}mgl(1-\cos\theta) \tag{2}$$

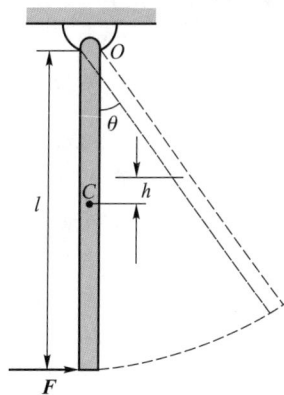

习题 4-23 图

由式（1）、式（2）可得棒的偏转角度为

$$\theta = \arccos\left(1 - \frac{3F^2\Delta t^2}{m^2 gl}\right) = 88°38'$$

4-24 1970 年 4 月 24 日，我国发射了第一颗人造地球卫星，其近地点为 4.39×10^5 m，远地点为 2.38×10^6 m．试计算卫星在近地点和远地点的速率．（设地球半径为 6.38×10^6 m．）

分析 当人造地球卫星在绕地球的椭圆轨道上运行时，只受到有心力——万有引力的作用．因此，卫星在运行过程中角动量相对地球中心是守恒的，同时该力对地球和卫星组成的系统而言，又是属于保守内力，因此，系统又满足机械能守恒定律．根据上述两条守恒定律可求出卫星在近地点和远地点时的速率．

解 由于卫星在近地点和远地点处的速度方向与椭圆径矢垂直，因此，由角动量守恒定律有

$$mv_1 r_1 = mv_2 r_2 \tag{1}$$

又因卫星与地球系统的机械能守恒，故有

$$\frac{1}{2}mv_1^2 - \frac{Gmm_\mathrm{E}}{r_1} = \frac{1}{2}mv_2^2 - \frac{Gmm_\mathrm{E}}{r_2} \tag{2}$$

式中 G 为引力常量，m_E 和 m 分别为地球和卫星的质量，r_1 和 r_2 是卫星在近地点和远地点时离地球中心的距离．由式（1）、式（2）可解得卫星在近地点和远地点的速率分别为

$$v_1 = \sqrt{\frac{2Gm_\mathrm{E}r_2}{r_1(r_1+r_2)}} = 8.11\times10^3 \ \mathrm{m\cdot s^{-1}}$$

$$v_2 = \frac{r_1}{r_2}v_1 = 6.31\times10^3 \ \mathrm{m\cdot s^{-1}}$$

4-25 如图所示，一质量为 m 的小球由一绳索系着，以角速度 ω_0 在无摩擦的水平面上，作半径为 r_0 的圆周运动．如果在绳的另一端作用一竖直向下的拉力 F，使小球作半径为 $r_0/2$ 的圆周运动．试求：（1）小球新的角速度；（2）拉力所做的功．

分析 相对 O 点沿轴向的拉力对小球不产生力矩，因此，小球在水平面上转动的过程中不受外力矩作用，其角动量应相对 O 点保持不变．但是，外力改变了小球圆周运动的半径，也改变了小球的转动惯量，从而改变了小球的角速度．至于拉力所做的功，可根据动能定理由小球动能的变化得到．

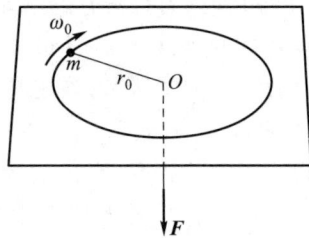

习题 4-25 图

解 （1）根据分析，小球在转动的过程中角动量保持守恒，故有

$$J_0\omega_0 = J_1\omega_1$$

式中 J_0 和 J_1 分别是小球在半径为 r_0 和 $\frac{1}{2}r_0$ 时对轴的转动惯量，即 $J_0 = mr_0^2$ 和 $J_1 = \frac{1}{4}mr_0^2$，则

$$\omega_1 = \frac{J_0}{J_1}\omega_0 = 4\omega_0$$

（2）随着小球转动角速度的增加，其转动动能也增加，这正是拉力做功的结果．由转动的动能定理可得拉力做的功为

$$W = \frac{1}{2}J_1\omega_1^2 - \frac{1}{2}J_0\omega_0^2 = \frac{3}{2}mr_0^2\omega_0^2$$

4-26 质量为 0.50 kg、长为 0.40 m 的均匀细棒,可绕垂直于棒的一端的水平轴转动. 如将此棒放在水平位置,然后任其落下,求:(1)当棒转过 60°时的角加速度和角速度;(2)下落到竖直位置时的动能;(3)下落到竖直位置时的角速度.

分析 转动定律 $M = J\alpha$ 是一瞬时关系式,为求棒在不同位置的角速度,只需确定棒所在位置的力矩就可求得. 由于重力矩 $M(\theta) = mg\frac{l}{2}\cos\theta$ 是变力矩,角加速度也是变化的,因此,在求角速度时,就必须根据角加速度用积分的方法来计算(也可根据转动中的动能定理,通过计算变力矩的功来求). 至于棒下落到竖直位置时的动能和角速度,可采用系统的机械能守恒定律来解,这是因为棒与地球所组成的系统中,只有重力做功(转轴处的支持力不做功),因此系统的机械能守恒.

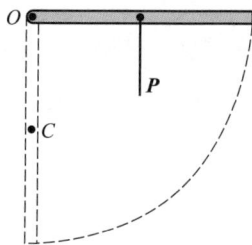
习题 4-26 图

解 (1)如图所示,棒绕端点的转动惯量为 $J = \frac{1}{3}ml^2$,由转动定律 $M = J\alpha$ 可得棒在 θ 位置时的角加速度为

$$\alpha = \frac{M(\theta)}{J} = \frac{3g\cos\theta}{2l} \tag{1}$$

当 $\theta = 60°$时,棒转动的角速度为

$$\alpha = 18.4 \text{ rad} \cdot \text{s}^{-2}$$

由于 $\alpha = \frac{d\omega}{dt} = \frac{\omega d\omega}{d\theta}$,根据初始条件对式(1)积分,有

$$\int_0^\omega \omega d\omega = \int_0^{60°} \alpha d\theta$$

则角速度为

$$\omega = \sqrt{\frac{3g\sin\theta}{l}} \Big|_0^{60°} = 7.98 \text{ rad} \cdot \text{s}^{-1}$$

(2)根据机械能守恒,棒下落至竖直位置时的动能为

$$E_k = \frac{1}{2}mgl = 0.98 \text{ J}$$

(3)由于该动能也就是转动动能,即 $E_k = \frac{1}{2}J\omega^2$,所以棒落至竖直位置时的角速度为

$$\omega' = \sqrt{\frac{2E_k}{J}} = \sqrt{\frac{3g}{l}} = 8.57 \text{ rad} \cdot \text{s}^{-1}$$

*
4-27 如图所示,压路机的滚筒可以近似看成一个圆柱形薄壁筒,已知滚筒直径为 $d = 1.50$ m,质量为 $m = 10^4$ kg. 如作用于滚筒中心轴 O 的水平牵引力 $F = 2.0 \times 10^4$ N,使其在水平路面上作纯滚动,求:(1)滚筒的角加速度 α 和轴心加速度 a_0;(2)滚筒与路面间的摩擦力大小;(3)从静止开始,滚筒在路面压过 1 m 距离时,滚筒的动能.

分析 滚筒的运动被称为刚体平面平行运动,按照叠加原理该运动可以被分解为质心的平动和绕质心的转动两部分,分别满足质心运动定理和转动定律,以及相应的运动学规律.由于是纯滚动(即滚筒与地面间无相对滑动),故作用在滚筒上的为静摩擦力,且有 $a_0 = r\alpha, v_0 = r\omega, s = r\theta$ 三式成立.滚筒的动能也可看成两个分运动动能之和,即 $E_k = \frac{1}{2}mv_0^2 + \frac{1}{2}J_0\omega^2$.

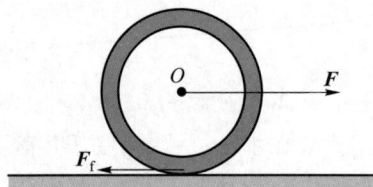

习题 4-27 图

解 (1)设作用于滚筒上的静摩擦力如图所示,由分析可知,有

$$F - F_f = ma_0 \tag{1}$$

$$F_f \frac{d}{2} = J_0 \alpha \tag{2}$$

$$a_0 = \frac{d}{2}\alpha \tag{3}$$

由上述三式可解得

$$\alpha = \frac{F}{md} = 1.33 \text{ rad} \cdot \text{s}^{-2}$$

$$a_0 = \frac{d}{2}\alpha = 1.0 \text{ m} \cdot \text{s}^{-2}$$

(2)由式(2)得

$$F_f = F - ma_0 = 10^4 \text{ N}$$

(3)由分析知

$$E_k = \frac{1}{2}mv_0^2 + \frac{1}{2}J_0\omega^2$$

$$\omega^2 = 2\theta\alpha = \frac{4s}{d}\alpha$$

$$v_0 = \frac{d}{2}\omega$$

将已知的值代入并联解三式可求得

$$E_k = 2.0 \times 10^4 \text{ J}$$

第二篇
机械振动和机械波

求解机械振动和机械波问题的基本思路和方法

机械振动和机械波是相互关联的两章,振动是波动的基础,机械波就是机械振动在弹性介质中振动状态的传播过程.波动要有波源,所谓波源就是一个振动源.因而要讨论波动情况,首先要熟悉对振动的研究.例如:要写出波函数,就要会求波源的振动方程.必须弄清振动物理量和波动物理量的联系和区别.又如:研究波的干涉(包括以后第五篇光的干涉),就要知道两个同频率、同振动方向简谐振动的合成.这其中相位及相位差是十分重要的物理概念,掌握相位差的计算对掌握振动合成、机械波和光波的干涉等一些题的求解作用很大,因此学好前面的内容对后面帮助很大.下面是这部分内容的几种常用解题方法的简介.

1. 比较法

在机械振动、机械波这两章的习题中,有相当一部分题目是求简谐振动方程和波函数.通常有两种类型:① 由题给一些条件求简谐振动方程或波函数;② 由题给振动曲线图和波形图求简谐振动方程和波函数.而比较法是求解这类问题常用的一种方法.这里所谓的比较法就是针对要求的问题,有目的地先写出简谐振动方程或波函数的一般形式,即

$$\begin{cases} y = A\cos\left(\omega t + \varphi_0\right) & \text{(简谐振动方程)} \\ y = A\cos\left[\omega\left(t \mp \dfrac{x}{u}\right) + \varphi_0\right] = A\cos\left[2\pi\left(\dfrac{t}{T} \mp \dfrac{x}{\lambda}\right) + \varphi_0\right] & \text{(波函数)} \end{cases}$$

然后采用比较法,与已知条件比较来确定式中相应的物理量.实际求解的问题中,往往只有少数量是未知的,只要设法由已知条件配合其他方法求出这些未知量,整个问题就解决了.这种解题思路的好处是目的明确,知道自己要做什么和如何去完成.这里要求读者真正掌握简谐振动方程和波函数一般表示式,并理解其中每个量的物理意义.请读者结合参阅题5-6、6-7等的分析与解答来学会这种解题方法.

2. 旋转矢量表示法

描述振动可以用解析法、图示法和旋转矢量表示法等.旋转矢量表示法就是将简谐振动与一旋转矢量 $\overrightarrow{OA}$ 对应,使矢量作逆时针匀速转动,其长度等于简谐振动的振幅 A,角速度等于简谐振动的角频率 ω. $t=0$ 时,它与参考坐标轴的夹角为简谐振动的初相位 φ.这时,旋转矢量末端在参考坐标轴上的投影点的运动规律即可代表质点作简谐振动的规律.旋转矢量表示法是研究简谐振动及其合成的直观而有效的方法.尤其在求振动的初相位和相位时非常方便.在求振动方程、波函数时,常需要求原点的振动初相位,因此掌握好这种方法很关键.读者可以结合参阅题5-9、5-12、5-13、6-2、6-13 等的分析与解答去体会这种方法的好处.

3. 相位分析法

相位是研究机械振动、波动问题的有效工具,无论是建立振动方程、比较两个振动的差异、研究振动的合成,或是描述波动特征、导出波函数、研究波的干涉,还是学习波动光学等,都离不开相位和相位差的概念和计算.这里相位分析法常用在下述几种问题的求解中.

(1) 振动合成问题中,两个同频率、同方向简谐振动合成时,它们的相位差 $\Delta\varphi = \varphi_2 - \varphi_1$ 是一个常量,合振动的振幅大小 $A = \sqrt{A_1^2 + A_2^2 + 2A_1 A_2 \cos\Delta\varphi}$,其值由 $\Delta\varphi$ 决定.其中特殊情况是

$$\Delta\varphi = \begin{cases} 2k\pi & (振幅极大 \ A = A_1 + A_2) \\ (2k+1)\pi & (振幅极小 \ A = |A_1 - A_2|) \end{cases}$$

请读者参阅题 5-22 的求解过程体会相位差 $\Delta\varphi$ 在这里的重要性.

(2) 在波动中,波线上各点相位有密切联系.因为波动是波源的振动状态由近及远向外传播的过程,也称为振动相位的传播.对于平面简谐波,波线上任两点的相位差 $\Delta\varphi = 2\pi\Delta x/\lambda$ 是一定的.波线上所有点都重复同一种运动状态,只是相位不同而已.因此只要知道波线上任一点的运动方程,就可通过求相位差而得出其他点的振动方程.

(3) 波的干涉中,干涉问题实际上是振动合成问题.波场中任一点,参与合成的两个同频率、同方向简谐振动来自不同的波源,合成结果仍是简谐振动,合振动振幅 A 的值取决于分振动的相位差.但要注意这种情况的相位差为

$$\Delta\varphi = \left(\omega t + \varphi_2 - \frac{2\pi}{\lambda}x_2\right) - \left(\omega t + \varphi_1 - \frac{2\pi}{\lambda}x_1\right) = \varphi_2 - \varphi_1 - \frac{2\pi}{\lambda}(x_2 - x_1)$$

这里相位差由两个分振动的波源初相位差和两列波到达场点的波程差决定.波场中不同点,由于波程差 $(x_2 - x_1)$ 值不同而使 $\Delta\varphi$ 不同,合振幅就有强弱之分,这就是波的干涉现象.讨论波的干涉,求干涉极大和极小的位置分布,采用相位分析法很方便.第五篇中讨论光的干涉时也可以用这种方法.

5-1 一个质点作简谐振动,振幅为 A,在起始时刻质点的位移为 $-\dfrac{A}{2}$,且向 Ox 轴正方向振动,则代表此简谐振动的旋转矢量图为(　　).

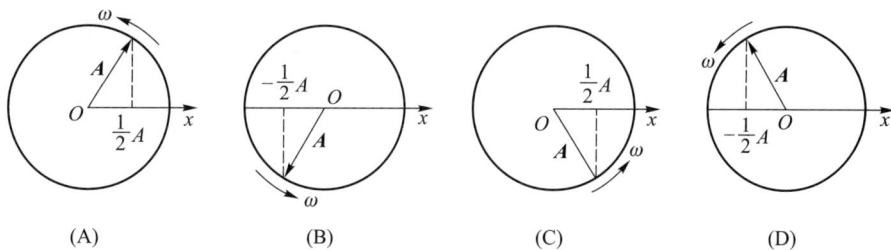

习题 5-1 图

分析与解 (B)图中旋转矢量矢端在 Ox 轴上投影点的位移为 $-\dfrac{A}{2}$,且投影点的运动方向指向 Ox 轴正方向,即其速度的 x 分量大于零,故满足题意.选(B).

5-2 某简谐振动的曲线如图(a)所示,则振动周期是(　　).

(A) 2.62 s 　　　(B) 2.40 s 　　　(C) 2.20 s 　　　(D) 2.00 s

分析与解 由振动曲线可知,初始时刻质点的位移为 $\dfrac{A}{2}$,且向 Ox 轴正方向运动.图(b)是其相应的旋转矢量图,由旋转矢量表示法可知初相位为 $-\dfrac{\pi}{3}$.振动曲线上给出质点从 $\dfrac{A}{2}$ 处运动到 $x=0$ 处所需时间为 1 s,由对应旋转矢量图可知相应的相位差 $\Delta\varphi=\dfrac{\pi}{3}+\dfrac{\pi}{2}=\dfrac{5\pi}{6}$,则角频率 $\omega=\dfrac{\Delta\varphi}{\Delta t}=\dfrac{5\pi}{6}$ rad·s^{-1},周期 $T=\dfrac{2\pi}{\omega}=2.40$ s.故选(B).

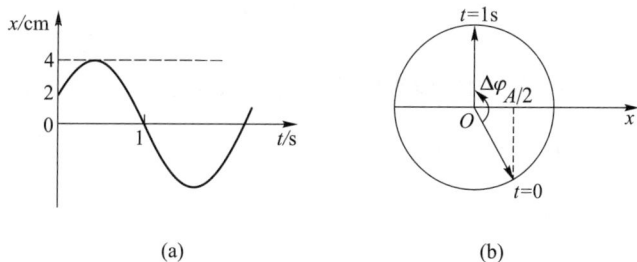

(a)　　　　　　　　　(b)

习题 5-2 图

5-3 两个同周期简谐振动的曲线如图(a)所示,则 x_1 的相位比 x_2 的相位(　　).

（A）落后 $\dfrac{\pi}{2}$ （B）超前 $\dfrac{\pi}{2}$ （C）落后 π （D）超前 π

分析与解 由振动曲线图作出相应的旋转矢量图（b）即可得到答案是（B）.

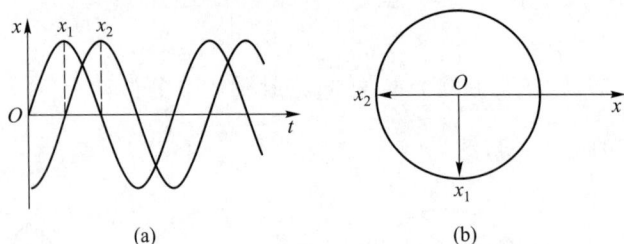

习题 5-3 图

5-4 两个同方向、同频率、振幅均为 A 的简谐振动合成后，振幅仍为 A，则这两个简谐振动的相位差为（   ）.

（A）60°   （B）90°

（C）120°   （D）180°

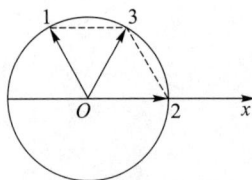

习题 5-4 图

分析与解 由旋转矢量图可知两个简谐振动 1 和 2 的相位差为 120°时，合成后的简谐振动 3 的振幅仍为 A.正确答案是（C）.

5-5 当质点以频率 ν 作简谐振动时，它的动能变化频率为（   ）.

（A）4ν （B）2ν （C）ν （D）$\nu/2$

分析与解 质点作简谐振动的动能表达式为 $E_k = \dfrac{1}{2}m\omega^2 A^2\sin^2(\omega t+\varphi)$，可见其周期为简谐振动周期的一半，则频率为简谐振动频率 ν 的两倍.因而正确答案为（B）.

5-6 若简谐振动方程为 $x = 0.10\cos\left(20\pi t+\dfrac{\pi}{4}\right)$（SI 单位），求：（1）振幅、频率、角频率、周期和初相位；（2）$t=2$ s 时的位移、速度和加速度.

分析 可采用比较法求解.将已知的简谐振动方程与简谐振动方程的一般形式 $x=A\cos(\omega t+\varphi)$ 比较，即可求得各特征量.写出位移、速度、加速度的表达式，代入 t 值后，即可求得结果.

解 （1）将 $x = 0.10\cos\left(20\pi t+\dfrac{\pi}{4}\right)$（m）与 $x=A\cos(\omega t+\varphi)$ 比较后可得：振幅 $A=0.10$ m，角频率 $\omega=20\pi$ rad·s^{-1}，初相位 $\varphi=\dfrac{\pi}{4}$，则周期 $T=\dfrac{2\pi}{\omega}=0.1$ s，频率 $\nu=\dfrac{1}{T}=10$ Hz.

（2）$t=2$ s 时的位移、速度、加速度分别为

$$x = 0.10\cos\left(40\pi+\frac{\pi}{4}\right) \text{ m} = 7.07\times10^{-2} \text{ m}$$

$$v = \frac{\mathrm{d}x}{\mathrm{d}t} = -2\pi\sin\left(40\pi+\frac{\pi}{4}\right) \text{ m·s}^{-1} = -4.44 \text{ m·s}^{-1}$$

$$a = \frac{\mathrm{d}^2 x}{\mathrm{d}t^2} = -40\pi^2\cos\left(40\pi+\frac{\pi}{4}\right) \text{ m·s}^{-2} = -2.79\times10^2 \text{ m·s}^{-2}$$

5-7 一远洋货轮的质量为 m，浮在水面时其水平截面积为 S. 设在水面附近货轮的水平截面积近似相等，水的密度为 ρ，且不计水的黏性阻力，证明货轮在水中作的振幅较小的竖直自由运动是简谐振动，并求振动周期.

分析 要证明货轮作简谐振动，需要分析货轮在平衡位置附近上下运动时，它所受的合外力 F 与位移 x 间的关系，如果满足 $F = -kx$，则货轮作简谐振动. 通过 $F = -kx$ 即可求得振动周期 $T = \dfrac{2\pi}{\omega} = 2\pi\sqrt{m/k}$.

证 货轮处于平衡状态时，如图(a)所示，浮力大小为 $F = mg$. 当货轮上下作微小振动时，取货轮处于力平衡时的质心位置为坐标原点 O，竖直向下为 x 轴正方向，如图(b)所示. 则当货轮向下偏移 x 位移时，所受合外力为

$$F_{合} = P + F'$$

其中 F' 为此时货轮所受浮力，其方向向上，大小为

$$F' = F + \rho g S x = mg + \rho g S x$$

则货轮所受合外力为

$$F_{合} = P - F' = -\rho g S x = -kx$$

式中 $k = \rho g S$ 是一常量. 这表明货轮在其平衡位置上下所作的微小振动是简谐振动.

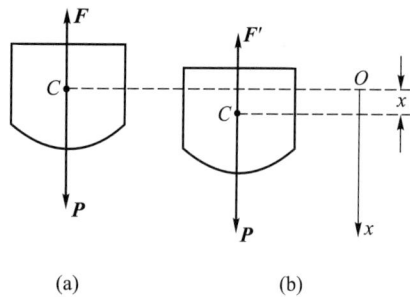

(a)　　　　(b)

习题 5-7 图

由 $F_{合} = m\dfrac{\mathrm{d}^2 x}{\mathrm{d}t^2}$ 可得货轮运动的微分方程为

$$\frac{\mathrm{d}^2 x}{\mathrm{d}t^2} + \frac{\rho g S x}{m} = 0$$

令 $\omega^2 = \dfrac{\rho g S}{m}$，可得其振动周期为

$$T = \frac{2\pi}{\omega} = 2\pi\sqrt{\frac{m}{\rho g S}}$$

5-8 如图(a)所示，两个轻弹簧的弹性系数分别为 k_1、k_2，物体在光滑斜面上振动. 证明该运动仍是简谐振动，并求系统的振动频率.

分析 从上一题的求解知道，要证明一个系统作简谐振动，首先要分析受力情况，然后看是否满足简谐振动的受力特征(或简谐振动微分方程). 为此，建立如图(b)所示的坐标系. 设系统平衡时物体所在位置为坐标原点 O，Ox 轴正方向沿斜面向下，由受力分析可知，沿 Ox 轴，物体受弹性力及重力分力的作用，其中弹性力是变力. 利用串联时各弹簧受力相等，分析物体在任一位置时受力与位移的关系，即可证得物体作简谐振动，并可求出频率 ν.

证 设物体平衡时两弹簧伸长量分别为 x_1、x_2，则由物体受力平衡，有

$$mg\sin\theta = k_1 x_1 = k_2 x_2 \tag{1}$$

按图(b)所取坐标系，物体沿 x 轴移动位移 x 时，两弹簧又分别被拉伸 x_1' 和 x_2'，即 $x = x_1' + x_2'$. 则物体受力为

$$F = mg\sin\theta - k_2(x_2 + x_2') = mg\sin\theta - k_1(x_1 + x_1') \tag{2}$$

将式(1)代入式(2)得

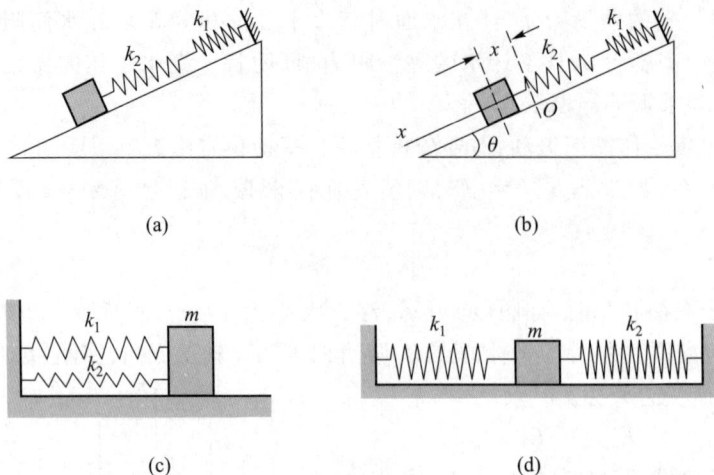

习题 5-8 图

$$F = -k_2 x_2' = -k_1 x_1' \qquad (3)$$

由式（3）得 $x_1' = -\dfrac{F}{k_1}, x_2' = -\dfrac{F}{k_2}$，而 $x = x_1' + x_2'$，则得到

$$F = -\frac{k_1 k_2}{k_1 + k_2} x = -kx$$

式中 $k = \dfrac{k_1 k_2}{k_1 + k_2}$ 为常量，则物体作简谐振动，振动频率为

$$\nu = \frac{\omega}{2\pi} = \frac{1}{2\pi}\sqrt{\frac{k}{m}} = \frac{1}{2\pi}\sqrt{\frac{k_1 k_2}{(k_1 + k_2) m}}$$

讨论 （1）由本题的求证可知，斜面倾角 θ 对弹簧是否作简谐振动以及振动的频率均不产生影响.事实上，无论弹簧水平放置、斜置还是竖直悬挂，物体均作简谐振动.而且可以证明它们的频率相同，均由弹簧振子的固有性质决定，这就是称为固有频率的原因.（2）如果振动系统如图（c）（弹簧并联）或如图（d）所示，也可通过物体在某一位置的受力分析得出其作简谐振动，且振动频率均为 $\nu = \dfrac{1}{2\pi}\sqrt{\dfrac{k_1 + k_2}{m}}$，读者可以一试.通过这些例子可以知道，证明物体是否作简谐振动的思路是相同的.

5-9 一放置在水平桌面上的弹簧振子，振幅 $A = 2.0 \times 10^{-2}$ m，周期 $T = 0.50$ s.当 $t = 0$ 时：（1）物体在正方向端点；（2）物体在平衡位置，且向负方向运动；（3）物体在 $x = 1.0 \times 10^{-2}$ m 处，且向负方向运动；（4）物体在 $x = -1.0 \times 10^{-2}$ m 处，且向正方向运动.求以上各种情况的振动方程.

分析 在振幅 A 和周期 T 已知的条件下，确定初相 φ 是求解简谐振动方程的关键.初相的确定通常有两种方法.（1）解析法：由振动方程出发，根据初始条件，即 $t = 0$ 时，$x = x_0$ 和 $v = v_0$ 来确定 φ 值.（2）旋转矢量表示法：如图（a）所示，将质点 P 在 Ox 轴上振动的初始位置 x_0 和速度 v_0 的方向与旋转矢量图相对应来确定 φ.旋转矢量法比较直观、方便，在分析中常采用.

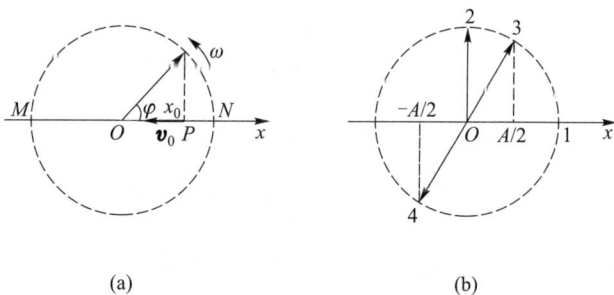

(a)   (b)

习题 5-9 图

解 由题给条件知 $A = 2.0 \times 10^{-2}$ m, $\omega = \dfrac{2\pi}{T} = 4\pi$ rad·s^{-1}, 而初相 φ 可采用分析中的两种不同方法来求.

解析法: 根据简谐振动方程 $x = A\cos(\omega t + \varphi)$, 当 $t = 0$ 时, 有 $x_0 = A\cos\varphi$, $v_0 = -A\omega\sin\varphi$. 当

（1）$x_0 = A$ 时, $\cos\varphi_1 = 1$, 则 $\varphi_1 = 0$;

（2）$x_0 = 0$ 时, $\cos\varphi_2 = 0$, $\varphi_2 = \pm\dfrac{\pi}{2}$, 因 $v_0 < 0$, 取 $\varphi_2 = \dfrac{\pi}{2}$;

（3）$x_0 = 1.0 \times 10^{-2}$ m 时, $\cos\varphi_3 = 0.5$, $\varphi_3 = \pm\dfrac{\pi}{3}$, 由 $v_0 < 0$, 取 $\varphi_3 = \dfrac{\pi}{3}$;

（4）$x_0 = -1.0 \times 10^{-2}$ m 时, $\cos\varphi_4 = -0.5$, $\varphi_4 = \pi \pm \dfrac{\pi}{3}$, 由 $v_0 > 0$, 取 $\varphi_4 = \dfrac{4\pi}{3}$.

旋转矢量法: 分别画出四个不同初始状态的旋转矢量图, 如图（b）所示, 它们所对应的初相分别为 $\varphi_1 = 0$, $\varphi_2 = \dfrac{\pi}{2}$, $\varphi_3 = \dfrac{\pi}{3}$, $\varphi_4 = \dfrac{4\pi}{3}$.

振幅 A、角频率 ω、初相 φ 均确定后, 则各相应状态下的振动方程为

（1）$x = 2.0 \times 10^{-2}\cos 4\pi t$ （m）

（2）$x = 2.0 \times 10^{-2}\cos\left(4\pi t + \dfrac{\pi}{2}\right)$ （m）

（3）$x = 2.0 \times 10^{-2}\cos\left(4\pi t + \dfrac{\pi}{3}\right)$ （m）

（4）$x = 2.0 \times 10^{-2}\cos\left(4\pi t + \dfrac{4\pi}{3}\right)$ （m）

5-10 一轻弹簧下端挂一质量为 m 的物体时, 伸长量为 9.8×10^{-2} m. 使物体上下振动, 且规定向下为正方向.（1）当 $t = 0$ 时, 物体在平衡位置上方 8.0×10^{-2} m 处, 由静止开始向下运动, 求振动方程;（2）当 $t = 0$ 时, 物体在平衡位置并以 0.60 m·s^{-1} 的速度向上运动, 求振动方程.

分析 求振动方程, 也就是要确定振动的三个特征物理量 A、ω 和 φ. 其中振动的角频率是由弹簧振子系统的固有性质（振子的质量 m 及弹簧的弹性系数 k）决定的, 即 $\omega = \sqrt{\dfrac{k}{m}}$, k 可根据物体受力平衡时弹簧的伸长来计算; 振幅 A 和初相 φ 需要根据初始条件确定.

解 物体受力平衡时, 弹性力 F 与重力 P 的大小相等, 即 $F = mg$. 而此时弹簧的伸长量

$\Delta l = 9.8 \times 10^{-2}$ m.则弹簧的弹性系数 $k = \dfrac{F}{\Delta l} = \dfrac{mg}{\Delta l}$.系统作简谐振动的角频率为

$$\omega = \sqrt{\frac{k}{m}} = \sqrt{\frac{g}{\Delta l}} = 10 \text{ rad} \cdot \text{s}^{-1}$$

（1）设系统平衡时,物体所在处为坐标原点,向下为 x 轴正方向.由初始条件$t = 0$ 时,$x_{10} = 8.0 \times 10^{-2}$ m,$v_{10} = 0$ 可得振幅 $A_1 = \sqrt{x_{10}^2 + \left(\dfrac{v_{10}}{\omega}\right)^2} = 8.0 \times 10^{-2}$ m;应用旋转矢量法可确定初相 $\varphi_1 = \pi$,如图（a）所示.则振动方程为

$$x_1 = 8.0 \times 10^{-2} \cos(10t + \pi) \ (\text{m})$$

（2）$t = 0$ 时,$x_{20} = 0$,$v_{20} = 0.60$ m·s^{-1},同理可得 $A_2 = \sqrt{x_{20}^2 + \left(\dfrac{v_{20}}{\omega}\right)^2} = 6.0 \times 10^{-2}$ m;$\varphi_2 = \dfrac{\pi}{2}$,如图（b）所示.则振动方程为

$$x_2 = 6.0 \times 10^{-2} \cos(10t + 0.5\pi) \ (\text{m})$$

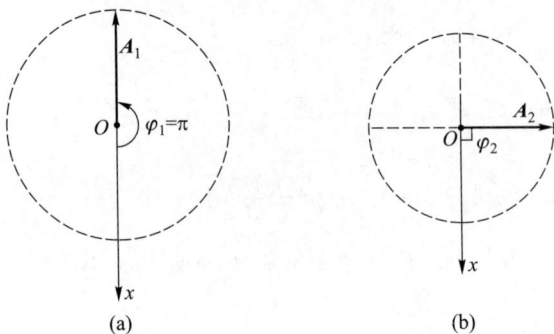

习题 5-10 图

5-11 一质点作简谐振动,其振动方程为 $x = 0.2 \cos\left(\dfrac{\pi}{3} t + \dfrac{\pi}{3}\right)$（SI 单位）.试用旋转矢量表示法求出质点由初始状态（$t = 0$ 时的状态）运动到 $x = -0.10$ m,$v < 0$ 的状态所需的最短时间.

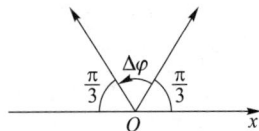

习题 5-11 图

分析　当质点作简谐振动的方程已知时,由 $\omega = 2\pi/T$ 可求出周期 T.而用旋转矢量法求质点由初态运动到某个状态所需时间时,只要能画出初末两态的旋转矢量,就可求出相应矢量转过的角度 $\Delta\varphi$,由 $\Delta t = \Delta\varphi \cdot \dfrac{T}{2\pi}$ 即可求出 Δt.

解　根据分析,首先要画出相关旋转矢量图.由题中振动方程知 $\varphi_0 = \dfrac{\pi}{3}$,而质点首次运动到 $x = -0.10$ m 位置时（$v < 0$）,旋转矢量如图所示,则 $\Delta\varphi = \dfrac{\pi}{3}$.又由 $\omega = \dfrac{2\pi}{T} = \dfrac{\pi}{3}$ rad·s^{-1},知 $T = 6$ s,则

$$\Delta t = \frac{\Delta\varphi}{2\pi} \cdot T = 1 \text{ s}.$$

5-12 一简谐振动质点的 $x\text{-}t$ 曲线如图（a）所示，试求：（1）振动方程；（2）点 P 对应的相位；（3）到达点 P 相应位置所需的时间.

分析 由已知振动方程画振动曲线和由振动曲线求振动方程是振动中常见的两类问题.本题就是要通过 $x\text{-}t$ 曲线确定振动的三个特征量 A、ω 和 φ_0，从而写出振动方程.曲线最大幅值即振幅 A；而 ω、φ_0 通常可通过旋转矢量表示法或解析法解出，一般采用旋转矢量法比较方便.

解 （1）质点振动振幅 $A=0.10$ m.而由振动曲线可画出 $t_0=0$ 和 $t_1=4$ s 时的旋转矢量，如图（b）所示.由图可见初相 $\varphi_0=-\dfrac{\pi}{3}\left(\text{或}\ \varphi_0=\dfrac{5\pi}{3}\right)$，而由 $\omega(t_1-t_0)=\dfrac{\pi}{2}+\dfrac{\pi}{3}$ 得 $\omega=\dfrac{5\pi}{24}$ rad·s^{-1}，则振动方程为

$$x=0.10\cos\left(\frac{5\pi}{24}t-\frac{\pi}{3}\right)\ \ (\text{m})$$

（2）图（a）中点 P 的位置是质点从 $\dfrac{A}{2}$ 处运动到正方向的端点处.对应的旋转矢量图如图（c）所示.当初相位取 $\varphi_0=-\dfrac{\pi}{3}$ 时，点 P 的相位为 $\varphi_P=\varphi_0+\omega(t_P-0)=0$.如果初相取成 $\varphi_0=\dfrac{5\pi}{3}$，则点 P 相应的相位应表示为 $\varphi_P=\varphi_0+\omega(t_P-0)=2\pi$.

（3）由旋转矢量图可得 $\omega(t_P-0)=\dfrac{\pi}{3}$，则 $t_P=1.6$ s.

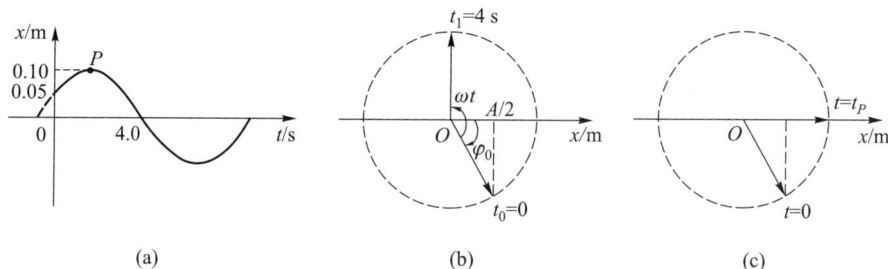

习题 5-12 图

5-13 质量为 10 g 的物体沿 x 轴作简谐振动，振幅 $A=10$ cm，周期 $T=4.0$ s，$t=0$ 时物体的位移为 $x_0=-5.0$ cm，且物体朝 x 轴负方向运动，求：（1）$t=1.0$ s 时的位移；（2）$t=1.0$ s 时物体所受的力；（3）$t=0$ 之后物体第一次到达 $x=5.0$ cm 处的时间；（4）第二次和第一次经过 $x=5.0$ cm 处的时间间隔.

分析 根据题给条件可以先写出物体简谐振动方程 $x=A\cos(\omega t+\varphi)$.其中振幅 A，角频率 $\omega=\dfrac{2\pi}{T}$ 均已知，而初相 φ 可由题给初始条件利用旋转矢量法方便求出.有了振动方程，t 时刻位移 x 和 t 时刻物体受力 $F=ma=-m\omega^2x$ 也就可以求出.对于（3）、（4）两问均可通过作旋转矢量图并根据公式 $\Delta\varphi=\omega\Delta t$ 很方便求解.

解 由题给条件画出 $t=0$ 时该简谐振动的旋转矢量图如图（a）所示，可知初相 $\varphi=\dfrac{2\pi}{3}$.而

$A = 0.10$ m，$\omega = \dfrac{2\pi}{T} = \dfrac{\pi}{2}$ rad·s^{-1}，则简谐振动方程为

$$x = 0.10\cos\left(\dfrac{\pi}{2}t + \dfrac{2\pi}{3}\right)\ (\text{m})$$

（1）$t = 1.0$ s 时物体的位移为

$$x = 0.10\cos\left(1.0 \times \dfrac{\pi}{2} + \dfrac{2\pi}{3}\right)\ \text{m} = -8.66 \times 10^{-2}\ \text{m}$$

（2）$t = 1.0$ s 时物体受力为

$$F = -m\omega^2 x = -10 \times 10^{-3} \times \left(\dfrac{\pi}{2}\right)^2 \times (-8.66 \times 10^{-2})\ \text{N}$$

$$= 2.14 \times 10^{-3}\ \text{N}$$

（3）设 $t = 0$ 时刻后，物体第一次到达 $x = 5.0$ cm 处的时刻为 t_1，画出 $t = 0$ 和 $t = t_1$ 时刻的旋转矢量图，如图（b）所示．由图可知，$\boldsymbol{A}_1$ 与 $\boldsymbol{A}$ 的相位差为 π，由 $\Delta\varphi = \omega\Delta t$ 得

$$t_1 = \dfrac{\Delta\varphi}{\omega} = \dfrac{\pi}{\pi/2}\ \text{s} = 2\ \text{s}$$

（4）设 $t = 0$ 时刻后，物体第二次到达 $x = 5.0$ cm 处的时刻为 t_2，画出 $t = t_1$ 和 $t = t_2$ 时刻的旋转矢量图，如图（c）所示．由图可知，$\boldsymbol{A}_2$ 与 $\boldsymbol{A}_1$ 的相位差为 $\dfrac{2\pi}{3}$，故有

$$\Delta t = t_2 - t_1 = \dfrac{\Delta\varphi}{\omega} = \dfrac{2\pi/3}{\pi/2}\ \text{s} = \dfrac{4}{3}\ \text{s}$$

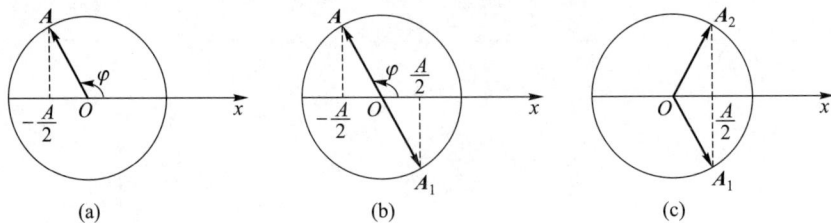

习题 5-13 图

5-14 图（a）所示为一简谐振动质点的 v-t 曲线，且振幅为 2 cm，求：（1）振动周期；（2）加速度的最大值；（3）振动方程．

分析 根据 v-t 图可知速度的最大值 v_{max}，由 $v_{max} = A\omega$ 可求出角频率 ω，进而可求出周期 T 和加速度的最大值 $a_{max} = A\omega^2$．在要求的简谐振动方程 $x = A\cos(\omega t + \varphi)$ 中，因为 A 和 ω 已得出，故只要求初相位 φ 即可．由 v-t 曲线图可以知道，当 $t = 0$ 时，质点运动速度 $v_0 = \dfrac{v_{max}}{2} = \dfrac{A\omega}{2}$，而且之后速度越来越大，因此可以判断出质点沿 x 轴正方向向着平衡点运动．利用 $v_0 = -A\omega\sin\varphi$ 就可求出 φ．

解 （1）由 $v_{max} = A\omega$ 得 $\omega = 1.5$ rad·s^{-1}，则

$$T = \dfrac{2\pi}{\omega} = 4.2\ \text{s}$$

（2）$a_{max} = A\omega^2 = 4.5 \times 10^{-2}\ \text{m·s}^{-2}$

（3）从分析中已知 $v_0 = -A\omega\sin\varphi = \dfrac{A\omega}{2}$，即

$$\sin\varphi = -\frac{1}{2}$$

$$\varphi = -\frac{\pi}{6}, -\frac{5\pi}{6}$$

因为质点沿 x 轴正方向向平衡位置运动，则取 $\varphi = -\dfrac{5\pi}{6}$，其旋转矢量图如图（b）所示.则振动方程为

$$x = 2\cos\left(1.5t - \frac{5\pi}{6}\right) \text{（cm）}$$

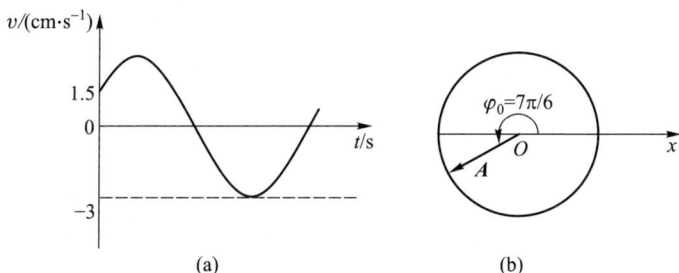

(a)   (b)

习题 5-14 图

5-15 一单摆摆长为 1.0 m，最大摆角为 5°，如图所示.（1）求摆的角频率和周期；（2）设开始时摆角最大，试写出此单摆的振动方程；（3）当摆角为 3°时的角速度和摆球的线速度各为多少？

分析 单摆在摆角较小时（$\theta < 5°$）的摆动，其角量 θ 与时间的关系可表示为简谐振动方程 $\theta = \theta_{max}\cos(\omega t + \varphi)$，其中角频率 ω 仍由该系统的性质（重力加速度 g 和绳长 l）决定，即 $\omega = \sqrt{\dfrac{g}{l}}$.初相 φ 与摆角 θ，质点的角速度与旋转矢量的角速度（角频率）均是不同的物理概念，必须注意区分.

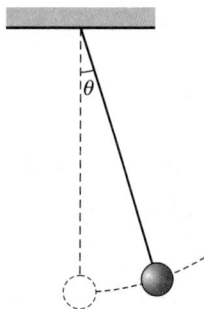

习题 5-15 图

解 （1）单摆角频率及周期分别为

$$\omega = \sqrt{\frac{g}{l}} = 3.13 \text{ rad·s}^{-1}, \qquad T = \frac{2\pi}{\omega} = 2.01 \text{ s}$$

（2）由 $t = 0$ 时，$\theta = \theta_{max} = 5°$ 可得振动初相位 $\varphi = 0$，则以角量表示的简谐振动方程为

$$\theta = \frac{\pi}{36}\cos 3.13t$$

（3）摆角为 3°时，有 $\cos(\omega t + \varphi) = \theta/\theta_{max} = 0.6$，则这时质点的角速度为

$$\frac{d\theta}{dt} = -\theta_{max}\omega\sin(\omega t + \varphi) = -\theta_{max}\omega\sqrt{1 - \cos^2(\omega t + \varphi)}$$

$$= -0.8\theta_{max}\omega = -0.218 \text{ rad·s}^{-1}$$

线速度的大小为

$$v = l \left| \frac{\mathrm{d}\theta}{\mathrm{d}t} \right| = 0.218 \ \mathrm{m \cdot s^{-1}}$$

讨论 质点的线速度和角速度也可通过机械能守恒定律求解,但结果会有极微小的差别.这是因为在导出简谐振动方程时曾取 $\sin\theta \approx \theta$,所以,单摆的简谐振动方程仅在 θ 较小时成立.

5-16 一位选手将一个质量为 0.02 kg 的飞镖,沿与水平线夹角为 30° 的方向,以 10 m·s⁻¹ 的初速度投掷出去,当飞镖到达路径的最高点时,恰巧击中被轻绳悬挂且质量为 0.54 kg 的木制靶盘盘心.靶盘质心在绳子悬挂点下方 1.2 m 处,如图所示.靶盘与飞镖一起向右摆动,轻绳与竖直方向的夹角为 θ.不计空气阻力,重力加速度取 9.8 m·s⁻². (1)问靶盘与飞镖一起向右摆动的过程中,轻绳与竖直方向的夹角 θ 最大是多少? (2)从飞镖击中靶盘到靶盘第一次回到原来位置的时间间隔是多少? (3)若以飞镖击中靶盘时刻为计时起点,以向右摆动方向为正,试写出靶盘的振动方程.

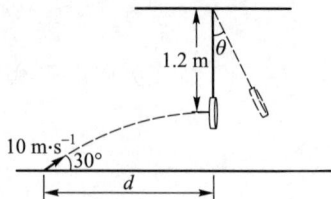

习题 5-16 图

分析 根据题意,整个运动可以分成三个阶段:第一阶段为飞镖上抛,第二阶段为飞镖和靶盘碰撞,第三阶段为飞镖和靶盘共同上摆.考虑到第三阶段的单摆运动机械能守恒,则第(1)问欲求的摆动的最大夹角只需知道第二阶段结束后飞镖和靶盘的共同速度即可。第二阶段显然在水平方向上动量守恒,故而需知道碰撞前的飞镖速度。最后考虑第一阶段为斜抛运动,飞镖恰好到达路径的最高点时击中靶盘,则此时飞镖速度只有水平分量(竖直分速度为零),即为初始速度的水平分量值.第(2)问的摆动时间显然为单摆周期的一半,而周期只需由公式 $T = 2\pi\sqrt{\dfrac{l}{g}}$ 求得即可.第(3)问根据单摆的简谐振动方程,须知其最大摆角、角频率和初相位,最大摆角已在第(1)问求得,角频率 $\omega = \sqrt{\dfrac{g}{l}}$,初相位可由初始条件根据旋转矢量表示法求得.

解 (1)飞镖与靶盘碰撞时的速度即飞镖初速度的水平分量为 $v_{0x} = v_0\cos\alpha$,飞镖与靶盘碰撞时在水平方向上动量守恒,可得

$$m_{镖} v_0\cos\alpha = (m_{镖} + m_{靶})v \tag{1}$$

飞镖与靶盘上摆时机械能守恒,可得

$$\frac{1}{2}(m_{镖} + m_{靶})v^2 = (m_{镖} + m_{靶})gh \tag{2}$$

其中,上摆高度

$$h = l(1 - \cos\theta_{max}) \tag{3}$$

联立方程(1)、(2)、(3)可得 $\cos\theta_{max} = 1 - \dfrac{\left(\dfrac{m_{镖} v_0\cos\alpha}{m_{镖} + m_{靶}}\right)^2}{2gl}$,即可解得

$$\theta_{max} \approx 0.090\ 2 \ \mathrm{rad} \approx 5.17°$$

(2)根据分析,所需时间为

$$t = \frac{T}{2} = \pi\sqrt{\frac{l}{g}} \approx 1.1 \ \mathrm{s}$$

（3）单摆角频率 $\omega = \sqrt{\dfrac{g}{l}} \approx 2.86 \text{ s}^{-1}$，由 $t=0$ 时，$\theta = 0°$ 且向正方向运动可得振动初相位为 $\varphi = -\dfrac{\pi}{2}$，则单摆的简谐振动方程为

$$\theta = \theta_{\max}\cos(\omega t + \varphi) = 0.090\,2\cos\left(2.86t - \frac{\pi}{2}\right)$$

*5-17 一飞轮质量为 12 kg，内缘半径 $r = 0.6$ m，如图所示。为了测定其对质心轴的转动惯量，现让其绕内缘刃口摆动，在摆角较小时，测得周期为 2.0 s，试求其绕质心轴的转动惯量。

分析 飞轮的运动相当于一个以刃口为转轴的复摆运动，复摆的振动周期为 $T = 2\pi\sqrt{\dfrac{J}{mgl_c}}$，因此，只要知道复摆振动的周期和转轴到质心的距离 l_c，其以刃口为转轴的转动惯量即可求得。再根据平行轴定理，可求出其绕质心轴的转动惯量。

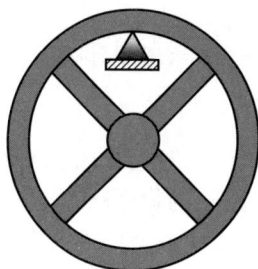

习题 5-17 图

解 由复摆振动周期 $T = 2\pi\sqrt{\dfrac{J}{mgl_c}}$，可得 $J = \dfrac{mgrT^2}{4\pi^2}$（这里 $l_c \approx r$）。则由平行轴定理得

$$J_0 = J - mr^2 = \frac{mgrT^2}{4\pi^2} - mr^2 = 2.83 \text{ kg·m}^2$$

5-18 如图（a）所示，质量为 1.00×10^{-2} kg 的子弹，以 500 m·s^{-1} 的速度射入并嵌在木块中，同时使轻弹簧压缩从而开始作简谐振动。设木块的质量为 4.99 kg，轻弹簧的弹性系数为 8.00×10^3 N·m^{-1}。若以弹簧原长时物体所在处为坐标原点，向左为 x 轴正方向，求简谐振动方程。

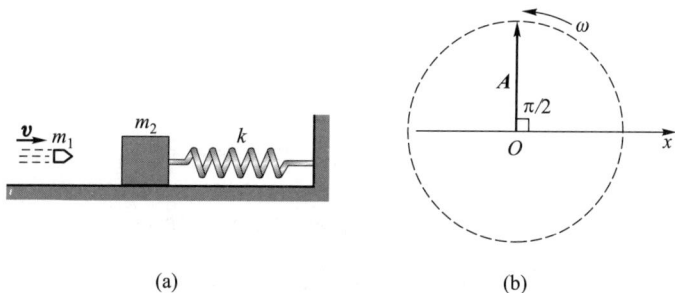

（a）

（b）

习题 5-18 图

分析 可分为两个过程讨论。首先是子弹射入木块的过程，在此过程中，子弹和木块组成的系统满足动量守恒，因而可以确定它们共同运动的初速度 $\boldsymbol{v}_0$，即振动的初速度。随后的过程是以子弹和木块为弹簧振子作简谐振动。它的角频率由振子质量 $m_1 + m_2$ 和轻弹簧的弹性系数 k 确定，振幅和初相可根据初始条件（初速度 $\boldsymbol{v}_0$ 和初位移 x_0）求得。初相位仍可用旋转矢量法求。

解 振动系统的角频率为

$$\omega = \sqrt{\frac{k}{m_1 + m_2}} = 40 \text{ rad·s}^{-1}$$

由动量守恒定律得振动的初始速度,即子弹和木块的共同运动初速度的值 v_0 为

$$v_0 = \frac{m_1 v}{m_1 + m_2} = 1.0 \text{ m} \cdot \text{s}^{-1}$$

又因初始位移 $x_0 = 0$,则振动系统的振幅为

$$A = \sqrt{x_0^2 + \left(\frac{v_0}{\omega}\right)^2} = \left|\frac{v_0}{\omega}\right| = 2.5 \times 10^{-2} \text{ m}$$

图(b)给出了弹簧振子的旋转矢量图,从图中可知初相位 $\varphi_0 = \dfrac{\pi}{2}$,则简谐振动方程为

$$x = 2.5 \times 10^{-2} \cos(40t + 0.5\pi) \text{ (m)}$$

5-19 如图(a)所示,一弹性系数为 k 的轻弹簧,其下挂有一质量为 m_1 的空盘.现有一质量为 m_2 的物体从盘上方高为 h 处自由落入盘中,并和盘粘在一起振动.问:(1)此时的振动周期与空盘作振动的周期有何不同?(2)此时的振幅为多大?

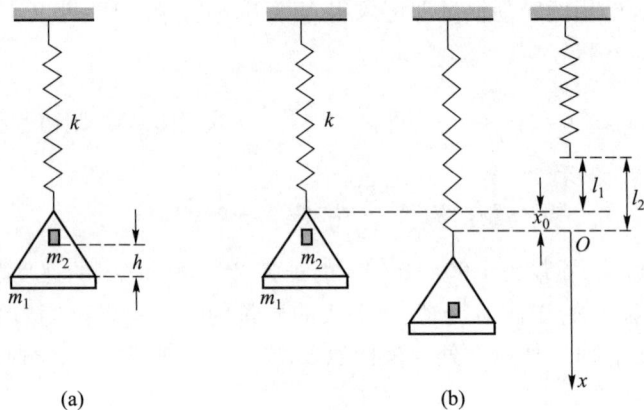

习题 5-19 图

分析 原有空盘振动系统由于下落物体的加入,振子质量由 m_1 变为 $m_1 + m_2$,因此新系统的角频率(或周期)要改变.由于 $A = \sqrt{x_0^2 + \left(\dfrac{v_0}{\omega}\right)^2}$,因此,确定初始速度 v_0 和初始位移 x_0 是求解振幅 A 的关键.物体落到盘中,与盘作完全非弹性碰撞,由动量守恒定律可确定盘与物体的共同初速度 v_0,这也是该振动系统的初始速度.在确定初始时刻的位移 x_0 时,应注意新振动系统的平衡位置应是盘和物体悬挂在轻弹簧上的平衡位置.因此,本题中初始位移 x_0,也就是空盘时的平衡位置相对新系统的平衡位置的位移.

解 (1)空盘时和物体落入盘中后的振动周期分别为

$$T = \frac{2\pi}{\omega} = 2\pi \sqrt{\frac{m_1}{k}}$$

$$T' = \frac{2\pi}{\omega'} = 2\pi \sqrt{\frac{m_1 + m_2}{k}}$$

可见 $T' > T$,即振动周期变大了.

（2）如图(b)所示,取新系统的平衡位置为坐标原点 O.则根据分析中所述,初始位移为空盘时的平衡位置相对粘上物体后新系统平衡位置的位移,即

$$x_0 = l_1 - l_2 = \frac{m_1 g}{k} - \frac{m_1 + m_2}{k} g = -\frac{m_2 g}{k}$$

式中 $l_1 = \frac{m_1 g}{k}$ 为空盘静止时轻弹簧的伸长量,$l_2 = \frac{m_1 + m_2}{k} g$ 为物体粘在盘上后,静止时轻弹簧的伸长量.由动量守恒定律可得振动系统的初始速度,即盘与物体相碰后的速度为

$$v_0 = \frac{m_2}{m_1 + m_2} v = \frac{m_2}{m_1 + m_2} \sqrt{2gh}$$

式中 $v = \sqrt{2gh}$ 是物体由 h 高下落至盘时的速度.故系统振动的振幅为

$$A = \sqrt{x_0^2 + \left(\frac{v_0}{\omega'}\right)^2} = \frac{m_2 g}{k} \sqrt{1 + \frac{2kh}{(m_1 + m_2)g}}$$

本题也可用机械能守恒定律求振幅 A.

5-20 质量为 0.10 kg 的物体,以振幅 1.0×10^{-2} m 作简谐振动,其最大加速度为 4.0 m·s^{-2}.(1)求振动的周期;(2)求物体通过平衡位置时的总能量与动能;(3)物体在何处时其动能和势能相等?(4)当物体的位移大小为振幅的一半时,动能、势能各占总能量的多少?

分析 在简谐振动过程中,物体的最大加速度 $a_{max} = A\omega^2$,由此可确定振动的周期 T.另外,在简谐振动过程中机械能是守恒的,其中动能和势能互相交替转化,其总能量为 $\frac{1}{2}kA^2$.当动能与势能相等时,$E_k = E_p = \frac{1}{4}kA^2$.因而可求解本题.

解 （1）由分析可得振动周期

$$T = \frac{2\pi}{\omega} = 2\pi \sqrt{\frac{A}{a_{max}}} = 0.314 \text{ s}$$

（2）当物体处于平衡位置时,系统的势能为零,由机械能守恒可得系统的动能等于总能量,即

$$E_k = E = \frac{1}{2}mA^2\omega^2 = \frac{1}{2}mAa_{max}$$

$$= 2.0 \times 10^{-3} \text{ J}$$

（3）设振子在位移 x_0 处动能与势能相等,则有

$$\frac{1}{2}kx_0^2 = \frac{1}{4}kA^2$$

得

$$x_0 = \pm\frac{\sqrt{2}}{2}A = \pm 7.07 \times 10^{-3} \text{ m}$$

（4）物体位移的大小为振幅的一半$\left(\text{即 } x = \frac{A}{2}\right)$时的势能为

$$E_p = \frac{1}{2}kx^2 = \frac{1}{2}k\left(\frac{A}{2}\right)^2 = \frac{E}{4}$$

则动能为

$$E_k = E - E_p = \frac{3E}{4}$$

5-21 一弹性系数 $k = 312 \ \text{N} \cdot \text{m}^{-1}$ 的轻弹簧,一端固定,另一端连接一质量 $m_0 = 0.3 \ \text{kg}$ 的物体,放在光滑的水平面上,上面放一质量为 $m = 0.2 \ \text{kg}$ 的物体,两物体间的最大静摩擦因数 $\mu = 0.5$.求两物体间无相对滑动时,系统振动的最大能量.

分析 简谐振动系统的振动能量为 $E = E_k + E_p = \frac{1}{2}kA^2$.因此只要求出两物体间无相对滑动的条件下,该系统的最大振幅 A_{max},即可求出系统振动的最大能量.因为两物体间无相对滑动,故可将它们视为一个整体,则根据简谐振动频率公式可得其振动角频率为 $\omega = \sqrt{\dfrac{k}{m_0+m}}$.然后以物体 m 为研究对象,它和 m_0 一起作简谐振动所需的回复力是由两物体间静摩擦力来提供的.而其运动中所需最大静摩擦力应对应其运动中具有最大加速度时,即 $\mu mg = ma_{max} = m\omega^2 A_{max}$,由此可求出 A_{max}.

解 根据分析,振动的角频率为

$$\omega = \sqrt{\frac{k}{m_0+m}}$$

由 $\mu mg = ma_{max} = m\omega^2 A_{max}$ 得

$$A_{max} = \frac{\mu g}{\omega^2} = \frac{(m_0+m)\mu g}{k}$$

则最大能量为

$$E_{max} = \frac{1}{2}kA_{max}^2 = \frac{1}{2}k\left[\frac{(m_0+m)\mu g}{k}\right]^2$$

$$= \frac{(m_0+m)^2\mu^2 g^2}{2k} = 9.62\times10^{-3} \ \text{J}$$

5-22 已知两个同方向同频率的简谐振动的振动方程分别为 $x_1 = 0.05\cos(10t+0.75\pi)$;$x_2 = 0.06\cos(10t+0.25\pi)$(SI 单位).(1) 求合振动的振幅及初相;(2) 若有另一同方向同频率的简谐振动 $x_3 = 0.07\cos(10t+\varphi_3)$(SI 单位),则 φ_3 为多少时,x_1+x_3 的振幅最大?又 φ_3 为多少时,x_2+x_3 的振幅最小?

分析 可采用解析法或旋转矢量法求解.由旋转矢量合成可知,两个同方向、同频率简谐振动的合成仍为一简谐振动,其角频率不变;合振动的振幅 $A = \sqrt{A_1^2+A_2^2+2A_1A_2\cos(\varphi_2-\varphi_1)}$,其大小与两个分振动的初相差 $(\varphi_2-\varphi_1)$ 相关.而合振动的初相位为

$$\varphi = \arctan\frac{A_1\sin\varphi_1+A_2\sin\varphi_2}{A_1\cos\varphi_1+A_2\cos\varphi_2}$$

解 (1) 作两个简谐振动合成的旋转矢量图(如图所示).因为 $\Delta\varphi = \varphi_2-\varphi_1 = -\pi/2$,故合振动

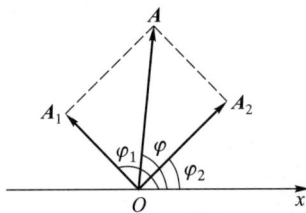

习题 5-22 图

的振幅为

$$A = \sqrt{A_1^2 + A_2^2 + 2A_1A_2\cos\left(-\frac{\pi}{2}\right)} = 7.8 \times 10^{-2} \text{ m}$$

合振动的初相位为

$$\varphi = \arctan\frac{A_1\sin\varphi_1 + A_2\sin\varphi_2}{A_1\cos\varphi_1 + A_2\cos\varphi_2} = \arctan 11 = 1.48$$

（2）要使 $x_1 + x_3$ 振幅最大，即两振动同相，则由 $\Delta\varphi = 2k\pi$ 得

$$\varphi_3 = \varphi_1 + 2k\pi = 2k\pi + 0.75\pi, \quad k = 0, \pm 1, \pm 2, \cdots$$

要使 $x_2 + x_3$ 的振幅最小，即两振动反相，则由 $\Delta\varphi = (2k+1)\pi$ 得

$$\varphi_3 = \varphi_2 + (2k+1)\pi = 2k\pi + 1.25\pi, \quad k = 0, \pm 1, \pm 2, \cdots$$

5-23 两个同频率简谐振动 1 和 2 的振动曲线如图（a）所示.（1）求两个简谐振动的振动方程 x_1 和 x_2;（2）在同一图中画出两个简谐振动的旋转矢量，并比较两个振动的相位关系;（3）若两个简谐振动叠加，求合振动的振动方程.

分析 振动图已给出了两个简谐振动的振幅和周期，因此只要利用图中所给初始条件，由旋转矢量法或解析法求出初相位，便可得两个简谐振动的方程.

解 （1）由振动曲线可知，$A = 0.1$ m，$T = 2$ s，则 $\omega = \frac{2\pi}{T} = \pi$ rad·s^{-1}.曲线 1 表示质点初始时刻在 $x = 0$ 处且向 x 轴正方向运动，因此 $\varphi_1 = -\frac{\pi}{2}$;曲线 2 表示质点初始时刻在 $x = \frac{A}{2}$ 处且向 x 轴负方向运动，因此 $\varphi_2 = \frac{\pi}{3}$.它们的旋转矢量图如图（b）所示.则两振动的振动方程分别为

$$x_1 = 0.1\cos\left(\pi t - \frac{\pi}{2}\right) \ (\text{m}) \quad \text{和} \quad x_2 = 0.1\cos\left(\pi t + \frac{\pi}{3}\right) \ (\text{m})$$

（2）由图（b）可知振动 2 超前振动 1 的相位为 $\frac{5\pi}{6}$.

（3）
$$x = x_1 + x_2 = A'\cos(\omega t + \varphi)$$

其中
$$A' = \sqrt{A_1^2 + A_2^2 + 2A_1A_2\cos(\varphi_2 - \varphi_1)} = 0.052 \text{ m}$$

$$\varphi = \arctan\frac{A_1\sin\varphi_1 + A_2\sin\varphi_2}{A_1\cos\varphi_1 + A_2\cos\varphi_2} = \arctan(-0.268) = -\frac{\pi}{12}$$

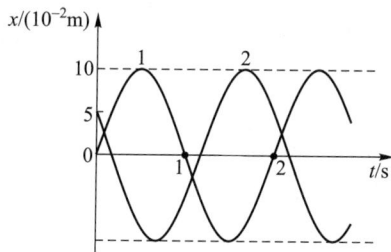

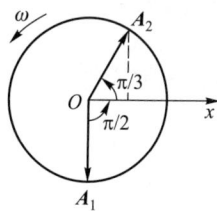

（a） （b）

习题 5-23 图

则合振动的方程为

$$x = 0.052\cos\left(\pi t - \frac{\pi}{12}\right) \ (\text{m})$$

*5-24 将频率为 348 Hz 的标准音叉振动和一待测频率的音叉振动合成,测得拍频为 3.0 Hz. 若在待测频率音叉的一端加上一小块物体,则拍频将减小,求待测音叉的固有频率.

分析 这是利用拍现象来测定振动频率的一种方法.在频率 ν_1 和拍频数 $\Delta\nu = |\nu_2 - \nu_1|$ 已知的情况下,待测频率 ν_2 可取两个值,即 $\nu_2 = \nu_1 \pm \Delta\nu$.式中 $\Delta\nu$ 前正、负号的选取应根据待测音叉系统质量改变时,拍频数变化的情况来决定.

解 根据分析可知,待测频率的可能值为

$$\nu_2 = \nu_1 \pm \Delta\nu = (348 \pm 3) \ \text{Hz}$$

因振动系统的固有频率 $\nu = \frac{1}{2\pi}\sqrt{\frac{k}{m}}$,即质量 m 增加时,频率 ν 减小.从题意知,当待测音叉质量增加时,拍频减少,即 $|\nu_2 - \nu_1|$ 变小.因此,在满足 ν_2 与 $\Delta\nu$ 均变小的情况下,式中只能取正号,故待测频率为

$$\nu_2 = \nu_1 + \Delta\nu = 351 \ \text{Hz}$$

*5-25 测量一系统阻尼系数的装置简图如图所示,将一质量为 m 的物体挂在轻弹簧上,在空气中测得振动的频率为 ν_1,物体置于液体中后测得的频率为 ν_2,求此系统的阻尼系数.

分析 在阻尼不太大的情况下,阻尼振动的角频率 ω 与无阻尼时系统的固有角频率 ω_0 及阻尼系数 δ 有关系式 $\omega = \sqrt{\omega_0^2 - \delta^2}$.因此根据题中测得的 ν_1 和 ν_2(即已知 ω_0、ω),就可求出 δ.

解 物体在空气和液体中的角频率为 $\omega_0 = 2\pi\nu_1$ 和 $\omega = 2\pi\nu_2$,得阻尼系数为

$$\delta = \sqrt{\omega_0^2 - \omega^2} = 2\pi\sqrt{\nu_1^2 - \nu_2^2}$$

习题 5-25 图

*5-26 在铁轨上行驶的火车,每次经过铁轨连接处即受到一次振动,引起车厢在消振弹簧上振动.设弹簧的弹性系数为 $k = 3.90 \times 10^6 \ \text{N} \cdot \text{m}^{-1}$,所承受的车厢负载为 $3.44 \times 10^4 \ \text{kg}$,系统的阻尼系数 $\delta = 2.5 \ \text{s}^{-1}$,每段铁轨长为 12.5 m. 问火车速度多大时振动最强烈?

分析 本题是一个共振问题.火车车厢每次在连接处受到的振动,可以看成是对车厢外加周期性驱动力作用,其 $\omega_r = 2\pi/T = 2\pi\dfrac{v}{L}$,而车厢的固有频率 $\omega_0 = \sqrt{\dfrac{k}{m}}$.当系统满足共振条件时,即当 $\omega_r = \sqrt{\omega_0^2 - 2\delta^2}$ 时振动最强烈,由此可求出 v.

解 由分析知

$$\omega_r = 2\pi\frac{v}{L} = \sqrt{\omega_0^2 - 2\delta^2}$$

得

$$v = \frac{L}{2\pi}\sqrt{\omega_0^2 - 2\delta^2}$$

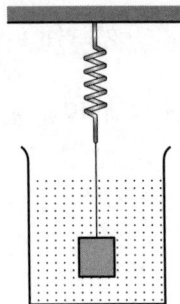

式中 $L=12.5$ m，$\omega_0 = \sqrt{\dfrac{k}{m}} = 10.65$ s^{-1}，$\delta = 2.5$ s^{-1}，解得

$$v = 20.0 \text{ m} \cdot \text{s}^{-1}$$

为了使旅客受到的振动较小，工程设计人员一般要通过设计消振系统中 k 与 δ 的值，尽量避免火车在常规速度下出现共振.

第六章　机　械　波

6-1　图(a)表示 $t=0$ 时的简谐波的波形图，波沿 Ox 轴正方向传播，图(b)为一质元的振动曲线.则图(a)中所表示的 $x=0$ 处质元振动的初相位与图(b)所表示的振动的初相位分别为(　　).

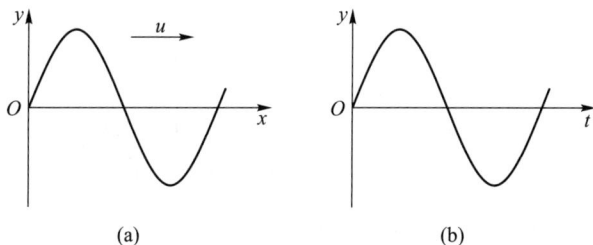

习题 6-1 图

（A）均为零　　　　　　（B）均为 $\dfrac{\pi}{2}$　　　　　　（C）均为 $-\dfrac{\pi}{2}$

（D）$\dfrac{\pi}{2}$ 与 $-\dfrac{\pi}{2}$　　　　（E）$-\dfrac{\pi}{2}$ 与 $\dfrac{\pi}{2}$

分析与解　本题给了两个很相似的曲线图，但本质却完全不同.求解本题要弄清振动图和波形图不同的物理意义.图(a)描述的是连续介质中沿波线上许多质元振动在 t 时刻的位移状态.其中原点处质元位移为零，其运动方向由图中波形状态和波的传播方向可以知道是沿 y 轴负方向，利用旋转矢量法可以方便地求出该质元振动的初相位为 $\dfrac{\pi}{2}$.而图(b)是一个质元的振动曲线图，该质元在 $t=0$ 时位移为 0，$t>0$ 时，由曲线形状可知，质点向 y 轴正方向运动，故由旋转矢量法可判知初相位为 $-\dfrac{\pi}{2}$.正确答案为(D).

6-2　一横波以速度 u 沿 Ox 轴负方向传播，t 时刻波形曲线如图(a)所示，则该时刻(　　).
（A）点 A 相位为 π　　　　　　　　　（B）点 B 静止不动
（C）点 C 相位为 $\dfrac{3\pi}{2}$　　　　　　　　（D）点 D 向上运动

分析与解　由波形曲线可知，波沿 Ox 轴负方向传播，B、D 处质元均向 y 轴负方向运动，且 B

处质元处在运动速度最快的位置.因此答案(B)和(D)不对.A 处质元位于正最大位移处,C 处质元位于平衡位置且向 y 轴正方向运动,它们的旋转矢量图如图(b)所示.点 A、C 的相位分别为 0 和 $\dfrac{3\pi}{2}$.故答案为(C).

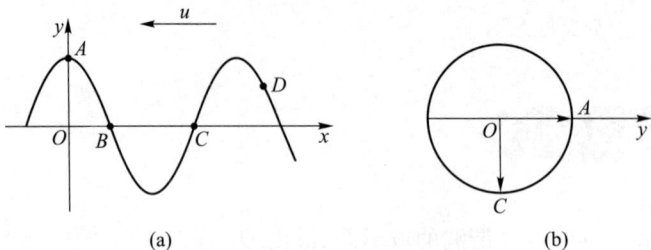

习题 6-2 图

6-3 一平面简谐波的表达式为 $y=0.03\cos\left[6\pi(t+0.01x)+\dfrac{\pi}{3}\right]$ (SI 单位),则( ).

(A) 其振幅为 3 m

(B) 其周期为 $\dfrac{1}{3}$ s

(C) 其波速为 10 m·s^{-1}

(D) 波沿 Ox 轴正方向传播

分析与解 已知波动方程(又称波函数),求波动的特征量(波速 u、周期 T、振幅 A、波长 λ 及初相 φ 等),可以采用比较法.将已知的波函数按波函数的一般形式 $y=A\cos\left[\omega\left(t\mp\dfrac{x}{u}\right)+\varphi_0\right]=A\cos\left[2\pi\left(\dfrac{t}{T}\mp\dfrac{x}{\lambda}\right)+\varphi_0\right]$ 书写,然后通过比较系数法求出相应波动物理量(式中 $\dfrac{x}{u}$ 前的"−"与"+"的选取分别对应波沿 Ox 轴正方向和负方向运动).为此,将题给波函数写为

$$y=0.03\cos\left[6\pi\left(t+\dfrac{x}{100}\right)+\dfrac{\pi}{3}\right]=0.03\cos\left[2\pi\left(\dfrac{t}{1/3}+\dfrac{x}{100/3}\right)+\dfrac{\pi}{3}\right]$$,则通过与波函数的一般形式比较可知,波沿 Ox 轴负方向运动,振幅为 0.03 m,周期为 $\dfrac{1}{3}$ s,波速是 100 m·s^{-1},波长为 $\dfrac{100}{3}$ m,初相位为 $\dfrac{\pi}{3}$.可见正确答案为(B).

6-4 如图所示,两列波长为 λ 的相干波在点 P 相遇.波在点 S_1 振动的初相位是 φ_1,点 S_1 到点 P 的距离是 r_1.波在点 S_2 振动的初相位是 φ_2,点 S_2 到点 P 的距离是 r_2,以 k 代表零或正、负整数,则在点 P 处是干涉极大的条件为( ).

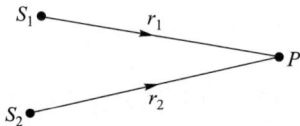

习题 6-4 图

(A) $r_2-r_1=k\pi$

(B) $\varphi_2-\varphi_1=2k\pi$

(C) $\varphi_2-\varphi_1+2\pi(r_2-r_1)/\lambda=2k\pi$

(D) $\varphi_2-\varphi_1+2\pi(r_1-r_2)/\lambda=2k\pi$

分析与解 在点 P 处是干涉极大的条件为两分振动的相位差 $\Delta\varphi=2k\pi$,而两列波传到点 P

时的两分振动相位差为 $\Delta\varphi=\varphi_2-\varphi_1-2\pi(r_2-r_1)/\lambda$,故选项(D)正确.

*6-5 一频率为 ν 的弦线驻波中,相邻两波腹之间的距离为 l,则该弦线中的波速为( ).

(A) $l\nu$ (B) $2l\nu$ (C) $3l\nu$ (D) $4l\nu$

分析与解 驻波方程为 $y=2A\cos2\pi\dfrac{x}{\lambda}\cos2\pi\nu t$,它不是真正的波.其中 $\left|2A\cos2\pi\dfrac{x}{\lambda}\right|$ 是其波线上各点振动的振幅.显然,当 $x=\pm k\dfrac{\lambda}{2}$,$k=0,1,2,\cdots$ 时,振幅最大,称为驻波的波腹.因此,相邻波腹间距为 $\dfrac{\lambda}{2}$,由题意可知波长 $\lambda=2l$,则所求波速为 $u=\lambda\nu=2l\nu$.故答案为(B).

*6-6 蝙蝠在洞穴中飞来飞去,能非常有效地用超声波脉冲导航.假如蝙蝠发出的超声波频率为 39 kHz,当它以 $\dfrac{1}{40}$ 的声速朝着表面平直的岩壁飞去时,它收到的从岩壁反射回来的超声波频率为( ).

(A) 39 kHz   (B) 40 kHz   (C) 41 kHz   (D) 37.1 kHz

分析与解 由题意可知,蝙蝠既是声波的发出者,又是波的接收者.设超声波的传播速度为 u.首先,蝙蝠是声源,发出信号频率为 ν,运动速度为 $v_s=\dfrac{u}{40}$,岩壁是接收者,利用多普勒效应公式,即可求得岩壁接收到的信号频率 $\nu'=\dfrac{u\nu}{u-v_s}$.经岩壁反射后频率不变,即岩壁发射信号频率为 ν',这时蝙蝠是波的接收者,其运动速度为 $v_0=\dfrac{u}{40}$,再次利用多普勒效应公式,求得蝙蝠接收到的信号频率

$$\nu''=\frac{u+v_0}{u}\nu'=\frac{u+v_0}{u-v_s}\nu=\frac{1+v_0/u}{1-v_s/u}\nu=\frac{1+1/40}{1-1/40}\cdot 39 \text{ kHz}=41 \text{ kHz}$$

因而正确答案为(C).

6-7 一横波在沿绳子传播时的波动方程为 $y=0.20\cos(2.50\pi t-\pi x)$(SI 单位).(1) 求波的振幅、波速、频率及波长;(2) 求绳上的质元振动时的最大速度;(3) 分别画出 $t=1$ s 和 $t=2$ s 时的波形,并指出波峰和波谷.画出 $x=1.0$ m 处质元的振动曲线,并讨论其与波形图的不同.

分析 (1)已知波动方程(又称波函数)求波动的特征量(波速 u、频率 ν、振幅 A 及波长 λ 等),通常采用比较法.将已知的波函数按波函数的一般形式 $y=A\cos\left[\omega\left(t\mp\dfrac{x}{u}\right)+\varphi_0\right]$ 书写,然后通过比较确定各特征量$\left(\text{式中}\dfrac{x}{u}\text{前"-""+"的选取分别对应波沿}x\text{轴正方向和负方向传播}\right)$.比较法思路清晰、求解简便,是一种常用的解题方法.(2)讨论波动问题,要理解振动物理量与波动物理量之间的内在联系与区别.例如区分质元的振动速度与波速的不同,振动速度是质元的运动速度,即 $v=\dfrac{\mathrm{d}y}{\mathrm{d}t}$;而波速是波线上质元运动状态的传播速度(也称相位的传播速度、波形的传播速度或能量的传播速度),其大小由介质的性质决定.介质不变,波速保持恒定.(3)将不同时刻的 t 值代入已知波函数,便可以得到不同时刻的波形方程 $y=y(x)$,从而作出波形图.而将确定的 x 值代

入波函数,便可以得到该位置处质元的振动方程 $y = y(t)$,从而作出振动图.

解 (1)将已知波函数表示为

$$y = 0.20\cos\left[2.5\pi\left(t - \frac{x}{2.5}\right)\right] \quad (m)$$

与一般表达式 $y = A\cos\left[\omega\left(t - \frac{x}{u}\right) + \varphi_0\right]$ 比较,可得

$$A = 0.20 \text{ m}, \quad u = 2.5 \text{ m·s}^{-1}, \quad \varphi_0 = 0$$

则

$$\nu = \frac{\omega}{2\pi} = 1.25 \text{ Hz}, \quad \lambda = u/\nu = 2.0 \text{ m}$$

(2)绳上质点的振动速度为

$$v = \frac{dy}{dt} = -0.5\pi\sin\left[2.5\pi\left(t - \frac{x}{2.5}\right)\right] \quad (m·s^{-1})$$

则

$$v_{max} = 1.57 \text{ m·s}^{-1}$$

(3) $t = 1$ s 和 $t = 2$ s 时的波形方程分别为

$$y_1 = 0.20\cos(2.5\pi - \pi x) \quad (m)$$
$$y_2 = 0.20\cos(5\pi - \pi x) \quad (m)$$

波形图如图(a)所示.

$x = 1.0$ m 处质元的振动方程为

$$y = -0.20\cos 2.5\pi t \quad (m)$$

振动图线如图(b)所示.

波形图与振动图虽在图形上相似,但却有着本质的区别.前者表示某确定时刻波线上所有质元的位移情况,而后者则表示某确定位置的一个质元,其位移随时间变化的情况.

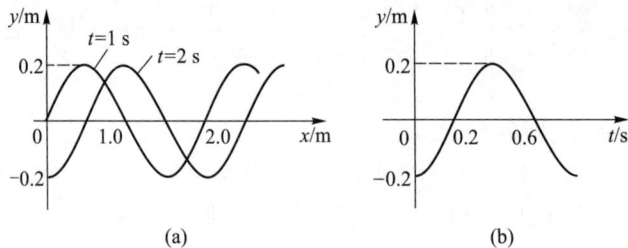

习题 6-7 图

6-8 一波源作简谐振动,其振动方程为 $y = 4.0 \times 10^{-3}\cos 240\pi t$(SI 单位),它所形成的波以 30 m·s^{-1} 的速度沿一直线传播.(1)求波的周期及波长;(2)写出波函数.

分析 已知波源振动方程求波动物理量及波动方程,可先将振动方程与其一般形式 $y = A\cos(\omega t + \varphi_0)$ 进行比较,求出振幅 A、角频率 ω 及初相 φ_0,而这三个物理量与波函数的一般形式 $y = A\cos\left[\omega\left(t - \frac{x}{u}\right) + \varphi_0\right]$ 中相应的三个物理量是相同的.再利用题中已知的波速 u 及公式 $\omega = 2\pi\nu = \frac{2\pi}{T}$ 和 $\lambda = uT$ 即可求解.

解 (1)由已知的振动方程可知,质元振动的角频率 $\omega = 240\pi$ rad·s^{-1}.根据分析中所述,波

的周期就是振动的周期,故有

$$T = \frac{2\pi}{\omega} = 8.33 \times 10^{-3} \text{ s}$$

波长为

$$\lambda = uT = 0.25 \text{ m}$$

（2）将已知的波源振动方程与简谐振动方程的一般形式比较后可得

$$A = 4.0 \times 10^{-3} \text{ m}, \quad \omega = 240\pi \text{ rad} \cdot \text{s}^{-1}, \quad \varphi_0 = 0$$

故以波源为原点,沿 x 轴正方向传播的波的波函数为

$$y = A\cos\left[\omega\left(t - \frac{x}{u}\right) + \varphi_0\right]$$
$$= 4.0 \times 10^{-3}\cos(240\pi t - 8\pi x) \text{ （m）}$$

6-9 一波源作简谐振动,其周期为 0.02 s,该振动以 100 m·s^{-1} 的速度沿一直线传播.设 $t = 0$ 时,波源处的质元经平衡位置向正方向运动,求:(1) 距波源分别为 15.0 m 和 5.0 m 的两质元的振动方程和初相位;(2) 距波源分别为 16.0 m 和 17.0 m 的两质元间的相位差.

分析 ① 根据题意先设法写出波函数,然后代入确定点处的坐标,即得到质元的振动方程,并可求得振动的初相位.② 波的传播也可以看成是相位的传播.由波长 λ 的物理含义,可知波线上任意两点间的相位差为 $\Delta\varphi = \dfrac{2\pi\Delta x}{\lambda}$.

解 （1）由题给条件 $T = 0.02$ s,$u = 100$ m·s^{-1},可得

$$\omega = \frac{2\pi}{T} = 100\pi \text{ rad} \cdot \text{s}^{-1}, \quad \lambda = uT = 2 \text{ m}$$

当 $t = 0$ 时,波源质元经平衡位置向正方向运动,因而由旋转矢量法可得该质元的初相位为 $\varphi_0 = -\dfrac{\pi}{2}\left(\text{或}\dfrac{3\pi}{2}\right)$.若以波源为坐标原点,则波函数为

$$y = A\cos\left[100\pi\left(t - \frac{x}{100}\right) - \frac{\pi}{2}\right]$$

距波源为 $x_1 = 15.0$ m 和 $x_2 = 5.0$ m 处质元的振动方程分别为

$$y_1 = A\cos(100\pi t - 15.5\pi)$$
$$y_2 = A\cos(100\pi t - 5.5\pi)$$

它们的初相位分别为 $\varphi_{10} = -15.5\pi$ 和 $\varphi_{20} = -5.5\pi$（若波源初相位取 $\varphi_0 = \dfrac{3\pi}{2}$,则初相位 $\varphi_{10} = -13.5\pi$,$\varphi_{20} = -3.5\pi$.）

（2）距波源分别为 16.0 m 和 17.0 m 的两质元间的相位差为

$$\Delta\varphi = \varphi_1 - \varphi_2 = \frac{2\pi(x_2 - x_1)}{\lambda} = \pi$$

6-10 如图所示,一平面简谐波在介质中以波速 $u = 20$ m·s^{-1} 沿 x 轴负方向传播.已知点 A 的振动方程为 $y = 3 \times 10^{-2}\cos(4\pi t + \pi)$（SI 单位）.(1) 以点 A 为坐标原点写出波函数;(2) 以距点 A 为 5 m 处的点 B 为坐标原点,写出波函数.

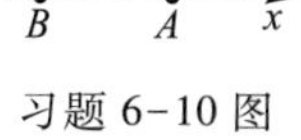

习题 6-10 图

分析 波动方程的一般表达式为 $y=A\cos\left[\omega\left(t\mp\dfrac{x}{u}\right)+\varphi\right]$，波线上所有点都作相同的简谐振动，只是初相位不同已.因此，只要知道波线上任一点的振动方程，上式中的 A 和 ω 就已知.题中又给出了波速 u，故本题中要求的波函数，其关键是求 A、B 两点所在处质元振动的初相位.而点 A 初相位由点 A 的振动方程已给出为 $\varphi_A=\pi$.为了求点 B 的振动初相位，常用两种方法.方法一：在以点 A 为坐标原点求出波函数后，将点 B 所在位置 $x=-5$ m 代入即可求出点 B 质元的振动方程，也就求出了初相位 φ_B.方法二：由图可知波沿 x 轴负方向传播，显然点 B 的振动要滞后点 A 一个相位 $\Delta\varphi=\dfrac{\Delta x}{\lambda}2\pi=\dfrac{\omega\Delta x}{u}$，这里 Δx 为 A、B 间距离.由此可得点 B 振动初相位为 $\varphi_B=\varphi_A+\Delta\varphi$
$=\varphi_A+\dfrac{\omega\Delta x}{u}$.

解 （1）由点 A 的振动方程 $y=3\times10^{-2}\cos(4\pi t+\pi)$（m）可知
$A=3\times10^{-2}$ m，$\omega=4\pi$ rad·s^{-1}，$\varphi_A=\pi$.又知波速 $u=20$ m·s^{-1}，且波沿 x 轴负方向传播，代入波函数可得

$$y=3\times10^{-2}\cos\left[4\pi\left(t+\frac{x}{20}\right)+\pi\right]\ (\text{m})$$

（2）将 $x=-5$ m 代入上列波函数得点 B 的振动方程为
$$y_B=3\times10^{-2}\cos(4\pi t+2\pi)=3\times10^{-2}\cos4\pi t\,(\text{m})$$

可见以点 B 为原点，波函数中的初相位 $\varphi_0=0$.故波函数为
$$y=3\times10^{-2}\cos\left[4\pi\left(t+\frac{x}{20}\right)\right]\ (\text{m})$$

6-11 图示为一平面简谐波在 $t=0$ 时刻的波形图，设此简谐波的频率为 250 Hz，且此时图中点 P 的运动方向向上.求：（1）该波的波函数；（2）距原点 7.5 m 处质元的振动方程与 $t=0$ 时刻该质元的振动速度.

分析 （1）从波形曲线图获取波的特征量，从而写出波函数是建立波函数的又一途径.具体步骤为：① 从波形图得出波长 λ、振幅 A 和波速 $u=\lambda\nu$；② 根据点 P 的运动趋势来判断波的传播方向，从而可确定原点处质元的运动趋向，并利用旋转矢量法确定其初相 φ_0.（2）在波函数确定后，即可得到波线上距原点 O 为 x 处的振动方程 $y=y(t)$，及该质元的振动速度 $v=\dfrac{\mathrm{d}y}{\mathrm{d}t}$.

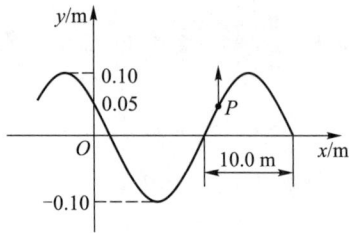

习题 6-11 图

解 （1）从图中得知，波的振幅 $A=0.10$ m，波长 $\lambda=20.0$ m，则波速 $u=\lambda\nu=5.0\times10^{3}$ m·s^{-1}.根据 $t=0$ 时点 P 向上运动，可知波沿 Ox 轴负方向传播，并判定此时位于原点处的质元将沿 Oy 轴负方向运动.利用旋转矢量法可得其初相位 $\varphi_0=\dfrac{\pi}{3}$.故波函数为

$$y=A\cos\left[\omega\left(t+\frac{x}{u}\right)+\varphi_0\right]$$
$$=0.10\cos\left[500\pi\left(t+\frac{x}{5\,000}\right)+\frac{\pi}{3}\right]\ (\text{m})$$

（2）距原点 O 为 $x=7.5$ m 处质元的振动方程为

$$y=0.10\cos\left(500\pi t+\frac{13\pi}{12}\right)\ (\text{m})$$

$t=0$ 时刻该质元的振动速度为

$$v=\frac{\mathrm{d}y}{\mathrm{d}t}\bigg|_{t=0}=-50\pi\sin\frac{13\pi}{12}=40.6\ \text{m}\cdot\text{s}^{-1}$$

6-12 如图所示为一平面简谐波在 $t=0$ 时刻的波形图,此简谐波以速度 $u=0.08$ m·s^{-1} 沿 x 轴正方向传播.求:(1)该波的波函数;(2)点 P 处质元的振动方程.

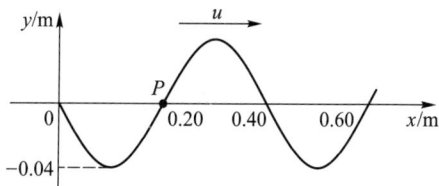

分析 （1）根据波形图可得到波的波长 λ、振幅 A 和波速 u,因此只要求初相位 φ,即可写出波函数.而由图可知 $t=0$ 时,$x=0$ 处质元在平衡位置处,且由波的传播方向可以判断出该质元向 y 轴正方向运动,利用旋转矢量法可知 $\varphi=-\dfrac{\pi}{2}$.（2）波函数确定后,将点 P 处质元的坐标 x 代入波函数即可求出其振动方程 $y_P=y_P(t)$.

解 （1）由图可知振幅 $A=0.04$ m,波长 $\lambda=0.40$ m,波速 $u=0.08$ m·s^{-1},则 $\omega=\dfrac{2\pi}{T}=\dfrac{2\pi u}{\lambda}=\dfrac{2\pi}{5}$ rad·s^{-1},根据分析已知 $\varphi=-\dfrac{\pi}{2}$,因此波函数为

$$y=0.04\cos\left[\frac{2\pi}{5}\left(t-\frac{x}{0.08}\right)-\frac{\pi}{2}\right]\ (\text{m})$$

（2）距原点为 $x=0.20$ m 的点 P 处质元的振动方程为

$$y=0.04\cos\left(\frac{2\pi}{5}t+\frac{\pi}{2}\right)\ (\text{m})$$

6-13 一平面简谐波的波长为 12 m,沿 x 轴负方向传播.图(a)所示为 $x=1.0$ m 处质元的振动曲线,求该波的波函数.

分析 该题可利用振动曲线来获取波动的特征量,从而建立波函数.求解的关键是如何根据图(a)写出它所对应的振动方程.较简便的方法是旋转矢量法.

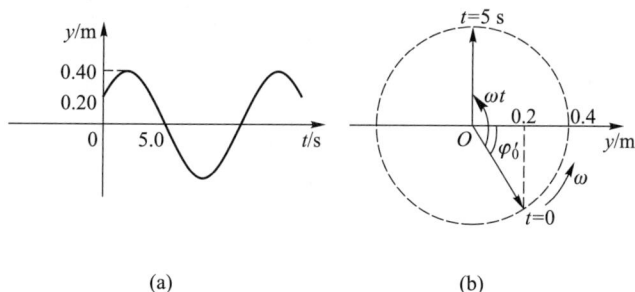

(a)   (b)

习题 6-13 图

解 由图(a)可知质点振动的振幅 $A = 0.40$ m，$t = 0$ 时位于 $x = 1.0$ m 处的质元在 $\dfrac{A}{2}$ 处并向 Oy

轴正方向移动．据此作出相应的旋转矢量图(b)，从图中可知 $\varphi_0' = -\dfrac{\pi}{3}$．又由图(a)可知，$t = 5$ s 时，

质元第一次回到平衡位置，由图(b)可看出 $\omega t = \dfrac{5\pi}{6}$，因而得角频率 $\omega = \dfrac{\pi}{6}$ rad·s^{-1}．由上述特征量

可写出 $x = 1.0$ m 处质元的振动方程为

$$y = 0.40\cos\left(\dfrac{\pi}{6}t - \dfrac{\pi}{3}\right) \quad (\text{m})$$

将波速 $u = \dfrac{\lambda}{T} = \dfrac{\omega\lambda}{2\pi} = 1.0$ m·s^{-1} 及 $x = 1.0$ m 代入波函数的一般形式 $y = A\cos\left[\omega\left(t + \dfrac{x}{u}\right) + \varphi_0\right]$ 中，并与

上述 $x = 1.0$ m 处的振动方程比较，可得 $\varphi_0 = -\dfrac{\pi}{2}$，则波函数为

$$y = 0.40\cos\left[\dfrac{\pi}{6}\left(t + \dfrac{x}{1.0}\right) - \dfrac{\pi}{2}\right] \quad (\text{m})$$

6-14 一平面简谐波的波函数为 $y = 0.08\cos(4\pi t - 2\pi x)$（SI 单位），求：（1）$t = 2.1$ s 时波源
及距波源 0.10 m 两处的相位；（2）距波源 0.80 m 及 0.30 m 两处的相位差．

解 （1）将 $t = 2.1$ s 和 $x = 0$ 代入题给波动方程，可得波源处的相位为

$$\varphi_1 = 8.4\pi$$

将 $t = 2.1$ s 和 $x' = 0.10$ m 代入题给波动方程，得 0.10 m 处的相位为

$$\varphi_2 = 8.2\pi$$

（2）从波函数可知波长 $\lambda = 1.0$ m．这样，$x_1 = 0.80$ m 与 $x_2 = 0.30$ m 两点间的相位差为

$$\Delta\varphi = 2\pi\dfrac{\Delta x}{\lambda} = \pi$$

6-15 为了保持波源的振动不变，振动需要消耗 4.0 W 的功率．若波源发出的是球面波（设
介质不吸收波的能量），求距离波源 5.0 m 和 10.0 m 处的能流密度．

分析 波的传播伴随着能量的传播．由于波源在单位时间内提供的能量恒定，且介质不吸收
能量，故对于球面波而言，单位时间内通过任意半径的球面的能量（即平均能流）相同，都等于波
源消耗的功率 $\bar{P}$．而在同一个球面上各处的能流密度相同，因此，可求出不同位置的能流密度
$I = \dfrac{\bar{P}}{S}$．

解 由分析可知，半径 r 处的能流密度为

$$I = \dfrac{\bar{P}}{4\pi r^2}$$

当 $r_1 = 5.0$ m，$r_2 = 10.0$ m 时，分别有

$$I_1 = \dfrac{\bar{P}}{4\pi r_1^2} = 1.27 \times 10^{-2} \ \text{W·m}^{-2}$$

$$I_2 = \dfrac{\bar{P}}{4\pi r_2^2} = 3.18 \times 10^{-3} \ \text{W·m}^{-2}$$

6-16 两相干波波源位于同一介质中的 A、B 两点,如图(a)所示,其振幅相等、频率皆为 100 Hz,点 B 比点 A 的相位超前 π.若 A、B 两点相距 30.0 m,波速为 400 m·s^{-1},试求 A、B 连线上因干涉而静止的各点的位置.

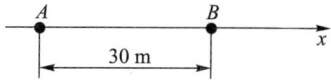

(a)

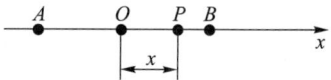

(b)

习题 6-16 图

分析 两列相干波相遇时的相位差 $\Delta\varphi = \varphi_2 - \varphi_1 - \dfrac{2\pi\Delta r}{\lambda}$.因此,两列振幅相同的相干波因干涉而静止的点的位置,可根据相消条件 $\Delta\varphi = (2k+1)\pi$ 获得.

解 以 A、B 两点的中点 O 为原点,取坐标系如图(b)所示.两波的波长均为 $\lambda = \dfrac{u}{\nu} = 4.0$ m.在 A、B 连线上可分三个部分进行讨论.

(1)位于点 A 左侧部分

$$\Delta\varphi = \varphi_B - \varphi_A - \frac{2\pi(r_B - r_A)}{\lambda} = -14\pi$$

因该范围内两列波相位差恒为 2π 的整数倍,故干涉后质点振动处处加强,没有静止的点.

(2)位于点 B 右侧部分

$$\Delta\varphi = \varphi_B - \varphi_A - \frac{2\pi(r_B - r_A)}{\lambda} = 16\pi$$

显然该范围内质点振动也都是加强,无干涉静止的点.

(3)在 A、B 两点的连线间,设任意一点 P 距原点为 x.因 $r_B = 15 - x$,$r_A = 15 + x$,则两列波在点 P 的相位差为

$$\Delta\varphi = \varphi_B - \varphi_A - \frac{2\pi(r_B - r_A)}{\lambda} = (x+1)\pi$$

根据分析中所述,干涉静止的点应满足方程

$$(x+1)\pi = (2k+1)\pi$$

得 $\qquad\qquad\qquad x = 2k$ m $\quad (k = 0, \pm 1, \pm 2, \cdots)$

因 $x \leqslant 15$ m,故 $k \leqslant 7$.即在 A、B 之间的连线上共有 15 个静止点.

6-17 图(a)是干涉型消声器的结构原理图,利用这一结构可以消除噪声.当发动机排气噪声声波经管道到达点 A 时,分成两路后在点 B 相遇,声波因干涉而相消.如果要消除频率为 300 Hz 的发动机排气噪声,则图中弯管与直管的长度差 $\Delta r = r_2 - r_1$ 至少应为多少?(设声速为 340 m·s^{-1}.)

分析 一列声波被分成两束后再相遇,将形成波的干涉现象.由干涉相消条件可确定所需的波程差,即两管的长度差 Δr.

解 由分析可知,声波从点 A 分开到点 B 相遇,两列波的波程差 $\Delta r = r_2 - r_1$,故它们的相位差为

$$\Delta\varphi = \frac{2\pi(r_2 - r_1)}{\lambda} = \frac{2\pi\Delta r}{\lambda}$$

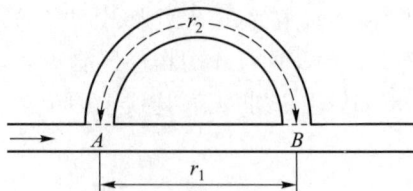

(a)

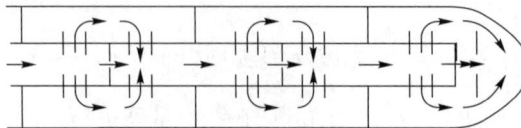

(b)

习题 6-17 图

由相消静止条件 $\Delta\varphi=(2k+1)\pi(k=0,\pm1,\pm2,\cdots)$ 得

$$\Delta r=(2k+1)\frac{\lambda}{2}$$

根据题中要求令 $k=0$ 得 Δr 至少应为

$$\Delta r=\frac{\lambda}{2}=\frac{u}{2\nu}=0.57 \text{ m}$$

讨论 在实际应用中,由于噪声是由多种频率的声波混合而成,因而常将具有不同 Δr 的消声单元串接起来以增加消除噪声的能力.图(b)为安装在摩托车排气系统中的干涉消声器的结构原理图.

*6-18 人的外耳道的平均长度约为 2.5 cm,如果我们把外耳道当作一个一端开放,而另一端(鼓膜)封闭的空直管,试估算人的听觉最敏感的基频.(设空气中的声速 $u=340 \text{ m}\cdot\text{s}^{-1}$.)

分析 波进入耳道中,入射波和反射波形成驻波,波长为 λ.由于鼓膜是波节,入口处是开放端为波腹,则在长度为 L 的耳道中有 $L=n\cdot\frac{\lambda}{2}+\frac{\lambda}{4}(n=0,1,2,\cdots)$.由此可求出驻波波长的可能值,驻波波长也是入射波的波长,则由 $\nu=\frac{u}{\lambda}$ 可求出相应入射波的频率.

解 由分析可知,耳道中入射波的频率为

$$\nu=\frac{u}{\lambda}=\frac{(2n+1)u}{4L} \quad (基频即 n=0 的 \nu 值)$$

$$\nu=\frac{u}{4L}=\frac{340}{4\times2.5\times10^{-2}}\text{Hz}=3\ 400 \text{ Hz}$$

*6-19 如图所示,原点 O 处有一振动方程为 $y=A\cos\omega t$ 的平面波波源,产生的波沿 Ox 轴正、负方向传播.MN 为波密介质的反射面,距波源 $\frac{3}{4}\lambda$.求:(1)波源所发射的波向左、向右传播的波

函数;(2)在 MN 处反射波的波函数;(3)在 $O—MN$ 区域内形成的驻波的波函数,以及波节和波腹的位置;(4) $x>0$ 区域内合成波的波函数.

分析 知道波源 O 点的振动方程 $y=A\cos\omega t$,可以写出波沿 x 轴负方向和正方向传播的方程分别为 $y_1=A\cos\omega\left(t+\dfrac{x}{u}\right)$ 和 $y_2=A\cos\omega\left(t-\dfrac{x}{u}\right)$.因此可以写出 y_1 在 MN 反射面上点 P 的振动方程.设反射波为 y_3,它和 y_1 应是同振动方向、同振幅、同频率的波,但是由于半波损失,它在点 P 引起的振动和 y_1 在点 P 引起的振动反相.利用 y_1 在点 P 的振动方程可求 y_3 在点 P 的振动方程,从而写出反射波 y_3.在 $O—MN$ 区域由 y_1 和 y_3 两列同频率、同振动方向、同振幅沿相反方向传播的波合成形成驻波.在 $x>0$ 区域是同传播方向的 y_2 和 y_3 合成的新行波.

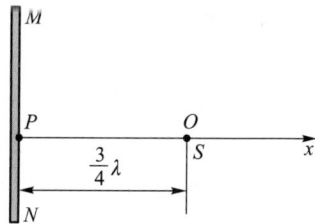

习题 6-19 图

解 (1)由分析已知:向左和向右传播的波函数分别为

$$y_1=A\cos\omega\left(t+\frac{x}{u}\right) \text{和} y_2=A\cos\omega\left(t-\frac{x}{u}\right)$$

(2) y_1 在反射面 MN 处引起点 P 振动的振动方程为

$$y_{1P}=A\cos\left[\frac{2\pi}{T}t+\frac{2\pi}{\lambda}\left(-\frac{3}{4}\lambda\right)\right]=A\cos\left(\frac{2\pi}{T}t-\frac{3}{2}\pi\right)$$

因半波损失反射波 y_3 在此处引起的振动为

$$y_{3P}=A\cos\left(\frac{2\pi}{T}t-\frac{3}{2}\pi+\pi\right)=A\cos\left(\frac{2\pi}{T}t-\frac{1}{2}\pi\right)$$

设反射波的波函数为 $y_3=A\cos\left(\dfrac{2\pi}{T}t-\dfrac{2\pi}{\lambda}x+\varphi\right)$,则反射波在 $x=-\dfrac{3}{4}\lambda$ 处引起的振动为

$$y_{3P}=A\cos\left(\frac{2\pi}{T}t+\frac{3}{2}\pi+\varphi\right)$$

与上式比较得 $\varphi=-2\pi$,故反射波的波函数为

$$y_3=A\cos\left(\frac{2\pi}{T}t-\frac{2\pi}{\lambda}x-2\pi\right)=A\cos\left(\frac{2\pi}{T}t-\frac{2\pi}{\lambda}x\right)$$

(3)在 $O—MN$ 区域,由 y_1 和 y_3 合成的驻波 y_4 为

$$y_4(t,x)=y_1+y_3=A\cos\left(\frac{2\pi}{T}t+\frac{2\pi}{\lambda}x\right)+A\cos\left(\frac{2\pi}{T}t-\frac{2\pi}{\lambda}x\right)$$

$$=2A\cos\left(\frac{2\pi}{\lambda}x\right)\cos\left(\frac{2\pi}{T}t\right)$$

波节的位置: $\dfrac{2\pi}{\lambda}x=k\pi+\dfrac{\pi}{2}$, $x=\dfrac{k}{2}\lambda+\dfrac{\lambda}{4}$,取 $k=-1,-2$,即 $x=-\dfrac{\lambda}{4}$, $-\dfrac{3}{4}\lambda$ 处为波节.

波腹的位置: $\dfrac{2\pi}{\lambda}x=k\pi$, $x=\dfrac{k}{2}\lambda$,取 $k=0,-1$,即 $x=0$, $-\dfrac{\lambda}{2}$ 处为波腹.

(4)在 $x>0$ 区域,由 y_2 和 y_3 合成的波 y_5 为

$$y_5(t,x) = y_2 + y_3 = A\cos\left(\frac{2\pi}{T}t - \frac{2\pi}{\lambda}x\right) + A\cos\left(\frac{2\pi}{T}t - \frac{2\pi}{\lambda}x\right) = 2A\cos\left(\frac{2\pi}{T}t - \frac{2\pi}{\lambda}x\right)$$

这表明:$x>0$ 区域内的合成波是振幅为 $2A$ 的平面简谐波.

*6-20 如图(a)所示,将一块石英晶体相对的两面镀银作电极,它就成为压电晶体,当两极间加上频率为 ν 的交变电压后,晶片就沿厚度方向产生频率为 ν 的驻波.因电极的两面是自由的,故而成为波腹.晶片厚度 $d = 2.0$ mm,沿厚度方向的声速 $u = 6.74 \times 10^3$ m·s^{-1},若要激发晶片发生基频振动,则外加电压的频率应是多少?

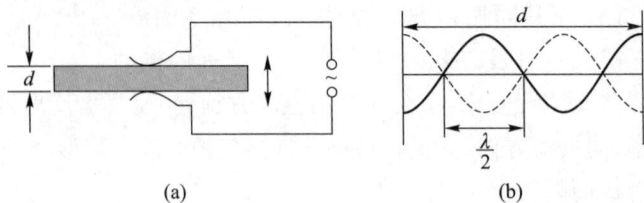

习题 6-20 图

分析 根据限定区域内驻波形成条件[如图(b)所示],当晶片的上下两面是自由的而成为波腹时,其厚度与波长有关系式 $d = \frac{k}{2}\lambda_k$ 成立,k 为正整数.可见取不同的 k 值,得到不同的 λ_k,晶片内就出现不同频率 ν_k 的波.对应 $k=1$ 称为基频,$k=2,3,4,\cdots$ 称为各次谐频.

解 根据分析基频振动要求 $d = \frac{\lambda}{2}$,于是要求频率

$$\nu = \frac{u}{\lambda} = \frac{u}{2d} = 1.685 \times 10^6 \text{ Hz}$$

6-21 一平面简谐波的频率为 500 Hz,在空气($\rho = 1.3$ kg·m^{-3})中以 $u = 340$ m·s^{-1} 的速度传播,到达人耳时振幅约为 $A = 1.0 \times 10^{-6}$ m.试求简谐波在人耳中的平均能量密度和声强.

解 简谐波在人耳中的平均能量密度为

$$\bar{w} = \frac{1}{2}\rho A^2 \omega^2 = 2\pi^2 \rho A^2 \nu^2 = 6.41 \times 10^{-6} \text{ J·m}^{-3}$$

声强就是声波的能流密度,即

$$I = u\bar{w} = 2.18 \times 10^{-3} \text{ W·m}^{-2}$$

这个声强略大于繁忙街道上的噪声,人耳已感到不适.一般情况下,正常谈话的声强约为 1.0×10^{-6} W·m^{-2}.

*6-22 面积为 1.0 m^2 的窗户开向街道,街道中的噪声在窗口的声强级为 80 dB.问有多少"声功率"传入窗内?

分析 首先要理解声强、声强级、声功率的物理意义,并了解它们之间的相互关系.声强是声波的能流密度 I,而声强级 L 是描述介质中不同声波强弱的物理量.它们之间的关系为 $L = \lg\dfrac{I}{I_0}$,其中 $I_0 = 1.0 \times 10^{-12}$ W·m^{-2} 为规定声强.L 的单位是贝尔(B),但常用的单位是分贝(dB),且 1 B = 10 dB.声功率是单位时间内声波通过某面积传递的能量,由于窗户上各处的 I 相同,故有 $\bar{P} = IS$.

解 根据分析,由 $L=\lg\dfrac{I}{I_0}$ 可得声强为

$$I=10^L I_0$$

则传入窗户的声功率为

$$\overline{P}=IS=10^L I_0 S=1.0\times10^{-4}\ \text{W}$$

*6-23 一警车以 25 m·s^{-1} 的速度在静止的空气中行驶,假设车上警笛的频率为 $\nu=800$ Hz. (1) 求静止站在路边的人听到的警车驶近和离去时警笛的频率;(2) 若警车追赶一辆速度为 15 m·s^{-1} 的客车,则客车上的人听到的警笛的频率是多少?(设空气中的声速为 $u=330$ m·s^{-1}.)

分析 由于声源与观察者之间的相对运动而产生声多普勒效应,由多普勒频率公式可解得结果.在处理这类问题时,不仅要分清观察者相对介质(空气)是静止还是运动,同时也要分清声源的运动状态.

解 (1) 根据多普勒频率公式,当声源(警车)以速度 $v_s=25$ m·s^{-1} 运动时,静止于路边的观察者所接收到的频率为

$$\nu'=\nu\,\frac{u}{u\mp v_s}$$

警车驶近观察者时,式中 v_s 前取"−"号,故有

$$\nu_1'=\nu\,\frac{u}{u-v_s}=865.6\ \text{Hz}$$

警车驶离观察者时,式中 v_s 前取"+"号,故有

$$\nu_2'=\nu\,\frac{u}{u+v_s}=743.7\ \text{Hz}$$

(2) 客车的速度为 $v_0=15$ m·s^{-1},声源(警车)与客车上的观察者作同向运动时,观察者收到的频率为

$$\nu_3'=\nu\,\frac{u-v_0}{u-v_s}=826.2\ \text{Hz}$$

*6-24 超声波孕检主要是用来检查孕妇体内胎儿的成长是否正常.与孕妇腹部紧贴的超声波探头发出频率为 2.0×10^6 Hz 的声波,其在人体内传播的速率约为 1.5×10^3 m·s^{-1}.假定婴儿的心室壁在作简谐振动,其振幅为 1.8 mm,振动频率为每分钟 115 次,求被婴儿的心室壁反射回来的超声波的最大和最小频率.

分析 超声波传到心室壁被反射回来的频率变化,是由于心室壁在运动引起的多普勒效应现象.当心室壁某时刻以运动速率为 v 远离超声波源时,心室壁收到频率为 $\nu=\dfrac{u-v}{u}\nu_0$.再将心室壁看成超声波反射波的波源,则反射回来的超声波频率为 $\nu_{反}=\dfrac{u-v}{u+v}\nu_0\geqslant\dfrac{u-v_{max}}{u+v_{max}}\nu_0$,式中 v_{max} 为心室壁运动的最大振动速度,且 $v_{max}=A\cdot2\pi\nu_{振}$.另一方面,如果心室壁以速率 v 向着超声波探头方向运动,则由多普勒效应同理可得 $\nu_{反}=\dfrac{u+v}{u-v}\nu_0\leqslant\dfrac{u+v_{max}}{u-v_{max}}\nu_0$.

解 根据分析,心室壁的最大振动速度为

$$v_{\max} = A \cdot 2\pi\nu_{振} = 1.8 \times 10^{-3} \times 2\pi \times \frac{115}{60} \text{ m} \cdot \text{s}^{-1} = 0.021\ 67 \text{ m} \cdot \text{s}^{-1}$$

则

$$\nu_{反} \geqslant \frac{u - v_{\max}}{u + v_{\max}}\nu_0 = \frac{1\ 500 - 0.021\ 67}{1\ 500 + 0.021\ 67} \times 2.0 \times 10^6 \text{ Hz} = 1.999\ 94 \times 10^6 \text{ Hz}$$

$$\nu_{反} \leqslant \frac{u + v_{\max}}{u - v_{\max}}\nu_0 = \frac{1\ 500 + 0.021\ 67}{1\ 500 - 0.021\ 67} \times 2.0 \times 10^6 \text{ Hz} = 2.000\ 06 \times 10^6 \text{ Hz}$$

即反射回来的最大频率和最小频率分别为 $2.000\ 06 \times 10^6$ Hz 和 $1.999\ 94 \times 10^6$ Hz.

第三篇

气体动理论和热力学基础

求解气体动理论和热力学问题的基本思路和方法

热学包含气体动理论和热力学基础两部分.气体动理论从物质的微观结构出发,运用统计方法研究气体的热现象,通过寻求宏观量与微观量之间的关系,阐明气体的一些宏观性质和规律.而热力学基础是从宏观角度通过实验现象研究热运动规律.在求解这两章习题时要注意它们处理问题方法的差异.气体动理论主要研究对象是理想气体,求解这部分习题主要围绕以下三个方面:① 理想气体物态方程和能量均分定理的应用;② 麦克斯韦速率分布律的应用;③ 有关分子碰撞平均自由程和平均碰撞频率的应用.热力学基础方面的习题则是围绕第一定律对理想气体的四个特殊过程(三个等值过程和一个绝热过程)和循环过程的应用,以及计算热力学过程的熵变,并用熵增加定理判别过程的方向.

1. 近似计算的应用

一般气体在温度不太低、压强不太大时,可近似当作理想气体,故理想气体也是一个理想模型.气体动理论是以理想气体为模型建立起来的,因此,气体动理论所述的定律、定理和公式只能在一定条件下使用.我们在求解气体动理论中有关问题时必须明确这一点.然而,这种从理想模型得出的结果在理论和实践上是有意义的.例如理想气体的内能公式以及由此得出的理想气体的摩尔定容热容 $C_{V,m} = \dfrac{i}{2}R$ 和摩尔定压热容 $C_{p,m} = \dfrac{i+2}{2}R$ 都是近似公式,它们与在通常温度下的实验值相差不大,因此,除了在低温情况下以外,它们还都是可以使用的.在实际工作时如果要求精度较高,摩尔定容热容和摩尔定压热容应采用实验值.本书习题中有少数题给出了在某种条件下 $C_{V,m}$ 和 $C_{p,m}$ 的实验值就是这个道理.如习题中不给出实验值,可以采用近似的理论公式计算.

2. 热力学第一定律解题过程及注意事项

热力学第一定律 $Q = W + \Delta E$,其中功 $W = \displaystyle\int_{V_1}^{V_2} p\,\mathrm{d}V$,内能增量 $\Delta E = \nu\dfrac{i}{2}R\Delta T$.本章习题主要是热力学第一定律对理想气体的四个特殊过程(等容、等压、等温、绝

热)以及由它们组成的循环过程的应用.解题的主要过程:① 明确研究对象是什么气体(单原子还是双原子)、气体的质量或物质的量是多少.② 弄清系统经历的是些什么过程,并掌握这些过程的特征.③ 画出各过程相应的p-V图.应当知道准确作出热力学过程的p-V图,可以给出一个比较清晰的物理图像.④ 根据各过程的方程和物态方程确定各状态的参量,由各过程的特点和热力学第一定律就可计算出理想气体在各过程中的功、内能增量和吸放热了.在计算中要注意 Q 和 W 的正、负取法.

3. 关于内能的计算

理想气体的内能是温度的单值函数,是状态量,与过程无关,而功和热量是过程量,在两个确定的初、末状态之间经历不同的过程,功和热量一般是不一样的,但内能的变化是相同的,且均等于 $\Delta E = \nu C_{V,m}(T_2 - T_1)$.因此,对理想气体来说,不论其经历什么过程都可用上述公式计算内能的增量.同样,我们在计算某一系统熵变的时候,由于熵是状态量,所以无论在初、末状态之间系统经历了什么过程,初、末两个状态间的熵变是相同的.所以,要计算初、末两状态之间经历的不可逆过程的熵变,就可通过计算两状态之间可逆过程熵变来求得.

4. 麦克斯韦速率分布律的应用和分子碰撞的有关讨论

深刻理解麦克斯韦速率分布律的物理意义,掌握速率分布函数 $f(v)$ 和三种统计速率公式及物理意义是求解这部分习题的关键.三种速率分别为最概然速率 $v_p = \sqrt{\dfrac{2RT}{M}}$,平均速率 $\bar{v} = \sqrt{\dfrac{8RT}{\pi M}}$,方均根速率 $\sqrt{\overline{v^2}} = \sqrt{\dfrac{3RT}{M}}$.注意它们的共同点是都正比于 $\sqrt{\dfrac{T}{M}}$,而在物理意义上和用途上又有区别.v_p 用于讨论分子速率分布图;$\bar{v}$ 用于讨论分子的碰撞;$\sqrt{\overline{v^2}}$ 用于讨论分子的平均平动动能.解题中只要抓住这些特点就比较方便.

根据教学基本要求,有关分子碰撞内容的习题求解比较简单,往往只要记住平均碰撞频率公式 $\bar{Z} = \sqrt{2}\pi d^2 n\bar{v}$ 和平均自由程公式 $\bar{\lambda} = \dfrac{\bar{v}}{\bar{Z}} = \dfrac{1}{\sqrt{2}\pi d^2 n}$,甚至只要知道 $\bar{Z} \propto \bar{v}n$,$\bar{\lambda} \propto \dfrac{1}{n}$ 及 $\bar{v} \propto \sqrt{\dfrac{T}{M}}$ 这种比值关系就可求解许多有关习题.

第七章 气体动理论

7-1 处于平衡状态的一瓶氦气和一瓶氮气的分子数密度相同,其分子的平均平动动能也相同,则它们的(   ).

（A）温度、压强均不相同

（B）温度相同,但氦气的压强大于氮气的压强

（C）温度、压强都相同

（D）温度相同,但氦气的压强小于氮气的压强

分析与解　理想气体分子的平均平动动能 $\bar{\varepsilon}_k = \dfrac{3}{2}kT$,仅与温度有关.因此当氦气和氮气的平均平动动能相同时,其温度也相同.又由物态方程 $p = nkT$,当两者分子数密度 n 相同时,它们的压强也相同.故选（C）.

7-2　三个容器 A、B、C 中装有同种理想气体,其分子数密度 n 相同,而分子的方均根速率之比为 $(\overline{v_A^2})^{1/2} : (\overline{v_B^2})^{1/2} : (\overline{v_C^2})^{1/2} = 1 : 2 : 4$,则其压强之比 $p_A : p_B : p_C$ 为(   ).

（A）$1:2:4$　　　（B）$1:4:8$　　　（C）$1:4:16$　　　（D）$4:2:1$

分析与解　分子的方均根速率为 $\sqrt{\overline{v^2}} = \sqrt{\dfrac{3RT}{M}}$,因此对同种理想气体有 $\sqrt{\overline{v_A^2}} : \sqrt{\overline{v_B^2}} : \sqrt{\overline{v_C^2}} = \sqrt{T_1} : \sqrt{T_2} : \sqrt{T_3}$,又由物态方程 $p = nkT$,当三个容器中分子数密度 n 相同时,得 $p_1 : p_2 : p_3 = T_1 : T_2 : T_3 = 1 : 4 : 16$.故选（C）.

7-3　两瓶温度、压强、体积均相同的氦气和氧气(视为刚性双原子分子气体),其分子平均平动动能 $\bar{\varepsilon}_k$ 和系统内能 E 有如下关系:(   ).

（A）$\bar{\varepsilon}_k$ 与 E 都相同

（B）$\bar{\varepsilon}_k$ 相同,而 E 不相同

（C）E 相同,而 $\bar{\varepsilon}_k$ 不相同

（D）$\bar{\varepsilon}_k$ 与 E 都不相同

分析与解　题给条件是两种气体的 p、V、T 相同,则由理想气体的物态方程 $pV = \dfrac{m}{M}RT$ 可知,它们的物质的量 $\dfrac{m}{M}$ 相同.而分子平均平动动能公式为 $\bar{\varepsilon}_k = \dfrac{3}{2}kT$,系统内能为 $E = \dfrac{m}{M}\dfrac{i}{2}RT$.由于氦气和氧气的自由度 i 不同,故它们的 $\bar{\varepsilon}_k$ 相同,而 E 不相同,故选（B）.

7-4　在一个体积不变的容器中,贮有一定量的某种理想气体,温度为 T_0 时,气体分子的平均速率为 $\bar{v}_0$,平均碰撞频率为 $\bar{Z}_0$,平均自由程为 $\bar{\lambda}_0$.当气体温度升高为 $4T_0$ 时,气体分子的平均速率 $\bar{v}$、平均碰撞频率 $\bar{Z}$ 和平均自由程 $\bar{\lambda}$ 分别为(   ).

（A）$\bar{v} = 4\bar{v}_0$,$\bar{Z} = 4\bar{Z}_0$,$\bar{\lambda} = 4\bar{\lambda}_0$　　　　（B）$\bar{v} = 2\bar{v}_0$,$\bar{Z} = 2\bar{Z}_0$,$\bar{\lambda} = \bar{\lambda}_0$

（C）$\bar{v} = 2\bar{v}_0$,$\bar{Z} = 2\bar{Z}_0$,$\bar{\lambda} = 4\bar{\lambda}_0$　　　　（D）$\bar{v} = 4\bar{v}_0$,$\bar{Z} = 2\bar{Z}_0$,$\bar{\lambda} = \bar{\lambda}_0$

分析与解　理想气体分子的平均速率 $\bar{v} = \sqrt{\dfrac{8RT}{\pi M}}$,温度由 T_0 升至 $4T_0$,则平均速率变为 $2\bar{v}_0$;

又平均碰撞频率 $\bar{Z}=\sqrt{2}\pi d^2 n\bar{v}$，由于容器体积不变，即分子数密度 n 不变，则平均碰撞频率变为 $2\bar{Z}_0$；而平均自由程 $\bar{\lambda}=\dfrac{1}{\sqrt{2}\pi d^2 n}$，$n$ 不变，则 $\bar{\lambda}$ 也不变.因此正确答案为（B）.

7-5 图示两条曲线分别表示在相同温度下氧气和氢气分子的速率分布曲线.如果 $(v_{\mathrm{p}})_{\mathrm{O}_2}$ 和 $(v_{\mathrm{p}})_{\mathrm{H}_2}$ 分别表示氧气和氢气的最概然速率,则（　　）.

（A）图中 a 表示氧气分子的速率分布曲线且 $\dfrac{(v_{\mathrm{p}})_{\mathrm{O}_2}}{(v_{\mathrm{p}})_{\mathrm{H}_2}}=4$

（B）图中 a 表示氧气分子的速率分布曲线且 $\dfrac{(v_{\mathrm{p}})_{\mathrm{O}_2}}{(v_{\mathrm{p}})_{\mathrm{H}_2}}=\dfrac{1}{4}$

（C）图中 b 表示氧气分子的速率分布曲线且 $\dfrac{(v_{\mathrm{p}})_{\mathrm{O}_2}}{(v_{\mathrm{p}})_{\mathrm{H}_2}}=\dfrac{1}{4}$

（D）图中 b 表示氧气分子的速率分布曲线且 $\dfrac{(v_{\mathrm{p}})_{\mathrm{O}_2}}{(v_{\mathrm{p}})_{\mathrm{H}_2}}=4$

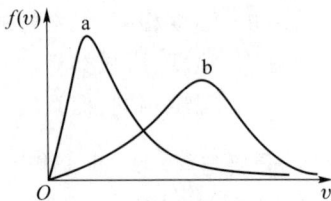

习题 7-5 图

分析与解　由 $v_{\mathrm{p}}=\sqrt{\dfrac{2RT}{M}}$ 可知,在相同温度下,由于不同气体的摩尔质量不同,它们的最概然速率 v_{p} 也就不同.因 $M_{\mathrm{H}_2}<M_{\mathrm{O}_2}$,故氧气比氢气的 v_{p} 要小,由此可判定图中曲线 a 应是对应于氧气分子的速率分布曲线.又因 $\dfrac{M_{\mathrm{H}_2}}{M_{\mathrm{O}_2}}=\dfrac{1}{16}$,所以 $\dfrac{(v_{\mathrm{p}})_{\mathrm{O}_2}}{(v_{\mathrm{p}})_{\mathrm{H}_2}}=\sqrt{\dfrac{M_{\mathrm{H}_2}}{M_{\mathrm{O}_2}}}=\dfrac{1}{4}$.故选（B）.

7-6　在湖面下 50.0 m 深处（温度为 4.0 ℃）,有一个体积为 $1.0\times10^{-5}\ \mathrm{m}^3$ 的空气泡升到湖面上来.若湖面的温度为 17.0 ℃,求气泡到达湖面时的体积.（取大气压强为 $p_0=1.013\times10^5\ \mathrm{Pa}$.）

分析　将气泡内气体看成一定量的理想气体,它位于湖底和上升至湖面代表两个不同的平衡状态.利用理想气体物态方程即可求解本题.位于湖底时,气泡内的压强可用公式 $p=p_0+\rho g h$ 求出,其中 ρ 为水的密度（常取 $\rho=1.0\times10^3\ \mathrm{kg\cdot m}^{-3}$）.

解　设气泡在湖底和湖面的状态参量分别为 (p_1,V_1,T_1) 和 (p_2,V_2,T_2).由分析知湖底处压强为 $p_1=p_2+\rho g h=p_0+\rho g h$,利用理想气体的物态方程

$$\frac{p_1 V_1}{T_1}=\frac{p_2 V_2}{T_2}$$

可得空气泡到达湖面的体积为

$$V_2=\frac{p_1 T_2 V_1}{p_2 T_1}=\frac{(p_0+\rho g h)T_2 V_1}{p_0 T_1}=6.11\times10^{-5}\,\mathrm{m}^3$$

7-7　潟湖星云是由氢分子组成的星云,其温度高达 7 500 K,但每立方米中的氢分子数仅为 8.0×10^7 个左右.求潟湖星云内部的压强,并与实验室中常见的真空状态的压强（比如 $10^{-10}\,\mathrm{Pa}$）进行比较.

分析　将星云看成理想气体,则可由理想气体的物态方程 $p=nkT$ 求解.

解　由分析可知,星云内部的压强为

$$p = nkT = 8.0 \times 10^7 \times 1.38 \times 10^{-23} \times 7\,500 \text{ Pa} = 8.3 \times 10^{-12} \text{ Pa}$$

比实验室常见的真空状态的压强 10^{-10} Pa 更低.

7-8 一容器内贮有氧气,其压强为 1.01×10^5 Pa,温度为 27.0 ℃,求:(1) 气体的分子数密度;(2) 氧气的密度;(3) 分子的平均平动动能;(4) 分子间的平均距离.(设分子均匀等距排列.)

分析 在题中压强和温度的条件下,氧气可视为理想气体.因此,可由理想气体的物态方程、密度的定义以及分子的平均平动动能与温度的关系等求解.又因可将分子看成均匀等距排列的,故每个分子占有的体积为 $V_0 = \bar{d}^3$,由分子数密度的含意可知 $V_0 = 1/n$,$\bar{d}$ 即可求出.

解 (1) 分子数密度

$$n = \frac{p}{kT} = 2.44 \times 10^{25} \text{ m}^{-3}$$

(2) 氧气的密度

$$\rho = \frac{m'}{V} = \frac{pM}{RT} = 1.30 \text{ kg} \cdot \text{m}^{-3}$$

(3) 氧气分子的平均平动动能

$$\bar{\varepsilon}_k = \frac{3}{2}kT = 6.21 \times 10^{-21} \text{ J}$$

(4) 氧气分子间的平均距离

$$\bar{d} = \sqrt[3]{\frac{1}{n}} = 3.45 \times 10^{-9} \text{ m}$$

通过对本题的求解,我们可以对通常状态下理想气体的分子数密度、分子平均平动动能、分子间平均距离等物理量的数量级有所了解.

7-9 2.0×10^{-2} kg 氢气装在 4.0×10^{-3} m³ 的容器内,当容器内的压强为 3.90×10^5 Pa 时,氢气分子的平均平动动能是多少?

分析 理想气体的温度是由分子的平均平动动能决定的,即 $\bar{\varepsilon}_k = \frac{3}{2}kT$.因此,根据题中给出的条件,通过物态方程 $pV = \frac{m'}{M}RT$,求出容器内氢气的温度即可得 $\bar{\varepsilon}_k$.

解 由分析知氢气的温度 $T = \frac{MpV}{m'R}$,则氢气分子的平均平动动能为

$$\bar{\varepsilon}_k = \frac{3}{2}kT = \frac{3pVMk}{2m'R} = 3.89 \times 10^{-22} \text{ J}$$

7-10 某些恒星的温度可达到约 1.0×10^8 K,这也是发生聚变反应(也称热核反应)所需的温度.通常在此温度下,恒星可视为由质子组成.问:(1) 质子的平均动能是多少?(2) 质子的方均根速率为多大?

分析 将组成恒星的大量质子视为理想气体,质子可作为质点,其自由度 $i = 3$,因此,质子的平均动能就等于平均平动动能.此外,由平均平动动能与温度的关系 $\frac{1}{2}m_p\overline{v^2} = \frac{3}{2}kT$,可得方均根速

率 $\sqrt{\overline{v^2}}$.

解 （1）由分析可得质子的平均动能为

$$\overline{\varepsilon}_k = \frac{1}{2}m_p\overline{v^2} = \frac{3}{2}kT = 2.07 \times 10^{-15} \text{ J}$$

（2）质子的方均根速率为

$$\sqrt{\overline{v^2}} = \sqrt{\frac{3kT}{m_p}} = 1.57 \times 10^6 \text{ m}\cdot\text{s}^{-1}$$

7-11 日冕的温度为 2.0×10^6 K,所喷出的电子气可视为理想气体.试求其中电子的方均根速率和热运动平均动能.

解 方均根速率为

$$\sqrt{\overline{v^2}} = \sqrt{\frac{3kT}{m_e}} = 9.5 \times 10^6 \text{ m}\cdot\text{s}^{-1}$$

热运动平均动能为

$$\overline{\varepsilon}_k = \frac{3}{2}kT = 4.1 \times 10^{-17} \text{ J}$$

7-12 在容积为 2.0×10^{-3} m³ 的容器中,有内能为 6.75×10^2 J 的刚性双原子分子理想气体.（1）求气体的压强;（2）若容器中分子总数为 5.4×10^{22} 个,求分子的平均平动动能及气体的温度.

分析 （1）一定量理想气体的内能 $E = \nu\frac{i}{2}RT$,对刚性双原子分子而言,$i=5$.由上述内能公式和理想气体物态方程 $pV = \nu RT$ 可解出气体的压强.（2）求得压强后,再依据题给数据可求得分子数密度,则由公式 $p = nkT$ 可求出气体温度.气体分子的平均平动动能可由 $\overline{\varepsilon}_k = \frac{3}{2}kT$ 求出.

解 （1）由 $E = \nu\frac{i}{2}RT$ 和 $pV = \nu RT$ 可得气体压强为

$$p = \frac{2E}{iV} = 1.35 \times 10^5 \text{ Pa}$$

（2）分子数密度为 $n = \frac{N}{V}$,则该气体的温度为

$$T = \frac{p}{nk} = \frac{pV}{Nk} = 3.62 \times 10^2 \text{ K}$$

气体分子的平均平动动能为

$$\overline{\varepsilon}_k = \frac{3}{2}kT = 7.49 \times 10^{-21} \text{ J}$$

7-13 当温度为 0 ℃时,气体分子可视为刚性分子,求在此温度下:（1）氧气分子的平均平动动能和平均转动动能;（2）4.0×10^{-3} kg 氧气的内能;（3）4.0×10^{-3} kg 氢气的内能.

分析 （1）由题意,氧气分子为刚性双原子分子,则其共有 5 个自由度,其中包括 3 个平动自由度和 2 个转动自由度.根据能量均分定理,平均平动动能 $\overline{\varepsilon}_{kt} = \frac{3}{2}kT$,平均转动动能 $\overline{\varepsilon}_{kr} = \frac{2}{2}kT$

$=kT$（2）对一定量的理想气体,其内能为 $E=\dfrac{m'}{M}\dfrac{i}{2}RT$,它是温度的单值函数.其中 i 为分子自由度,这里氧气的 $i=5$,氦气的 $i=3$.而 m' 为气体的质量,M 为气体的摩尔质量,其中氧气的 $M=32\times10^{-3}$ kg·mol^{-1},氦气的 $M=4.0\times10^{-3}$ kg·mol^{-1}.代入数据即可求解它们的内能.

解 根据分析,当气体温度为 $T=273$ K 时可得

（1）氧气分子的平均平动动能为

$$\overline{\varepsilon}_{kt}=\frac{3}{2}kT=5.7\times10^{-21}\ \text{J}$$

氧气分子的平均转动动能为

$$\overline{\varepsilon}_{kr}=\frac{2}{2}kT=3.8\times10^{-21}\ \text{J}$$

（2）氧气的内能为

$$E=\frac{m'}{M}\frac{i}{2}RT=\frac{4.0\times10^{-3}}{32\times10^{-3}}\times\frac{5}{2}\times8.31\times273\ \text{J}=7.1\times10^{2}\ \text{J}$$

（3）氦气的内能为

$$E=\frac{m'}{M}\frac{i}{2}RT=\frac{4.0\times10^{-3}}{4.0\times10^{-3}}\times\frac{3}{2}\times8.31\times273\ \text{J}=3.4\times10^{3}\ \text{J}$$

7-14 已知质点脱离地球引力作用所需的逃逸速率为 $v=\sqrt{2gR_E}$,其中 R_E 为地球半径.（1）若使氢气分子和氧气分子的平均速率分别与逃逸速率相等,则它们各自应有多高的温度?（2）请问为什么大气层中的氢气比氧气要少?（取 $R_E=6.40\times10^{6}$ m.）

分析 气体分子热运动的平均速率 $\overline{v}=\sqrt{\dfrac{8RT}{\pi M}}$,对于摩尔质量 M 不同的气体分子,为使 $\overline{v}$ 等于逃逸速率 v,所需的温度是不同的;如果环境温度相同,则摩尔质量 M 较小的就容易达到逃逸速率.

解（1）由题意知逃逸速率 $v=\sqrt{2gR_E}$,而分子热运动的平均速率 $\overline{v}=\sqrt{\dfrac{8RT}{\pi M}}$.当 $\overline{v}=v$ 时,有

$$T=\frac{\pi MR_Eg}{4R}$$

由于氢气的摩尔质量 $M_{H_2}=2.0\times10^{-3}$ kg·mol^{-1},氧气的摩尔质量 $M_{O_2}=3.2\times10^{-2}$ kg·mol^{-1},则它们达到逃逸速率时所需的温度分别为

$$T_{H_2}=1.18\times10^{4}\ \text{K},\qquad T_{O_2}=1.89\times10^{5}\ \text{K}$$

（2）根据上述分析,当温度相同时,氢气的平均速率比氧气的大（约为 4 倍）,因此达到逃逸速率的氢气分子比氧气分子多.按大爆炸理论,宇宙在形成过程中经历了一个极高温过程.在地球形成的初期,虽然温度已大大降低,但温度值还是很高.因而,在气体分子产生过程中就开始有分子逃逸地球,其中氢气分子比氧气分子更易逃逸.另外,虽然目前的大气层温度不可能达到上述计算结果中逃逸速率所需的温度,但由麦克斯韦分子速率分布曲线可知,在任一温度下,总有一些气体分子的运动速率大于逃逸速率.从分布曲线也可知道在相同温度下氢气分子达到逃逸速率的可能性大于氧气分子.故大气层中的氢气比氧气少.

7-15 贮有 1 mol 氧气,容积为 1 m³ 的容器以 $v = 10$ m·s⁻¹ 的速度运动.设容器突然停止,其中氧气的 80% 的机械运动动能转化为气体分子的热运动动能.试问气体的温度及压强各升高了多少?

分析 容器作匀速直线运动时,容器内分子除了相对容器作杂乱无章的热运动外,还和容器一起作定向运动.其定向运动动能(即机械能)为 $\frac{1}{2}mv^2$.按照题意,当容器突然停止后,80% 定向运动动能转化为系统的内能.对一定量理想气体,内能是温度的单值函数,则有关系式 $\Delta E = \frac{1}{2}m'v^2 \times 80\% = \frac{m'}{M}\frac{5}{2}R\Delta T$ 成立,从而可求 ΔT.再利用理想气体物态方程,可求出压强的增量.

解 由分析知 $\Delta E = \frac{0.8m'v^2}{2} = \frac{m'}{M}\frac{5}{2}R\Delta T$,其中 m' 为容器内的氧气质量.又氧气的摩尔质量为 $M = 3.2 \times 10^{-2}$ kg·mol⁻¹,解得

$$\Delta T = 6.16 \times 10^{-2} \text{ K}$$

当容器体积不变时,由 $pV = \nu RT$ 得

$$\Delta p = \nu\frac{R}{V}\Delta T = 0.51 \text{ Pa}$$

7-16 当氢气和氦气的压强、体积和温度都相同时,求它们的质量比 $\frac{m'(H_2)}{m'(He)}$ 和内能比 $\frac{E(H_2)}{E(He)}$.(氢气可视为刚性双原子分子气体.)

分析 对理想气体有物态方程 $pV = \frac{m'}{M}RT$ 成立,故气体质量 $m' = \frac{pVM}{RT}$,其中 M 为气体摩尔质量.而对理想气体,其内能为温度的单值函数,即 $E = \frac{m'}{M}\frac{i}{2}RT = \frac{i}{2}pV$($i$ 为自由度).可见,当 p、V、T 相同时,质量比恰为摩尔质量之比,内能之比则为自由度之比.

解 由分析知

$$\frac{m(H_2)}{m(He)} = \frac{M(H_2)_{mol}}{M(He)_{mol}} = \frac{1}{2}, \quad \frac{E(H_2)}{E(He)} = \frac{i(H_2)}{i(He)} = \frac{5}{3}$$

*7-17** 某容器内贮有一定量的氢气.求氢气在 300 K 时分子速率在 $(v_p - 10$ m·s⁻¹$) \sim (v_p + 10$ m·s⁻¹$)$ 之间的分子数占容器内总分子数的百分比.其中 v_p 为气体分子的最概然速率.

分析 求解本题要掌握课本中介绍的两个知识点.一个是温度为 T 时理想气体分子的最概然速率,即 $v_p = \sqrt{\frac{2RT}{M}}$;另一个是关于麦克斯韦速率分布函数 $f(v)$ 的物理意义.$f(v) = 4\pi\left(\frac{m}{2\pi kT}\right)^{3/2} \cdot e^{\frac{mv^2}{2kT}}v^2$ 表示系统内理想气体分子在速率 v 附近,单位速率区间内的分子数占总分子数的百分比,即 $f(v) = \frac{dN}{N \cdot dv}$.当速率区间较小时,常可用该式作近似计算,即 $f(v) \approx \frac{\Delta N}{N \cdot \Delta v}$.因此,对于本题要

求的结果,可由式 $\frac{\Delta N}{N} \approx f(v_p) \cdot \Delta v$ 求出.

解 由分析知,速率在 $(v_p - 10 \text{ m·s}^{-1}) \sim (v_p + 10 \text{ m·s}^{-1})$ 之间分子数占容器内总分子数的百分比为

$$\frac{\Delta N}{N} \approx f(v_p) \cdot \Delta v = 4\pi \left(\frac{m}{2\pi kT} \right)^{3/2} e^{-\frac{mv_p^2}{2kT}} v_p^2 \cdot \Delta v$$

将方均根速率 $v_p = \sqrt{\frac{2RT}{M}}$,分子质量 $m = \frac{M}{N_A}$ 代入上式,并利用 $N_A k = R$,$\Delta v = 20 \text{ m·s}^{-1}$ 得

$$\frac{\Delta N}{N} = 4\left(\frac{M}{2\pi RT} \right)^{1/2} e^{-1} \cdot \Delta v = 4\left(\frac{2\times10^{-3}}{2\times3.14\times8.31\times300} \right)^{1/2} e^{-1} \cdot 20 = 1.05\%$$

7-18 人们运用磁场和激光可将稀薄的铷原子气体冷却到极低的温度.测量冷却后的气体分子速率的一个方法是,停止冷却后,测量原子在高真空环境下运动一段距离的时间.若用此方法测得铷原子的平均速率为 10^{-2} m·s^{-1} 的量级,则问铷原子气体的温度冷却到了什么量级?(已知铷原子的质量为 $1.42\times10^{-25} \text{ kg}$.)

分析 气体分子热运动的平均速率 $\overline{v} = \sqrt{\frac{8RT}{\pi M}} = \sqrt{\frac{8kT}{\pi m}}$,由平均速率及铷原子质量即可求得铷原子气体的温度.

解 由分子热运动的平均速率 $\overline{v} = \sqrt{\frac{8RT}{\pi m}}$ 可得铷原子气体的温度为

$$T = \frac{\overline{v}^2 \pi m}{8k} = 4\times10^{-7} \text{ K}$$

即铷原子气体的温度冷却到了 10^{-7} K 量级.

7-19 N 个质量均为 m 的同种气体分子的速率分布如图所示.(1)说明曲线与横坐标所包围面积的含义;(2)由 N 和 v_0 求 a 值;(3)求速率 $\frac{v_0}{2} \sim \frac{3}{2}v_0$ 之间的分子数;(4)求分子的平均平动动能.

分析 处理与气体分子速率分布曲线有关的问题时,关键要理解分布函数 $f(v)$ 的物理意义. $f(v) = \frac{\text{d}N}{N\text{d}v}$,题中纵坐标 $Nf(v) = \frac{\text{d}N}{\text{d}v}$,即处于速率 v 附近单位速率区间内的分子数.同时

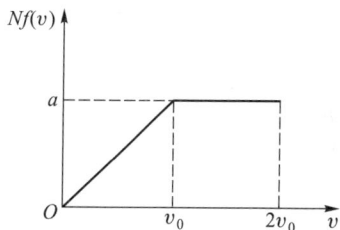

习题 7-19 图

要掌握 $f(v)$ 的归一化条件,即 $\int_0^\infty f(v)\text{d}v = 1$.在此基础上,根据分布函数并运用数学方法(如函数求平均值或极值等),即可求解本题.

解 (1)由于分子所允许的速率在 $0 \sim 2v_0$ 的范围内,由归一化条件可知图中曲线下的面积

$$S = \int_0^{2v_0} Nf(v)\text{d}v = N$$

即曲线下面积表示系统分子总数 N.

（2）从图中可知,在 $0 \sim v_0$ 之间, $Nf(v)=\dfrac{av}{v_0}$;而在 $v_0 \sim 2v_0$ 之间, $Nf(v)=a$.则利用归一化条件有

$$N = \int_0^{v_0} \frac{av}{v_0} \mathrm{d}v + \int_{v_0}^{2v_0} a\,\mathrm{d}v$$

得

$$a = \frac{2N}{3v_0}$$

（3）速率在 $\dfrac{v_0}{2} \sim \dfrac{3}{2}v_0$ 之间的分子数为

$$\Delta N = \int_{v_0/2}^{v_0} \frac{av}{v_0} \mathrm{d}v + \int_{v_0}^{3v_0/2} a\,\mathrm{d}v = 7N/12$$

（4）分子速率平方的平均值按定义为

$$\overline{v^2} = \int_0^\infty \frac{v^2}{N} \mathrm{d}N = \int_0^\infty v^2 f(v)\,\mathrm{d}v$$

故分子的平均平动动能为

$$\overline{\varepsilon}_k = \frac{1}{2}m\,\overline{v^2} = \frac{1}{2}m\left(\int_0^{v_0} \frac{a}{Nv_0}v^3\,\mathrm{d}v + \int_{v_0}^{2v_0} \frac{a}{N}v^2\,\mathrm{d}v\right) = \frac{31}{36}mv_0^2$$

7-20 目前实验室获得的极限真空约为 1.33×10^{-11} Pa,这与距地球表面 1.0×10^4 km 处的压强大致相等.而电视机显像管的真空度为 1.33×10^{-3} Pa,试求在 27 ℃时这两种不同压强下的分子数密度及分子的平均自由程.（设气体分子的有效直径 $d=3.0\times10^{-8}$ cm.）

解 理想气体的分子数密度和平均自由程分别为 $n=\dfrac{p}{kT}$, $\overline{\lambda}=\dfrac{kT}{\sqrt{2}\,\pi d^2 p}$,压强为 1.33×10^{-11} Pa 时,

$$n = \frac{p}{kT} = 3.21\times10^9 \text{ m}^{-3}$$

$$\overline{\lambda} = \frac{kT}{\sqrt{2}\,\pi d^2 p} = 7.8\times10^8 \text{ m}$$

从 $\overline{\lambda}$ 的值可见分子几乎不发生碰撞.压强为 1.33×10^{-3} Pa 时,

$$n = \frac{p}{kT} = 3.21\times10^{17} \text{ m}^{-3}$$

$$\overline{\lambda} = \frac{kT}{\sqrt{2}\,\pi d^2 p} = 7.8 \text{ m}$$

此时分子的平均自由程变小,碰撞概率变大.但相对显像管的尺寸而言,碰撞仍很少发生.

7-21 在标准状况下, 1 cm^3 中有多少个氮气分子? 氮气分子的平均速率为多少? 平均碰撞频率为多少? 平均自由程为多少?（已知氮气分子的有效直径 $d=3.76\times10^{-10}$ m.）

分析 标准状况即为压强 $p=1.013\times10^5$ Pa,温度 $T=273$ K.则由理想气体物态方程 $p=nkT$ 可求得气体分子数密度 n,即单位体积中氮气分子的个数.而氮气分子的平均速率、平均碰撞频

率和平均自由程可分别由公式 $\bar{v} = \sqrt{\dfrac{8RT}{\pi M}}$，$\bar{Z} = \sqrt{2}\,\pi d^2 \bar{v} n$ 和 $\bar{\lambda} = \dfrac{1}{\sqrt{2}\,\pi d^2 n}$ 直接求出.

解 由分析可知，氮气分子的分子数密度为

$$n = \frac{p}{kT} = 2.69 \times 10^{25} \text{ m}^{-3}$$

即 1 cm³ 中约有 2.69×10^{19} 个.

氮气的摩尔质量为 $M = 28 \times 10^{-3}$ kg·mol⁻¹，其平均速率为

$$\bar{v} = \sqrt{\frac{8RT}{\pi M}} = 454 \text{ m·s}^{-1}$$

则平均碰撞频率为

$$\bar{Z} = \sqrt{2}\,\pi d^2 \bar{v} n = 7.7 \times 10^9 \text{ s}^{-1}$$

平均自由程为

$$\bar{\lambda} = \frac{1}{\sqrt{2}\,\pi d^2 n} = 5.9 \times 10^{-8} \text{ m}$$

讨论 求解本题主要是要对有关数量级有一个具体概念.在通常情况下，气体分子平均以几百米每秒的速率运动着,那么气体中进行的一切实际过程如扩散过程、热传导过程等好像都应在瞬间完成,而实际过程都进行得比较慢.这是因为分子间每秒上亿次的碰撞导致分子的自由程只有几十纳米,因此宏观上任何实际过程的完成都需要一段时间.

7-22 在一定的压强下,温度为 20 ℃时,氩气和氮气分子的平均自由程分别为 9.9×10^{-8} m 和 27.5×10^{-8} m.试求:(1)氩气和氮气分子的有效直径之比;(2)当温度不变且压强为原值的一半时,氮气分子的平均自由程和平均碰撞频率.

分析 (1)气体分子热运动的平均自由程 $\bar{\lambda} = \dfrac{1}{\sqrt{2}\,\pi d^2 n} = \dfrac{kT}{\sqrt{2}\,\pi d^2 p}$，因此,温度、压强一定时,平均自由程 $\bar{\lambda} \propto \dfrac{1}{d^2}$.(2)当温度不变时,平均自由程 $\bar{\lambda} \propto \dfrac{1}{p}$.

解 (1)由分析可知

$$\frac{d_{\text{Ar}}}{d_{\text{N}_2}} = \sqrt{\frac{\bar{\lambda}_{\text{N}_2}}{\bar{\lambda}_{\text{Ar}}}} = 1.67$$

(2)由分析可知氮气分子的平均自由程在压强降为原值的一半时,有

$$\bar{\lambda}'_{\text{N}_2} = 2\bar{\lambda}_{\text{N}_2} = 5.5 \times 10^{-7} \text{ m}$$

而此时的分子平均碰撞频率为

$$\bar{Z}_{\text{N}_2} = \frac{\bar{v}_{\text{N}_2}}{\bar{\lambda}'_{\text{N}_2}} = \frac{\sqrt{8RT/\pi M_{\text{N}_2}}}{2\bar{\lambda}_{\text{N}_2}}$$

将 $T = 293$ K，$M_{\text{N}_2} = 2.8 \times 10^{-2}$ kg·mol⁻¹ 代入,可得

$$\bar{Z}_{\text{N}_2} = 8.56 \times 10^8 \text{ s}^{-1}$$

第八章　热力学基础

8-1　如图所示,一定量的理想气体经历 acb 过程时吸热 700 J,则经历 $acbda$ 过程时,吸热（　　）.

（A）-700 J　　　　　　　（B）500 J

（C）-500 J　　　　　　　（D）$-1\,200$ J

分析与解　理想气体系统的内能是状态量,因此对图示循环过程 $acbda$,内能增量 $\Delta E=0$,由热力学第一定律 $Q=\Delta E+W$,得 $Q_{acbda}=W=W_{acb}+W_{bd}+W_{da}$,其中 bd 过程为等容过程,不做功,即 $W_{bd}=0$;da 为等压过程,由 p-V 图可知,$W_{da}=-1\,200$ J.这里关键是要求出 W_{acb},而对 acb 过程,由图可知 a、b 两点温度相同,即系统内能相同.由热力学第一定律得 $W_{acb}=Q_{acb}-\Delta E=Q_{acb}=700$ J,由此可知 $Q_{acbda}=W_{acb}+W_{bd}+W_{da}=-500$ J.故选（C）.

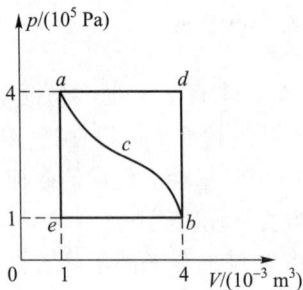

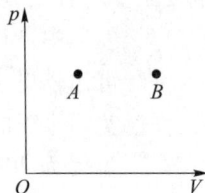

习题 8-1 图　　　　　　　　习题 8-2 图

8-2　如图所示,一定量的理想气体,由平衡态 A 变到平衡态 B,且它们的压强相等,即 $p_A=p_B$.则在状态 A 和状态 B 之间,气体无论经过的是什么过程,气体必然（　　）.

（A）对外做正功　　　　　（B）内能增加

（C）从外界吸热　　　　　（D）向外界放热

分析与解　由 p-V 图可知,$p_A V_A<p_B V_B$,即知 $T_A<T_B$,则对一定量理想气体必有 $E_B>E_A$.即气体由状态 A 变化到状态 B 的过程中,内能必增加.而做的功、传递的热量是过程量,与具体过程有关.所以（A）、（C）、（D）不是必然结果,只有（B）正确.

8-3　两个相同的刚性容器,一个盛有氢气,一个盛有氦气(均视为刚性分子理想气体).开始时它们的压强和温度都相同,现将 3 J 热量传给氦气,使之升高到一定的温度.若使氢气也升高同样的温度,则应向氢气传递的热量为（　　）.

（A）6 J　　　（B）3 J　　　（C）5 J　　　（D）10 J

分析与解　当容器体积不变,即为等容过程时系统不做功,根据热力学第一定律 $Q=\Delta E+W$,有 $Q=\Delta E$.而由理想气体内能公式 $\Delta E=\dfrac{m'}{M}\dfrac{i}{2}R\Delta T$,可知欲使氢气和氦气升高相同温度,需传递的热量 $Q_{H_2}:Q_{He}=\left(\dfrac{m'_{H_2}}{M_{H_2}}i_{H_2}\right):\left(\dfrac{m'_{He}}{M_{He}}i_{He}\right)$.再由理想气体物态方程 $pV=\dfrac{m'}{M}RT$,初始时,氢气和氦气具有相

同的温度、压强和体积,因而物质的量相同,则$\dfrac{Q_{H_2}}{Q_{He}}=\dfrac{i_{H_2}}{i_{He}}=\dfrac{5}{3}$.故正确的是(C).

8-4 一定量理想气体分别经过等压、等温和绝热过程从体积 V_1 膨胀到体积 V_2,如图所示,则下述说法正确的是( ).

(A) $A \to C$ 吸热最多,内能增加

(B) $A \to D$ 内能增加,做功最少

(C) $A \to B$ 吸热最多,内能不变

(D) $A \to C$ 对外做功,内能不变

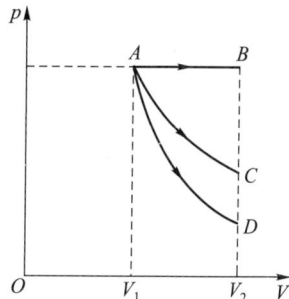

习题 8-4 图

分析与解 由绝热过程方程 $pV^\gamma =$ 常量,以及等温过程方程 $pV =$ 常量可知在同一 p-V 图中当绝热线与等温线相交时,绝热线比等温线要陡,因此图中 $A \to B$ 为等压过程,$A \to C$ 为等温过程,$A \to D$ 为绝热过程.又由理想气体的物态方程 $pV = \nu RT$ 可知,p-V 图上的 pV 积越大,则该点温度越高.因此图中 $T_D < T_A = T_C < T_B$.对一定量理想气体内能 $E = \nu \dfrac{i}{2}RT$,由此知 $\Delta E_{AB} > 0,\Delta E_{AC} = 0,\Delta E_{AD} < 0$.而由理想气体做功表达式 $W = \int p\,dV$ 知道功的数值就等于 p-V 图中过程曲线下所对应的面积,则由图可知 $W_{AB} > W_{AC} > W_{AD}$.又由热力学第一定律 $Q = W + \Delta E$ 可知 $Q_{AB} > Q_{AC} > Q_{AD} = 0$.因此答案(A)、(B)、(C)均不对.只有(D)正确.

8-5 一台工作于温度分别为 327 ℃ 和 27 ℃ 的高温热源与低温热源之间的卡诺热机,每经历一个循环吸热 2 000 J,则对外做功( )

(A) 2 000 J (B) 1 000 J (C) 4 000 J (D) 500 J

分析与解 热机循环效率 $\eta = \dfrac{W}{Q_{吸}}$,对卡诺热机,其循环效率又可表示为:$\eta = 1 - \dfrac{T_2}{T_1}$,则由 $\dfrac{W}{Q_{吸}} = 1 - \dfrac{T_2}{T_1}$ 可求答案.正确答案为(B).

8-6 有人想象了如图所示的四个理想气体的循环过程,但在理论上可以实现的为( )

分析与解 由绝热过程方程 $pV^\gamma =$ 常量,以及等温过程方程 $pV =$ 常量,可知绝热线比等温线要陡,所以(A)过程不对,(B)、(C)过程中都有两条绝热线相交于一点,这是不可能的.而且(B)过程的循环表明,系统从单一热源吸热且不引起外界变化,使之全部变成有用功,违反了热力学第二定律.因此只有(D)正确.

8-7 位于委内瑞拉的安赫尔瀑布是世界上落差最大的瀑布,它高 979 m.如果在水下落过程中,重力对它所做的功中有 50% 转化为热量,并使水温升高,求水由瀑布顶部落到底部而产生的温差.(水的比热容为 4.18×10^3 J·kg⁻¹·K⁻¹.)

分析 取质量为 m 的水作为研究对象,水从瀑布顶部下落到底部过程中重力做功 $W = mgh$,按题意,被水吸收的热量 $Q = 0.5W$,则水吸收热量后升高的温度可由 $Q = mc\Delta T$ 求得.

解 由上述分析得

$$mc\Delta T = 0.5mgh$$

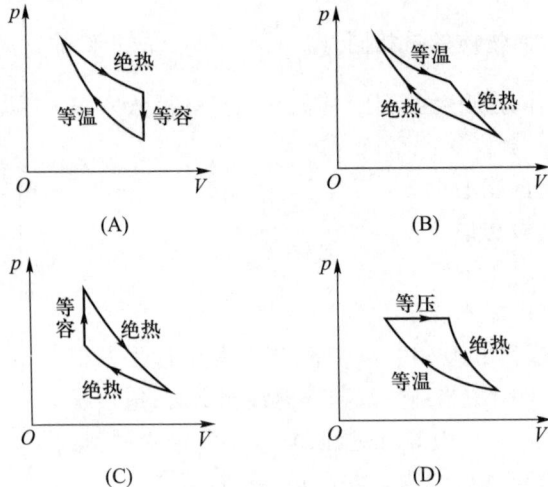

(A)

(B)

(C)

(D)

习题 8-6 图

水下落后升高的温度为

$$\Delta T = \frac{0.5gh}{c} = 1.15 \text{ K}$$

8-8　如图所示，1 mol 氦气由状态 $A(p_1, V_1)$ 沿直线变到状态 $B(p_2, V_2)$，求在这过程中内能的变化量、对外做的功、吸收的热量.

分析　由题 8-4 分析可知功的数值就等于 p-V 图中 $A \rightarrow B$ 过程曲线下所对应的面积，又对一定量的理想气体，其内能 $E = \nu \frac{i}{2} RT$，而氦气为单原子分子，自由度 $i = 3$，则 1 mol 氦气内能的变化量 $\Delta E = 1 \text{ mol} \cdot \frac{3}{2} R \Delta T$，其中温度的增量 ΔT 可由理想气体物态方程 $pV = \nu RT$ 求出.求出了 $A \rightarrow B$ 过程内能变化量和做功值，则吸收的热量可根据热力学第一定律 $Q = W + \Delta E$ 求出.

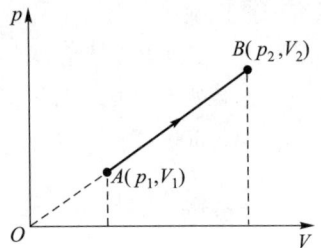

习题 8-8 图

解　由分析可知，过程中对外做的功为

$$W = \frac{1}{2}(V_2 - V_1)(p_2 + p_1)$$

内能的变化量为

$$\Delta E = 1 \text{ mol} \cdot \frac{3}{2} R \Delta T = \frac{3}{2}(p_2 V_2 - p_1 V_1)$$

吸收的热量为

$$Q = W + \Delta E = 2(p_2 V_2 - p_1 V_1) + \frac{1}{2}(p_1 V_2 - p_2 V_1)$$

8-9　一定量的空气，吸收了 1.71×10^3 J 的热量，并保持在 1.0×10^5 Pa 下膨胀，体积从 $1.0 \times 10^{-2} \text{m}^3$ 增加到 $1.5 \times 10^{-2} \text{m}^3$，问空气对外做了多少功？它的内能改变了多少？

分析 由于气体作等压膨胀,气体做的功可直接由 $W = p(V_2 - V_1)$ 求得.取该空气为系统,根据热力学第一定律 $Q = \Delta E + W$ 可确定它的内能变化.在计算过程中要注意热量、功、内能的正负取值.

解 该空气等压膨胀,对外做的功为

$$W = p(V_2 - V_1) = 5.0 \times 10^2 \text{ J}$$

其内能的改变量为

$$\Delta E = Q - W = 1.21 \times 10^3 \text{ J}$$

8-10 如图所示,在有绝热壁的气缸内盛有 1 mol 的氮气,活塞外为大气,氮气的压强为 1.51×10^5 Pa,活塞面积为 0.02 m². 从气缸底部加热,使活塞缓慢上升了 0.5 m.问:(1)气体经历了什么过程?(2)气缸中的气体吸收了多少热量?(根据实验测定,已知氮气的摩尔定压热容 $C_{p,m} = 29.12$ J·mol⁻¹·K⁻¹,摩尔定容热容 $C_{V,m} = 20.80$ J·mol⁻¹·K⁻¹.)

分析 因活塞可以自由移动,活塞对气体的作用力始终为大气压力和活塞重力之和.容器内气体压强将保持不变.对等压过程,吸热 $Q_p = \nu C_{p,m} \Delta T$. ΔT 可由理想气体物态方程求出.

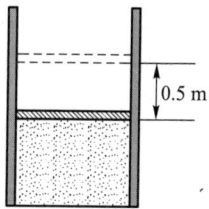
习题 8-10 图

解 (1)由分析可知气体经历了等压膨胀过程.

(2)吸热 $Q_p = \nu C_{p,m} \Delta T$,其中 $\nu = 1$ mol,$C_{p,m} = 29.12$ J·mol⁻¹·K⁻¹.由理想气体物态方程 $pV = \nu RT$,得

$$\Delta T = \frac{p_2 V_2 - p_1 V_1}{\nu R} = \frac{p(V_2 - V_1)}{\nu R} = \frac{pS\Delta l}{\nu R}$$

则

$$Q_p = \frac{C_{p,m} pS\Delta l}{R} = 5.29 \times 10^3 \text{ J}$$

8-11 一压强为 1.0×10^5 Pa、体积为 1.0×10^{-3} m³ 的氧气自 0 ℃ 被加热到 100 ℃,问:(1)当压强不变时,需要多少热量?当体积不变时,需要多少热量?(2)在等压或等容过程中各做了多少功?

分析 (1)由量热学知热量的计算公式为 $Q = \nu C_m \Delta T$.按热力学第一定律,在等容过程中,$Q_V = \Delta E = \nu C_{V,m} \Delta T$;在等压过程中,$Q_p = \int p dV + \Delta E = \nu C_{p,m} \Delta T$.(2)求过程中做的功通常有两个途径.① 利用公式 $W = \int p dV$;② 利用热力学第一定律去求解.在本题中,热量 Q 已求出,而内能变化可由 $\Delta E = \nu C_{V,m}(T_2 - T_1)$ 得到,从而可求得功 W.

解 根据题给初态条件得氧气的物质的量为

$$\nu = \frac{p_1 V_1}{RT_1} = 4.41 \times 10^{-2} \text{ mol}$$

氧气的摩尔定压热容 $C_{p,m} = \frac{7}{2} R$,摩尔定容热容 $C_{V,m} = \frac{5}{2} R$.

(1)求 Q_p、Q_V

在等压过程中,氧气(系统)吸热

$$Q_p = \int p\mathrm{d}V + \Delta E = \nu C_{p,\mathrm{m}}(T_2 - T_1) = 128.1 \text{ J}$$

在等容过程中,氧气(系统)吸热

$$Q_V = \Delta E = \nu C_{V,\mathrm{m}}(T_2 - T_1) = 91.5 \text{ J}$$

(2)按分析中的两种方法求做功值

① 利用公式 $W = \int p\mathrm{d}V$ 求解.在等压过程中,$\mathrm{d}W = p\mathrm{d}V = \nu R\mathrm{d}T$,则得

$$W_p = \int \mathrm{d}W = \int_{T_1}^{T_2} \nu R\mathrm{d}T = 36.6 \text{ J}$$

而在等容过程中,因气体的体积不变,故所做的功为

$$W_V = \int p\mathrm{d}V = 0$$

② 利用热力学第一定律 $Q = \Delta E + W$ 求解.氧气的内能变化为

$$\Delta E = \nu C_{V,\mathrm{m}}(T_2 - T_1) = 91.5 \text{ J}$$

由于在(1)中已求出 Q_p 与 Q_V,则由热力学第一定律可得在等压过程、等容过程中所做的功分别为

$$W_p = Q_p - \Delta E = 36.6 \text{ J}$$
$$W_V = Q_V - \Delta E = 0$$

8-12 如图所示,系统从状态 A 沿 ABC 变化到状态 C 的过程中,外界有 326 J 的热量传递给系统,同时系统对外做功 126 J.如果系统从状态 C 沿另一曲线 CA 回到状态 A,外界对系统做的功为 52 J,则此过程中系统是吸热还是放热? 传递的热量是多少?

分析 已知系统从状态 C 到状态 A,外界对系统做的功为 W_{CA},如果再能知道此过程中内能的变化 ΔE_{CA},则由热力学第一定律即可求得该过程中系统传递的热量 Q_{CA}.由于理想气体的内能是状态(温度)的函数,利用题中给出的 ABC 过程吸热、做功的情况,由热力学第一定律即可求得由 A 至 C 过程中系统内能的变化 ΔE_{AC},而 $\Delta E_{AC} = -\Delta E_{CA}$,故可求得 Q_{CA}.

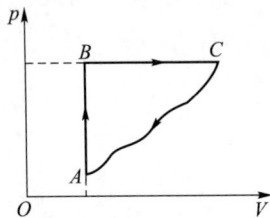

习题 8-12 图

解 系统经 ABC 过程所吸收的热量及对外做的功分别为

$$Q_{ABC} = 326 \text{ J}, \quad W_{ABC} = 126 \text{ J}$$

则由热力学第一定律可得由 A 到 C 过程中系统内能的增量为

$$\Delta E_{AC} = Q_{ABC} - W_{ABC} = 200 \text{ J}$$

由此可得从 C 到 A,系统内能的增量为

$$\Delta E_{CA} = -200 \text{ J}$$

从 C 到 A,系统所吸收的热量为

$$Q_{CA} = \Delta E_{CA} + W_{CA} = -252 \text{ J}$$

式中负号表示系统向外界放热 252 J.这里要说明的是由于 CA 是一未知过程,上述求出的放热是过程的总效果,而对其中每一微小过程来讲并不一定都是放热.

8-13 如图所示,使 1 mol 氧气(1)由状态 A 等温地变到状态 B;(2)由状态 A 等容地变到状态 C,再由状态 C 等压地变到状态 B.试分别计算氧气所做的功和吸收的热量.

分析 从 $p - V$ 图(也称示功图)上可以看出,氧气在 AB 与 ACB 两个过程中所做的功是不同的,其大小可通过 $W = \int p\mathrm{d}V$ 求出.考虑到内能是状态的函数,其变化值与过程无关,所以这两个不同过程的内能变化是相同的,而且因初、末状态温度相同 $T_A = T_B$,故 $\Delta E = 0$,利用热力学第一定律 $Q = W + \Delta E$,可求出每一过程所吸收的热量.

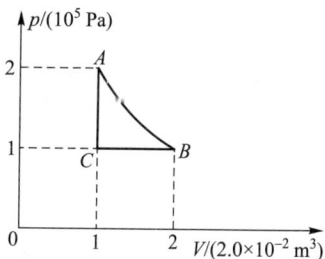

解 (1)沿 AB 作等温膨胀的过程中,系统做的功为

$$W_{AB} = \nu RT\ln \frac{V_B}{V_A} = p_A V_A \ln \frac{V_B}{V_A} = 2.77 \times 10^3 \text{ J}$$

由分析可知在等温过程中,氧气吸收的热量为

$$Q_{AB} = W_{AB} = 2.77 \times 10^3 \text{ J}$$

(2)沿状态 A 到状态 C 再到状态 B 的过程中系统做的功和吸收的热量分别为

$$W_{ACB} = W_{AC} + W_{CB} = W_{CB} = p_C(V_B - V_C) = 2.0 \times 10^3 \text{ J}$$

$$Q_{ACB} = W_{ACB} = 2.0 \times 10^3 \text{ J}$$

8-14 试验用的火炮炮筒长为 3.66 m,内膛直径为 0.152 m,炮弹质量为 45.4 kg,击发后火药爆燃完全时炮弹已被推行 0.98 m,速度为 311 m·s^{-1},这时膛内气体压强为 2.43×10^8 Pa.设此后膛内气体作绝热膨胀,直到炮弹出口.求:(1)在这一绝热膨胀过程中气体对炮弹做的功(设摩尔定压热容与摩尔定容热容比值为 $\gamma = 1.2$);(2)炮弹的出口速度(忽略摩擦).

分析 (1)气体绝热膨胀做的功可由公式 $W = \int p\mathrm{d}V = \dfrac{p_1 V_1 - p_2 V_2}{\gamma - 1}$ 计算.由题中条件可知绝热膨胀前后气体的体积 V_1 和 V_2,因此只要通过绝热过程方程 $p_1 V_1^{\gamma} = p_2 V_2^{\gamma}$ 求出绝热膨胀后气体的压强就可求出做功值.(2)在忽略摩擦的情况下,可认为气体所做的功全部用来增加炮弹的动能.由此可得到炮弹的速度.

解 由题设 $l = 3.66$ m,$D = 0.152$ m,$m = 45.4$ kg,$l_1 = 0.98$ m,$v_1 = 311$ m·s^{-1},$p_1 = 2.43×10^8$ Pa,$\gamma = 1.2$.

(1)炮弹出口时气体压强为

$$p_2 = p_1 \left(\frac{V_1}{V_2}\right)^{\gamma} = p_1 \left(\frac{l_1}{l}\right)^{\gamma} = 5.00×10^7 \text{ Pa}$$

气体做的功为

$$W = \frac{p_1 V_1 - p_2 V_2}{\gamma - 1} = \frac{p_1 l_1 - p_2 l}{\gamma - 1} \cdot \frac{\pi D^2}{4} = 5.00×10^6 \text{ J}$$

(2)根据分析 $W = \dfrac{1}{2}mv^2 - \dfrac{1}{2}mv_1^2$,则

$$v = \sqrt{\frac{2W}{m} + v_1^2} = 563 \text{ m·s}^{-1}$$

8-15 1 mol 氢气经过如图所示的循环过程,其中 $p_2 = 2p_1$,$V_2 = 2V_1$,且 a 点温度 $T_a = 300$ K.求:(1)该系统在 $a \to b, b \to c, c \to d, d \to a$ 各过程中气体吸放热的值;(2)循环效率.

分析 该循环是由两个等容和两个等压过程组成.它们的热量传递公式分别为 $\Delta Q_V = \dfrac{m'}{M} C_{V,m} \Delta T$ 和 $\Delta Q_p = \dfrac{m'}{M} C_{p,m} \Delta T$.由图可知,由于 $a \to b$ 与 $b \to c$ 过程温度升高,是两个吸热过程;而 $c \to d$ 与 $d \to a$ 两过程放热.显然,若求出每个过程的初、末态温度,即可求出各过程的吸放热的值,再由公式 $\eta = 1 - \dfrac{|Q_{放}|}{Q_{吸}}$ 可求循环效率.

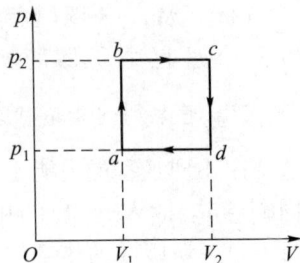

习题 8-15 图

解 (1)根据分析,先求图中 b、c、d 各点的温度.由理想气体物态方程 $pV = \dfrac{m'}{M} RT$ 和题给条件 $p_2 = 2p_1$,$V_2 = 2V_1$,可得 $T_b = 2T_a$,$T_c = 4T_a$,$T_d = 2T_a$,则

$$Q_{ab} = \frac{m'}{M} C_{V,m}(T_b - T_a) = C_{V,m} T_a = \frac{3}{2} R \times 1\ \text{mol} \times 300\ \text{K} = 3\ 739.5\ \text{J}$$

$$Q_{bc} = \frac{m'}{M} C_{p,m}(T_c - T_b) = 2C_{p,m} T_a = \frac{5}{2} R \times 1\ \text{mol} \times 600\ \text{K} = 12\ 465\ \text{J}$$

$$Q_{cd} = \frac{m'}{M} C_{V,m}(T_d - T_c) = -2C_{V,m} T_a = -\frac{3}{2} R \times 1\ \text{mol} \times 600\ \text{K} = -7\ 479\ \text{J}$$

$$Q_{da} = \frac{m'}{M} C_{p,m}(T_a - T_d) = -C_{p,m} T_a = -\frac{5}{2} R \times 1\ \text{mol} \times 300\ \text{K} = -6\ 232.5\ \text{J}$$

(2)根据(1)中计算可得系统总吸热为

$$Q_{吸} = Q_{ab} + Q_{bc} = 1\ \text{mol} \times C_{V,m} T_a + 1\ \text{mol} \times 2C_{p,m} T_a = 1\ \text{mol} \times \frac{13}{2} RT_a$$

系统总放热为

$$|Q_{放}| = |Q_{cd}| + |Q_{da}| = 1\ \text{mol} \times 2C_{V,m} T_a + 1\ \text{mol} \times C_{p,m} T_a = 1\ \text{mol} \times \frac{11}{2} RT_a$$

则循环效率为

$$\eta = 1 - \frac{|Q_{放}|}{Q_{吸}} = 1 - \frac{\dfrac{11}{2} RT_a}{\dfrac{13}{2} RT_a} = \frac{2}{13} = 15.4\%$$

8-16 0.32 kg 的氧气作如图所示的循环 $ABCDA$.设 $V_2 = 2V_1$,$T_1 = 300$ K,$T_2 = 200$ K,求循环效率.

分析 该循环是正循环.循环效率可根据定义式 $\eta = \dfrac{W}{Q}$ 来求出,其中 W 表示一个循环过程中系统做的净功,Q 为循环过程中系统吸收的总热量.

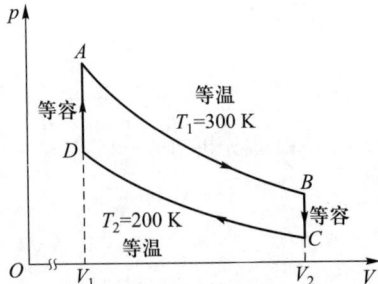

习题 8-16 图

解 根据分析,因 AB、CD 为等温过程,循环过程中系统做的净功为

$$W = W_{AB} + W_{CD} = \frac{m'}{M} RT_1 \ln \frac{V_2}{V_1} + \frac{m'}{M} RT_2 \ln \frac{V_1}{V_2}$$

$$= \frac{m'}{M}R(T_1 - T_2)\ln\frac{V_2}{V_1} = 5.76 \times 10^3 \text{ J}$$

由于吸热过程仅在等温膨胀(对应于 AB 段)和等容升压(对应于 DA 段)中发生,而等温过程中 $\Delta E = 0$,则 $Q_{AB} = W_{AB}$.等容升压过程中 $W = 0$,则 $Q_{DA} = \Delta E_{DA}$,所以,循环过程中系统吸热的总量为

$$Q = Q_{AB} + Q_{DA} = W_{AB} + \Delta E_{DA}$$

$$= \frac{m'}{M}RT_1\ln\frac{V_2}{V_1} + \frac{m'}{M}C_{V,m}(T_1 - T_2)$$

$$= \frac{m'}{M}RT_1\ln\frac{V_2}{V_1} + \frac{m'}{M}\frac{5}{2}R(T_1 - T_2)$$

$$= 3.81 \times 10^4 \text{ J}$$

由此得到该循环的效率为

$$\eta = \frac{W}{Q} = 15\%$$

8-17 图(a)是某单原子分子理想气体循环过程的 V-T 图,图中 $V_C = 2V_A$.(1)试问图中所示循环代表制冷机还是热机?(2)如是正循环(热机循环),求出其循环效率.

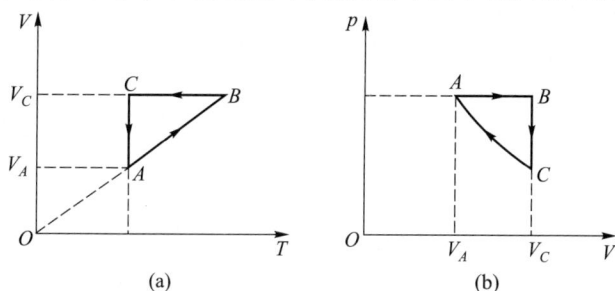

习题 8-17 图

分析 以正、逆循环来区分热机和制冷机是针对 p-V 图中循环曲线行进方向而言的.因此,对图(a)中的循环进行分析时,一般要先将其转换为 p-V 图.转换方法主要是通过找每一过程的特殊点,并利用理想气体物态方程来完成.由图(a)可以看出,BC 为等容降温过程,CA 为等温压缩过程;而对 AB 过程的分析,可以依据图中直线过原点来判别.其直线方程为 $V = KT$,K 为常量.将其与理想气体物态方程 $pV = \nu RT$ 比较可知,该过程为等压膨胀过程(注意:如果直线不过原点,就不是等压过程).这样,就可得出 p-V 图中的过程曲线,并可判别是正循环(热机循环)还是逆循环(制冷机循环),再参考题 8-16 的方法求出循环效率.

解 (1)根据分析,将 V-T 图转换为相应的 p-V 图,如图(b)所示.图中曲线行进方向是正循环,即为热机循环.

(2)根据得到的 p-V 图可知,AB 为等压膨胀过程,为吸热过程.BC 为等容降温过程,CA 为等温压缩过程,均为放热过程.故系统在循环过程中吸收和放出的热量分别为

$$Q_1 = \nu C_{p,m}(T_B - T_A)$$

$$Q_2 = \nu C_{V,m}(T_B - T_C) + \nu R T_A \ln \frac{V_C}{V_A}$$

CA 为等温线, 有 $T_A = T_C$; AB 为等压线, 且因 $V_C = 2V_A$, 则有 $T_A = T_B/2$. 对单原子理想气体, 其摩尔定压热容 $C_{p,m} = 5R/2$, 摩尔定容热容 $C_{V,m} = 3R/2$. 故循环效率为

$$\eta = 1 - \frac{Q_2}{Q_1} = 1 - \frac{3T_A/2 + T_A \ln 2}{5T_A/2} = 1 - \frac{3 + 2\ln 2}{5} = 12.3\%$$

8-18 一卡诺热机的低温热源温度为 7 ℃, 效率为 40%, 若要将其效率提高到 50%, 问高温热源的温度需提高多少?

解 设高温热源的温度分别为 T_1'、T_1'', 则有

$$\eta' = 1 - \frac{T_2}{T_1'}, \quad \eta'' = 1 - \frac{T_2}{T_1''}$$

其中 T_2 为低温热源温度. 由上述两式可得高温热源需提高的温度为

$$\Delta T = T_1'' - T_1' = \left(\frac{1}{1 - \eta''} - \frac{1}{1 - \eta'}\right) T_2 = 93.3 \text{ K}$$

8-19 一可逆卡诺热机高温热源的温度为 227 ℃, 低温热源的温度为 27 ℃. 其每次循环对外做净功 2 000 J, 现通过提高高温热源的温度改进热机的工作效率, 使其每次对外做净功 3 000 J. 若前后两个卡诺循环都工作在相同的两条绝热线间且低温热源温度不变, 试求:(1) 改进前后热机的循环效率;(2) 改进后热机的高温热源温度.

分析 热机的效率可表示为 $\eta = \frac{W}{Q_1} = 1 - \frac{|Q_2|}{Q_1}$, 式中 W 为循环做的净功, Q_1 为总吸热, Q_2 为总放热. 而对于卡诺循环, 它是由 2 条绝热线和 2 条等温线组成. 只从高温热源吸热 Q_1, 向低温热源放热 Q_2, 做的净功 $W = Q_1 - Q_2$. 卡诺循环效率除了可用上述公式表示外, 还可用 $\eta = 1 - \frac{T_2}{T_1}$ 表示. T_1 是高温热源温度, T_2 是低温热源(热机周围环境)温度. 当通过提高高温热源温度(由 T_1 变为 T_1')改进热机效率时, 由于前后两个热机都工作在相同的绝热线间, 而低温不变($T_2 = T_2'$), 则它们的放热相同, 即 $Q_2 = Q_2'$. (这是顺利求解本题的关键.) 而变化的是吸热和做功(分别由 Q_1 变为 Q_1' 和 W 变为 W'),

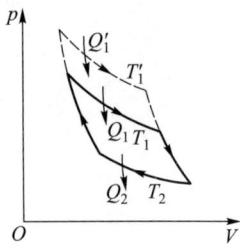

习题 8-19 图

如图所示. 为此:(1) 改进前热机效率可用 $\eta = 1 - \frac{T_2}{T_1}$ 求出. 再利用 $\eta = \frac{W}{Q_1}$ 和 $Q_2 = Q_1 - W$ 求出 Q_1、Q_2.

(2) 对于改进后的热机因为 $Q_2 = Q_2'$, 所以可求出 $Q_1' = W' + Q_2'$, 由热机效率 $\eta' = \frac{W'}{Q_1'} = 1 - \frac{T_2'}{T_1'}$ 就可求 η' 和 T_1' 了.

解 将题给数据代入分析中相关公式即得

(1)
$$\eta = 1 - \frac{T_2}{T_1} = 1 - \frac{300}{500} = 40\%$$

且由 $\eta = \frac{W}{Q_1}$ 得

$$Q_1 = \frac{W}{\eta} = \frac{2\,000}{0.4} \text{ J} = 5\,000 \text{ J}, \quad Q_2 = Q_1 - W = 3\,000 \text{ J}$$

对于改进后热机：由 $W' = 3\,000$ J 和 $Q_2' = Q_2 = 3\,000$ J 可知

$$Q_1' = W' + Q_2' = 6\,000 \text{ J}$$

则热机效率为

$$\eta' = \frac{W'}{Q_1'} = 50\%$$

（2）由 $\eta' = 1 - \frac{T_2'}{T_1'} = 1 - \frac{T_2}{T_1'}$，得 $T_1' = 600$ K.

8-20 一定量的理想气体，经历如图所示的循环过程.其中 AB 和 CD 是等压过程，BC 和 DA 是绝热过程.已知点 B 的温度 $T_B = T_1$，点 C 的温度 $T_C = T_2$.（1）证明该热机的效率为 $\eta = 1 - T_2/T_1$；（2）这个循环是卡诺循环吗？

分析 首先分析判断循环中各过程的吸热、放热情况.BC 和 DA 是绝热过程，故 Q_{BC}、Q_{DA} 均为零；而 AB 为等压膨胀过程（吸热）、CD 为等压压缩过程（放热），这两个过程所吸收和放出的热量均可由相关的温度表示.再利用绝热和等压的过程方程，建立四点温度之间的联系，最终可得到求证的形式.

证 （1）根据分析可知

$$\eta = 1 - \frac{|Q_{CD}|}{Q_{AB}} = 1 - \frac{|\nu C_{p,m}(T_D - T_C)|}{\nu C_{p,m}(T_B - T_A)} = 1 - \frac{T_C - T_D}{T_B - T_A}$$

$$= 1 - \frac{T_C(1 - T_D/T_C)}{T_B(1 - T_A/T_B)} \tag{1}$$

与求证的结果比较，只需证得 $\dfrac{T_D}{T_C} = \dfrac{T_A}{T_B}$.为此，对 AB、CD、BC、DA 分别列出如下过程方程：

$$\frac{V_A}{T_A} = \frac{V_B}{T_B} \tag{2}$$

$$\frac{V_C}{T_C} = \frac{V_D}{T_D} \tag{3}$$

$$V_B^{\gamma-1} T_B = V_C^{\gamma-1} T_C \tag{4}$$

$$V_D^{\gamma-1} T_D = V_A^{\gamma-1} T_A \tag{5}$$

联立求解上述各式，可证得

$$\eta = 1 - \frac{T_C}{T_B} = 1 - \frac{T_2}{T_1}$$

（2）虽然该循环效率的表达式与卡诺循环相似，但并不是卡诺循环.其原因是：① 卡诺循环是由两条绝热线和两条等温线构成，而这个循环与卡诺循环不同；② 式中 T_1、T_2 的含义不同，本题中 T_1、T_2 只是温度变化中两特定点的温度，不是两等温热源的恒定温度.

8-21 一小型热电厂内，一台利用地热发电的热机工作于温度为 227 ℃ 的地下热源和温度为 27 ℃ 的地表之间.假定该热机每小时能从地下热源获取 1.8×10^{11} J 的热量.试从理论上计算其

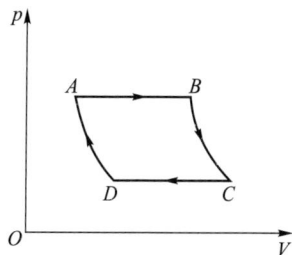

最大功率.

分析 热机必须工作在最高的循环效率时,才能获取最大的功率.由卡诺定理可知,在高温热源 T_1 和低温热源 T_2 之间工作的可逆卡诺热机的效率最高,其效率为 $\eta = 1 - \dfrac{T_2}{T_1}$.由于已知热机在确定的时间内吸取的热量,故由效率与功率的关系式 $\eta = \dfrac{W}{Q} = \dfrac{Pt}{Q}$,可得此条件下的最大功率.

解 根据分析,热机获得的最大功率为

$$P = \frac{\eta Q}{t} = \frac{(1 - T_2/T_1)Q}{t} = 2.0 \times 10^7 \ \text{J} \cdot \text{s}^{-1}$$

8-22 有一以理想气体为工作物质的热机,其循环如图所示,试证明热机的效率为

$$\eta = 1 - \gamma \frac{V_1/V_2 - 1}{p_1/p_2 - 1}$$

分析 该热机由三个过程组成,图中 AB 是绝热过程,BC 是等压压缩过程,CA 是等容升压过程.其中 CA 过程系统吸热,BC 过程系统放热.本题可从效率定义 $\eta = 1 - \dfrac{Q_2}{Q_1} = 1 - \dfrac{|Q_{BC}|}{Q_{CA}}$ 出发,利用热力学第一定律和等容、等压方程以及 $\gamma = \dfrac{C_{p,\text{m}}}{C_{V,\text{m}}}$ 的关系来证明.

证 该热机循环的效率为

$$\eta = 1 - \frac{Q_2}{Q_1} = 1 - \frac{|Q_{BC}|}{Q_{CA}}$$

其中 $Q_{BC} = \nu C_{p,\text{m}}(T_C - T_B)$,$Q_{CA} = \nu C_{V,\text{m}}(T_A - T_C)$,则上式可写为

$$\eta = 1 - \gamma \frac{|T_C - T_B|}{T_A - T_C} = 1 - \gamma \frac{T_B/T_C - 1}{T_A/T_C - 1}$$

在等压过程 BC 和等容过程 CA 中分别有 $\dfrac{T_B}{V_1} = \dfrac{T_C}{V_2}$,$\dfrac{T_A}{p_1} = \dfrac{T_C}{p_2}$,代入上式得

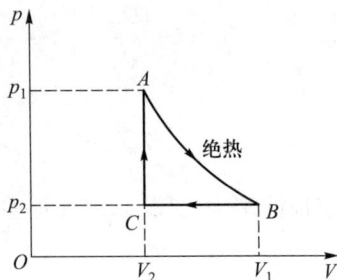

习题 8-22 图

$$\eta = 1 - \gamma \frac{V_1/V_2 - 1}{p_1/p_2 - 1}$$

证毕.

8-23 一定量的理想气体,沿图示的 $ABCA$ 循环,请填写表格中的空格.

过程	内能的增量 $\Delta E/\text{J}$	对外做的功 W/J	吸收的热量 Q/J
$A \to B$	1 000		
$B \to C$		1 500	
$C \to A$		-500	
$ABCA$		循环效率 $\eta =$	

分析 本循环由三个特殊过程组成.为填写表中各项内容,可分四步进行:(1) 先抓住各过程的特点填写一些特殊值,如等温过程 $\Delta E = 0$,等容过程 $W = 0$ 等.(2) 在第一步基础之上,根据热力学第一定律即可知道 $A \rightarrow B$、$B \rightarrow C$ 过程的吸热 Q.(3) 对 $C \rightarrow A$ 过程,由于经 $ABCA$ 循环后必有 $\Delta E = 0$,因此由表中第一列即可求出 $C \rightarrow A$ 过程内能的变化.再利用热力学第一定律即可写出 $C \rightarrow A$ 过程的 Q 值.(4) 在明确了气体在循环过程中所吸收的热量 Q_1 和所放出的热量 Q_2,或者所做的净功 W 后,可由公式 $\eta = 1 - \dfrac{Q_2}{Q_1} = \dfrac{W}{Q_1}$ 计算出循环效率.

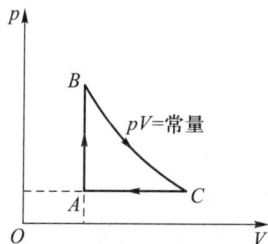

习题 8-23 图

解 根据以上分析,计算后完成的表格如下:

过程	内能的增量 $\Delta E/\text{J}$	对外做的功 W/J	吸收的热量 Q/J
$A \rightarrow B$	1 000	0	1 000
$B \rightarrow C$	0	1 500	1 500
$C \rightarrow A$	−1 000	−500	−1 500
$ABCA$	循环效率 $\eta = 40\%$		

8-24 在夏季,假定室外温度恒定为 37 ℃,启动空调使室内温度始终保持在 17 ℃.如果每天有 2.51×10^8 J 的热量通过热传导等方式自室外流入室内,则空调一天耗电多少?(设该空调制冷机的制冷系数为同条件下的卡诺制冷机制冷系数的 60%.)

分析 耗电量的单位为 $\text{kW} \cdot \text{h}$,$1 \text{ kW} \cdot \text{h} = 3.6 \times 10^6$ J.图示是空调的工作过程示意图.因为卡诺制冷机的制冷系数为 $e_C = \dfrac{T_2}{T_1 - T_2}$,其中 T_1 为高温热源温度(室外环境温度),T_2 为低温热源温度(室内温度).所以,空调的制冷系数为

$$e = e_C \cdot 60\% = \frac{0.6 T_2}{T_1 - T_2}$$

另一方面,由制冷系数的定义,有

$$e = \frac{Q_2}{Q_1 - Q_2}$$

其中 Q_1 为空调传递给高温热源的热量,即空调向室外排放的总热量;Q_2 是空调从房间内吸取的总热量.若 Q' 为室外传进室内的热量,则在热平衡时 $Q_2 = Q'$.由此,就可以求出空调的耗电做功总值 $W = Q_1 - Q_2$.

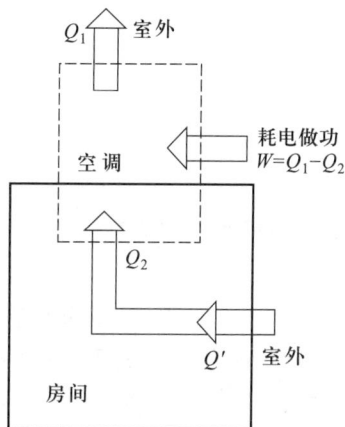

习题 8-24 图

解 根据上述分析,空调的制冷系数为

$$e = \frac{T_2}{T_1 - T_2} \cdot 60\% = 8.7$$

在室内温度恒定时,有 $Q_2 = Q'$. 由 $e = \dfrac{Q_2}{Q_1 - Q_2}$ 可得空调运行一天所耗电为

$$W = Q_1 - Q_2 = \frac{Q_2}{e} = \frac{Q'}{e} = 2.89 \times 10^7 \text{ J} = 8.0 \text{ kW·h}$$

8-25 1 mol 理想气体的状态变化如图所示,其中 1→3 为温度 300 K 的等温线.试分别由下列过程计算气体熵的变化:(1) 经等压过程 1→2 和等容过程 2→3 由始态 1 到末态 3;(2) 经等温过程由始态 1 到末态 3.

分析 熵是热力学系统的状态函数,状态 A 与 B 之间的熵变 ΔS_{AB} 不会因路径的不同而改变.1→3 为等温过程,其熵变 $\Delta S_{1\to3} = \int \mathrm{d}Q/T = Q/T$. 1→2→3 过程由两个子过程构成,总的熵变应等于各子过程熵变之和,即 $\Delta S_{1\to3} = \Delta S_{1\to2} + \Delta S_{2\to3}$,但要注意在 1→2 和 2→3 过程中温度是变化的,在计算熵变 $\Delta S = \int \mathrm{d}Q/T$ 时,必须寻找 Q 与 T 的函数关系,经统一变量后再积分.这里可以利用等压过程的 $\mathrm{d}Q = C_{p,\mathrm{m}}\mathrm{d}T$ 和等容过程的 $\mathrm{d}Q = C_{V,\mathrm{m}}\mathrm{d}T$ 两个公式.

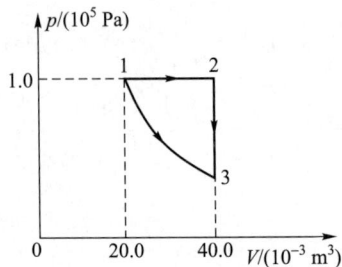

习题 8-25 图

解 (1) 根据分析计算 1→2→3 过程的熵变如下:

$$\Delta S_{1\to3} = \Delta S_{1\to2} + \Delta S_{2\to3} = C_{p,\mathrm{m}}\int_{T_1}^{T_2}\frac{\mathrm{d}T}{T} + C_{V,\mathrm{m}}\int_{T_2}^{T_3}\frac{\mathrm{d}T}{T} = C_{p,\mathrm{m}}\ln\frac{T_2}{T_1} + C_{V,\mathrm{m}}\ln\frac{T_3}{T_2}$$

$$= C_{p,\mathrm{m}}\ln\frac{V_2}{V_1} + C_{V,\mathrm{m}}\ln\frac{p_3}{p_2} = C_{p,\mathrm{m}}\ln\frac{V_2}{V_1} + C_{V,\mathrm{m}}\ln\frac{V_1}{V_3}$$

$$= (C_{p,\mathrm{m}} - C_{V,\mathrm{m}})\ln\frac{V_2}{V_1} = R\ln 2$$

(2) 直接由等温过程 1→3 从始态到末态的熵变为

$$\Delta S_{1\to3} = \frac{1}{T_1}\int \mathrm{d}Q = \frac{1}{T_1}\int_{V_1}^{V_3}p\,\mathrm{d}V = \frac{RT_1}{T_1}\int_{V_1}^{V_3}\frac{\mathrm{d}V}{V} = R\ln\frac{V_3}{V_1} = R\ln 2$$

从计算的结果可以看到,(1) 和 (2) 计算的过程不同,但两种过程的熵变确实是相同的.可见熵是状态量.

*8-26 气缸内有 0.1 mol 的氧气(视为刚性双原子分子的理想气体),作如图所示的循环过程,其中 ab 为等温过程,bc 为等容过程,ca 为绝热过程.已知 $V_b = 3V_a$,求:(1) 该循环的效率 η;(2) 从状态 b 到状态 c,氧气的熵变 ΔS.

分析 (1) 该循环过程只有 ab 一个过程吸热 Q_1 和 bc 一个过程放热 Q_2,其中

$$Q_1 = \frac{m'}{M}RT_a\ln\frac{V_b}{V_a}$$

$$Q_2 = \frac{m'}{M}C_{V,\mathrm{m}}(T_c - T_b) = \frac{m'}{M}C_{V,\mathrm{m}}(T_c - T_a)$$

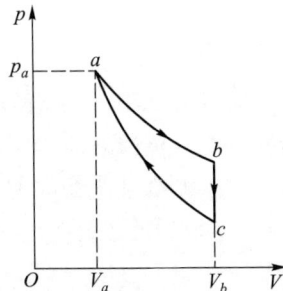

习题 8-26 图

将它们代入效率公式 $\eta = 1 - \dfrac{|Q_2|}{Q_1}$，并利用 ca 绝热过程方程 $TV^{\gamma-1} = $ 常量，获得 T_c 与 T_a 的关系式，就可求出效率值.

（2）bc 是等容过程，每个微小过程的热量变化为 $\mathrm{d}Q = \dfrac{m'}{M} C_{V,\mathrm{m}} \mathrm{d}T$，其熵变为 $\mathrm{d}S = \dfrac{\mathrm{d}Q}{T} = \dfrac{m'}{M} C_{V,\mathrm{m}} \dfrac{\mathrm{d}T}{T}$.

利用熵的可加性（积分）就可求出 $\Delta S = \displaystyle\int \mathrm{d}S$.

解 （1）由分析可知效率为

$$\eta = 1 - \frac{C_{V,\mathrm{m}}(T_a - T_c)}{RT_a \ln(V_b/V_a)} = 1 - \frac{\dfrac{5}{2}\left(1 - \dfrac{T_c}{T_a}\right)}{\ln 3}$$

又利用 $T_a V_a^{\gamma-1} = T_c V_c^{\gamma-1}$ 得

$$T_c/T_a = (V_a/V_c)^{\gamma-1} = (1/3)^{0.4}$$

代入上式可解出

$$\eta = 19\%$$

（2）由分析知 bc 过程的熵变为

$$\Delta S = S_c - S_b = \frac{m'}{M} C_{V,\mathrm{m}} \int_{T_b}^{T_c} \frac{\mathrm{d}T}{T} = \frac{m'}{M} C_{V,\mathrm{m}} \ln \frac{T_c}{T_b} = \frac{m'}{M} C_{V,\mathrm{m}} \ln \frac{T_c}{T_a}$$

$$= 0.1 \times \frac{5}{2} \times 8.31 \times \ln\left(\frac{1}{3}\right)^{0.4} \mathrm{J \cdot K^{-1}} = -0.91 \ \mathrm{J \cdot K^{-1}}$$

第四篇

电 磁 学

求解电磁学问题的基本思路和方法

本书电磁学部分涉及真空中和介质中的静电场和恒定磁场、电磁感应和麦克斯韦电磁场的基本概念等内容,涵盖了大学物理课程中电磁学的核心内容.求解电磁学方面的习题,不仅可以使我们增强对有关电磁学基本概念的理解,还可在处理电磁学问题的方法上得到训练,从而感悟麦克斯韦电磁场理论所体现出来的和谐与美.求解电磁学习题的方法既包括求解一般物理习题的常用方法,也包含一些求解电磁学习题的特殊方法.下面就求解电磁学问题的方法择要介绍如下.

1. 微元法

在求解电场强度、电势、磁感强度等物理量时,微元法是常用的方法之一.使用微元法的基础是电场和磁场的叠加原理.依照叠加原理,任意带电体激发的电场可以视作电荷元 dq 单独存在时激发电场的叠加,根据电荷的不同分布方式,电荷元可分别为体电荷元 ρdV、面电荷元 σdS 或线电荷元 λdl.同理,电流激发的磁场可以视作线电流元激发磁场的叠加.

例如求均匀带电直线中垂线上的电场强度分布,我们可取带电线元 λdl 为电荷元,每个电荷元可视作点电荷,建立坐标系,利用点电荷电场强度公式将电荷元激发的电场强度矢量沿坐标轴分解后叠加:

$$E = \int_{-l/2}^{l/2} \frac{1}{4\pi\varepsilon_0} \frac{\lambda\,dl}{r^2}\cos\alpha$$

统一积分变量后积分,就可以求得空间的电场分布.类似的方法同样可用于求电势、磁感强度的分布.

此外值得注意的是,物理中的微元并非为数学意义上真正的无穷小,而是测量意义上的高阶小量.从形式上,微元也不仅仅局限于体元、面元、线元,在物理问题中常常根据对称性适当地选取微元.例如,求一个均匀带电圆盘轴线上的电场强度分布,我们可以取宽度为 dr 的同心带电圆环为电荷元,再利用带电圆环轴线上的电场强度分布公式,用叠加的方法求得均匀带电圆盘轴线上的电场强度分布.

2. 对称性分析

对称性分析在求解电磁场问题时是十分重要的.分析场的对称性,可以帮助我们了解电磁场的分布,从而对求解电磁学问题带来极大方便.而电磁场的对称性有轴对称、面对称、球对称等.下面举两个例子.

在利用高斯定理求电场强度的分布时,需要根据电荷分布的对称性选择适当的高斯面,使得电场强度在高斯面上为常量或者电场强度通量为零,从而借助高斯定理求得电场强度的分布.相类似地,在利用安培环路定理求磁感强度的分布时,依照电流分布的对称性,选择适当的环路使得磁感强度在环路上为常量或者磁场环流为零,借助安培环路定理就可以求出磁感强度的分布.

3. 补偿法

补偿法是利用等量异号的电荷激发的电场强度,具有大小相等、方向相反的特性,或大小相同、方向相反的电流元激发的磁感强度,具有大小相等、方向相反这一特性,将原来对称程度较低的场源分解为若干个对称程度较高的场源,再利用场的叠加求得电场、磁场的分布.

例如在一个均匀带电球体内部挖去一个球形空腔,显然它的电场分布不再呈现球对称.为了求这一均匀带电体的电场分布,我们可将空腔带电体激发的电场视为一个外半径相同的球形带电体与一个电荷密度相同且异号、半径等于空腔半径的小球体所激发电场的矢量和.利用均匀带电球体内外的电场分布,即可求出电场分布.

4. 类比法

在电磁学中,许多物理量遵循着相类似的规律,例如电场强度与磁场强度、电位移矢量与磁感强度矢量、电偶极子与磁偶极子、电场能量密度与磁场能量密度等.它们尽管物理实质不同,但是所遵循的规律形式相类似.在分析这类物理问题时借助类比的方法,我们可以通过一个已知物理量的规律去推测对应的另外一个物理量的规律.例如在研究 LC 振荡电路时,我们得到回路电流满足的方程

$$\frac{\mathrm{d}^2 i}{\mathrm{d}t^2}+\frac{1}{LC}i=0$$

显然这个方程是典型的简谐振动的动力学方程,只不过它所表述的是在含有电容和自感的电路中,电流以简谐振动的方式变化罢了.

5. 物理近似与物理模型

几乎所有的物理模型都是理想化模型,这就意味着可以忽略影响研究对象运动的次要因素,抓住影响研究对象运动的主要因素,将其抽象成理想化的数学模型.既然如此,我们在应用这些物理模型时,不能脱离建立理想化模型的条件与背景.例如当带电体的线度远小于距所考察电场这一点的距离时,一个带电体的大小形状可以忽略,带电体就可以抽象为点电荷.但是一旦去研究带电体临近周围的电场分布时,将带电体当作点电荷的模型就失效了.在讨论物理问题时一定要注意物理模型的适用条件.同时在适用近似条件的情况下,灵活应用理想化模型可以大大简化求解问题的难度.

电磁学的解题方法还有很多,我们希望同学们通过练习自己去分析、归纳、创新和总结.我们反对在学习过程中不深入理解题意、不分析物理过程、简单教条地将物理问题分类而"套"

公式的解题方法.我们希望同学们把灵活运用物理基本理论求解物理问题当成一项研究课题,诵讨求解问题,在学习过程中自己去领悟、体会,通过解题来感悟到用所学的物理知识解决问题后的愉悦和快乐,进一步加深理解物理学基本定律,激发学习新知识和新方法的积极性.

第九章 静 电 场

9-1 电荷面密度均为 σ 的两块"无限大"均匀带电的平行平板如图(a)所示放置,其周围空间各点电场强度 E(设电场强度方向向右为正、向左为负)随位置坐标 x 变化的关系曲线为图(b)中的( ).

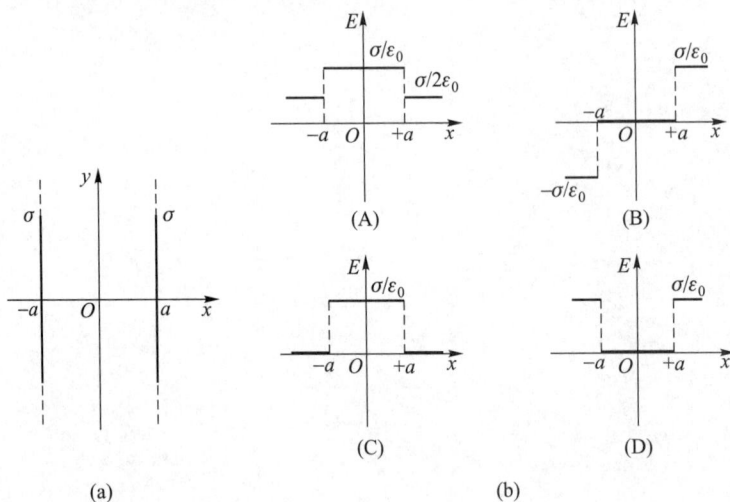

习题 9-1 图

分析与解 "无限大"均匀带电平板激发的电场强度为 $\dfrac{\sigma}{2\varepsilon_0}$,方向沿带电平板法向向外,依照电场叠加原理可以求得各区域电场强度的大小和方向.因而正确答案为(B).

9-2 下列说法正确的是( ).

(A)闭合曲面上各点电场强度都为零时,曲面内一定没有电荷

(B)闭合曲面上各点电场强度都为零时,曲面内电荷量的代数和必定为零

(C)闭合曲面的电场强度通量为零时,曲面上各点的电场强度必定为零

(D)闭合曲面的电场强度通量不为零时,曲面上任意一点的电场强度都不可能为零

分析与解 依照静电场中的高斯定理,闭合曲面上各点电场强度都为零时,曲面内电荷量的代数和必定为零,但不能由此推定曲面内一定没有电荷;闭合曲面的电场强度通量为零时,表示穿入闭合曲面的电场线数等于穿出闭合曲面的电场线数或没有电场线穿过闭合曲面,不能由此确定曲面上各点的电场强度必定为零;同理,闭合曲面的电场强度通量不为零,也不能由此推断曲面上任意一点的电场强度都不可能为零,因而正确答案为(B).

9-3 下列说法正确的是( ).

(A)电场强度为零的点,电势也一定为零

(B)电场强度不为零的点,电势也一定不为零

(C)电势为零的点,电场强度也一定为零

（D）电势在某一区域内为常量,则电场强度在该区域内必定为零

分析与解 电场强度与电势是描述电场的两个不同维度,电场强度为零表示试验电荷在该点受到的电场力为零,电势为零表示将试验电荷从该点移到参考零电势点时,电场力做的功为零.电场中一点的电势在数值上等于单位正电荷从该点沿任意路径到参考零电势点电场力所做的功;电场强度等于负电势梯度,反映了电势在空间的变化.因而正确答案为(D).

*9-4 在一个带负电的带电棒附近有一个电偶极子,其电偶极矩 $\boldsymbol{p}$ 的方向如图所示.当电偶极子被释放后,该电偶极子将( ).

习题 9-4 图

（A）沿逆时针方向旋转至电偶极矩 $\boldsymbol{p}$ 水平指向棒尖端而停止

（B）沿逆时针方向旋转至电偶极矩 $\boldsymbol{p}$ 水平指向棒尖端,同时沿电场线方向朝着棒尖端移动

（C）沿逆时针方向旋转至电偶极矩 $\boldsymbol{p}$ 水平指向棒尖端,同时逆电场线方向朝远离棒尖端移动

（D）沿顺时针方向旋转至电偶极矩 $\boldsymbol{p}$ 水平方向沿棒尖端朝外,同时沿电场线方向朝着棒尖端移动

分析与解 电偶极子在非均匀外电场中,除了受到力矩作用使得电偶极子指向电场方向外,还将受到一个指向电场强度增强方向的合力作用,因而正确答案为(B).

9-5 精密实验表明,电子和质子的电荷量绝对值与元电荷差值的范围不会超过 $\pm 10^{-21}e$,而中子电荷量与零差值的范围也不会超过 $\pm 10^{-21}e$,由最极端的情况考虑,一个由 8 个电子、8 个质子和 8 个中子构成的氧原子所带的最大可能净电荷是多少? 若将原子视作质点,试比较两个氧原子间的库仑力和万有引力的大小.

分析 考虑到极限情况,假设电子和质子的电荷量绝对值与元电荷相比分别偏差 $\mp 2 \times 10^{-21}e$,中子电荷量为 $10^{-21}e$,则由一个氧原子所包含的 8 个电子、8 个质子和 8 个中子,可求得氧原子所带的最大可能净电荷.由库仑定律可以估算两个带电氧原子间的库仑力,并与万有引力进行比较.

解 一个氧原子所带的最大可能净电荷为

$$q_{max} = \left[(1+10^{-21}) - (1-10^{-21}) + 10^{-21} \right] \times 8e$$

两个氧原子间的库仑力与万有引力之比为

$$\frac{F_e}{F_g} = \frac{q_{max}^2}{4\pi\varepsilon_0 Gm^2} = 2.8 \times 10^{-6} \ll 1$$

电子和质子的电荷量绝对值在极高精度上相等,中子不带电(偏差均小于 $10^{-21}e$)时,主导天体运动的依然是万有引力.

9-6 1964 年,盖耳曼等人提出粒子是由更基本的夸克构成的,中子就是由一个带 $\frac{2}{3}e$ 的上夸克和两个带 $-\frac{1}{3}e$ 的下夸克构成.若将夸克作为经典粒子处理(夸克线度约为 10^{-20} m),中子内

的两个下夸克之间相距 2.60×10^{-15} m,求它们之间的相互作用力.

解 由于夸克可视为经典点电荷,由库仑定律得

$$\boldsymbol{F} = \frac{1}{4\pi\varepsilon_0} \frac{q_1 q_2}{r^2} \boldsymbol{e}_r = \frac{1}{4\pi\varepsilon_0} \frac{e^2}{9r^2} \boldsymbol{e}_r = 3.78 \text{ N} \boldsymbol{e}_r$$

$\boldsymbol{F}$ 与径向单位矢量 $\boldsymbol{e}_r$ 方向相同表明它们之间为斥力.

9-7 点电荷分布如图所示,试求点 P 处的电场强度.

分析 依照电场叠加原理,点 P 处的电场强度等于各点电荷单独存在时在点 P 处激发电场强度的矢量和.由于电荷量为 q 的一对点电荷在点 P 处激发的电场强度大小相等、方向相反而相互抵消,点 P 处的电场强度就等于电荷量为 $2.0q$ 的点电荷在该点单独激发的电场强度.

解 根据上述分析,得

$$E_P = \frac{1}{4\pi\varepsilon_0} \frac{2q}{\left(a/\sqrt{2}\right)^2} = \frac{1}{\pi\varepsilon_0} \frac{q}{a^2}$$

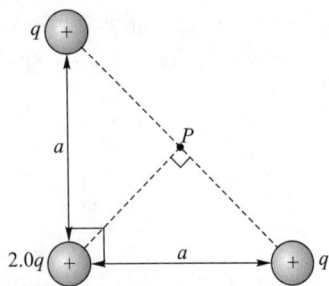

习题 9-7 图

9-8 水分子(H_2O)中氧原子和氢原子的等效电荷中心如图所示,假设氧原子和氢原子的等效电荷中心间距为 r_0.试计算在分子的对称轴线上,距分子较远处的电场强度.

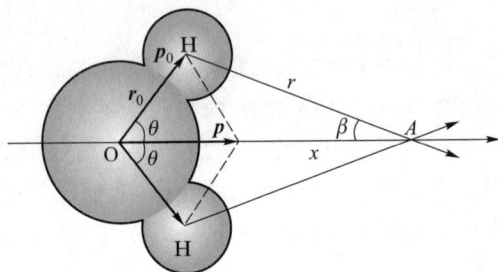

习题 9-8 图

分析 水分子的电荷模型等效于两个电偶极子,它们的电偶极矩大小均为 $p_0 = er_0$,而夹角为 2θ.叠加后水分子的电偶极矩大小为 $p = 2er_0\cos\theta$,方向沿对称轴线,如图所示.由于点 O 到场点 A 的距离 $x \gg r_0$,利用教材第 9-3 节例 1 中电偶极子在延长线上的电场强度

$$E = \frac{1}{4\pi\varepsilon_0} \frac{2p}{x^3}$$

可求得电场的分布.

也可由点电荷的电场强度叠加,求电场分布.

解 1 水分子的电偶极矩为

$$p = 2p_0\cos\theta = 2er_0\cos\theta$$

在电偶极矩延长线上

$$E = \frac{2p}{4\pi\varepsilon_0 x^3} = \frac{1}{4\pi\varepsilon_0} \frac{4er_0\cos\theta}{x^3} = \frac{1}{\pi\varepsilon_0} \frac{er_0\cos\theta}{x^3}$$

解 2 在对称轴线上任取一点 A,则该点的电场强度为

$$E = E_- + E_+$$

$$E = 2E_+\cos\beta \quad E_- = \frac{2e\cos\beta}{4\pi\varepsilon_0 r^2} - \frac{2e}{4\pi\varepsilon_0 x^2}$$

由于

$$r^2 = x^2 + r_0^2 - 2xr_0\cos\theta$$

$$\cos\beta = \frac{x - r_0\cos\theta}{r}$$

代入得

$$E = \frac{2e}{4\pi\varepsilon_0}\left[\frac{x - r_0\cos\theta}{(x^2 + r_0^2 - 2xr_0\cos\theta)^{3/2}} - \frac{1}{x^2}\right]$$

测量分子的电场时,总有 $x \gg r_0$,因此,式中 $(x^2 + r_0^2 - 2xr_0\cos\theta)^{3/2} \approx x^3\left(1 - \frac{2r_0\cos\theta}{x}\right)^{3/2} \approx$

$x^3\left(1 - \frac{3}{2} \cdot \frac{2r_0\cos\theta}{x}\right)$,将上式化简并略去微小量后,得

$$E \approx \frac{e}{2\pi\varepsilon_0 x^2}\left(\frac{x - r_0\cos\theta}{x - 3r_0\cos\theta} - 1\right) = \frac{e}{2\pi\varepsilon_0 x^2}\frac{2r_0\cos\theta}{x - 3r_0\cos\theta}$$

由于 $x \ll r_0$,故

$$E = \frac{1}{\pi\varepsilon_0}\frac{er_0\cos\theta}{x^3}$$

9-9 若电荷量 Q 均匀地分布在长为 L 的细棒上,求证:

(1)在棒的延长线,且与棒中心距离为 r 处的电场强度为

$$E = \frac{1}{\pi\varepsilon_0}\frac{Q}{4r^2 - L^2}$$

(2)在棒的垂直平分线上,且与棒距离为 r 处的电场强度为

$$E = \frac{1}{2\pi\varepsilon_0 r}\frac{Q}{\sqrt{4r^2 + L^2}}$$

若棒为无限长(即 $L \to \infty$),试将结果与"无限长"均匀带电直线的电场强度相比较.

分析 这是计算连续分布电荷的电场强度.此时棒的长度不能忽略,因而不能将棒当作点电荷处理.带电细棒上的电荷可看作均匀分布在一维的长直线上.如图(a)所示,在长直线上任意取一线元 $\mathrm{d}x$,其电荷量为 $\mathrm{d}q = \dfrac{Q}{L}\mathrm{d}x$,它在点 P 处激发的电场强度为

$$\mathrm{d}E = \frac{1}{4\pi\varepsilon_0}\frac{\mathrm{d}q}{r'^2}e_r$$

整个带电体在点 P 处激发的电场强度为

$$E = \int \mathrm{d}E$$

接着针对具体问题来处理这个矢量积分.

(1)若点 P 在棒的延长线上,带电棒上各电荷元在点 P 处激发的电场强度方向相同,则

$$E = \int_L \mathrm{d}E\boldsymbol{i}$$

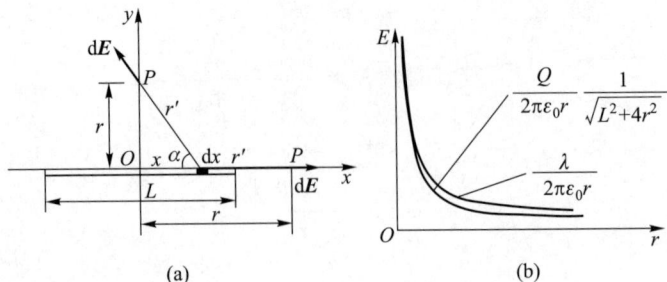

习题 9-9 图

（2）若点 P 在棒的垂直平分线上，如图（a）所示，则电场强度 $\boldsymbol{E}$ 沿 x 轴方向的分量因对称性叠加为零，因此，点 P 处的电场强度就是

$$\boldsymbol{E} = \int \mathrm{d}E_y \boldsymbol{j} = \int_L \sin\alpha \mathrm{d}E \boldsymbol{j}$$

证 （1）延长线上一点 P 处的电场强度 $E = \int_L \dfrac{\mathrm{d}q}{4\pi\varepsilon_0 r'^2}$，利用几何关系 $r' = r - x$ 统一积分变量，则

$$E_P = \int_{-L/2}^{L/2} \frac{1}{4\pi\varepsilon_0} \frac{Q\mathrm{d}x}{L(r-x)^2} = \frac{Q}{4\pi\varepsilon_0 L}\left(\frac{1}{r-L/2} - \frac{1}{r+L/2}\right) = \frac{1}{\pi\varepsilon_0} \frac{Q}{4r^2-L^2}$$

电场强度的方向沿 x 轴.

（2）根据以上分析，中垂线上一点 P 处的电场强度 $\boldsymbol{E}$ 的方向沿 y 轴，大小为

$$E = \int_L \frac{\sin\alpha \mathrm{d}q}{4\pi\varepsilon_0 r'^2}$$

利用几何关系 $\sin\alpha = \dfrac{r}{r'}, r' = \sqrt{r^2+x^2}$ 统一积分变量，则

$$E = \int_{-L/2}^{L/2} \frac{1}{4\pi\varepsilon_0} \frac{rQ\mathrm{d}x}{L(x^2+r^2)^{3/2}} = \frac{Q}{2\pi\varepsilon_0 r} \frac{1}{\sqrt{L^2+4r^2}}$$

当棒长 $L\to\infty$ 时，若棒的电荷线密度 λ 为常量，则点 P 处的电场强度为

$$E = \lim_{L\to\infty} \frac{1}{2\pi\varepsilon_0 r} \frac{Q/L}{\sqrt{1+4r^2/L^2}} = \frac{\lambda}{2\pi\varepsilon_0 r}$$

此结果与无限长带电直线周围的电场强度分布相同，如图（b）所示.这说明只要满足 $r^2/L^2 \ll 1$，带电长直细棒可视为无限长带电直线.

9-10 一半径为 R 的半球壳均匀地带有电荷，电荷面密度为 σ.求球心处电场强度的大小.

分析 这仍是一个连续带电体问题，求解的关键在于如何取电荷元.

现将半球壳分割为一组平行的细圆环，如图所示，从教材第 9-3 节的例 2 可以看出，所有平行圆环在轴线上 P 处的电

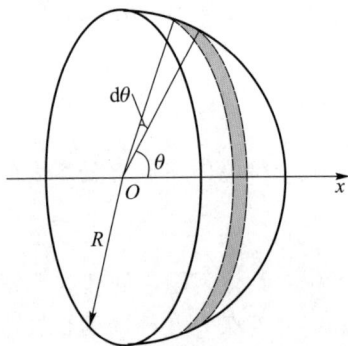

习题 9-10 图

场强度方向都相同,将所有带电圆环的电场强度积分,即可求得球心 O 处的电场强度.

解 将半球壳分割为一组平行细圆环,任一个圆环所带电荷元 $dq = \sigma dS = \sigma \cdot 2\pi R^2 \cdot \sin\theta d\theta$,在球心 O 处激发的电场强度为

$$dE = \frac{1}{4\pi\varepsilon_0} \frac{x dq}{(x^2+r^2)^{3/2}} i$$

由于平行细圆环在球心 O 处激发的电场强度方向相同,利用几何关系 $x = R\cos\theta, r = R\sin\theta$ 统一积分变量,有

$$dE = \frac{1}{4\pi\varepsilon_0} \frac{x dq}{(x^2+r^2)^{3/2}} = \frac{1}{4\pi\varepsilon_0} \frac{R\cos\theta}{R^3} \sigma \cdot 2\pi R^2 \sin\theta d\theta$$

$$= \frac{\sigma}{2\varepsilon_0} \sin\theta\cos\theta d\theta$$

积分得

$$E = \int_0^{\pi/2} \frac{\sigma}{2\varepsilon_0} \sin\theta\cos\theta d\theta = \frac{\sigma}{4\varepsilon_0}$$

9-11 两条"无限长"平行直线相距为 r,均匀带有等量异号电荷,电荷线密度为 λ.(1) 求两直线构成的平面上任意一点的电场强度(设该点到其中一直线的垂直距离为 x);(2) 求一条直线上单位长度直线受到另一条直线上电荷作用的电场力.

分析 (1) 在两直线构成的平面上任一点的电场强度为两直线单独在此所激发电场的叠加.

(2) 由 $\boldsymbol{F} = q\boldsymbol{E}$,单位长度直线所受的电场力等于另一条直线在该直线处的电场强度乘以单位长度直线所带电荷量,即 $\boldsymbol{F}' = \lambda\boldsymbol{E}$.应该注意:式中的电场强度 $\boldsymbol{E}$ 是另一条直线激发的电场强度,电荷自身建立的电场不会对自身电荷产生作用力.

解 (1) 设点 P 在直线构成的平面上,$\boldsymbol{E}_+$、$\boldsymbol{E}_-$ 分别表示正、负带电直线在点 P 的电场强度,则有

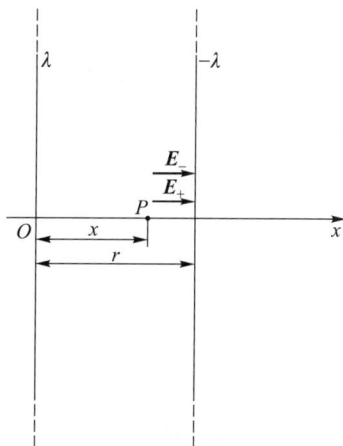

习题 9-11 图

$$\boldsymbol{E} = \boldsymbol{E}_+ + \boldsymbol{E}_- = \frac{\lambda}{2\pi\varepsilon_0}\left(\frac{1}{x} + \frac{1}{r-x}\right)\boldsymbol{i}$$

$$= \frac{\lambda}{2\pi\varepsilon_0} \frac{r}{x(r-x)}\boldsymbol{i}$$

(2) 设 $\boldsymbol{F}'_+$、$\boldsymbol{F}'_-$ 分别表示正、负带电直线单位长度所受的电场力,则有

$$\boldsymbol{F}'_+ = \lambda\boldsymbol{E}_- = \frac{\lambda^2}{2\pi\varepsilon_0 r}\boldsymbol{i}$$

$$\boldsymbol{F}'_- = -\lambda\boldsymbol{E}_+ = -\frac{\lambda^2}{2\pi\varepsilon_0 r}\boldsymbol{i}$$

显然有 $F'_{+} = -F'_{-}$，相互作用力大小相等、方向相反，两直线相互吸引.

9-12 设匀强电场的电场强度 E 与半径为 R 的半球面的对称轴平行.试计算通过此半球面的电场强度通量.

分析 方法 1：如图所示，作半径为 R 的平面 S' 与半球面 S 一起可构成闭合曲面，由于闭合面内无电荷，由高斯定理得

$$\oint_S E \cdot dS = \frac{1}{\varepsilon_0} \sum q = 0$$

这表明穿过闭合曲面的净通量为零，穿入平面 S' 的电场强度通量在数值上等于穿出半球面 S 的电场强度通量.因而

$$\Phi = \int_S E \cdot dS = -\int_{S'} E \cdot dS$$

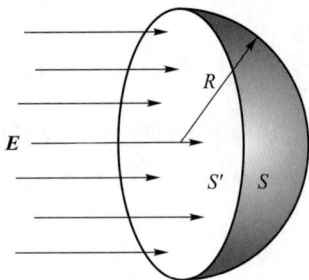

习题 9-12 图

方法 2：由电场强度通量的定义，对半球面 S 求积分，即 $\Phi_S = \int_S E \cdot dS$.

解 1 由于闭合曲面内无电荷分布，根据高斯定理，有

$$\Phi = \int_S E \cdot dS = -\int_{S'} E \cdot dS$$

依照约定取闭合曲面的外法线方向为面元 dS 的方向，则

$$\Phi = -E \cdot \pi R^2 \cdot \cos \pi = \pi R^2 E$$

解 2 取球坐标系，电场强度矢量和面元在球坐标系中可表示为

$$E = E(\cos\varphi e_\varphi + \sin\varphi\cos\theta e_\theta + \sin\theta\sin\varphi e_r)$$

$$dS = R^2 \sin\theta d\theta d\varphi e_r$$

$$\Phi = \int_S E \cdot dS = \int_S ER^2 \sin^2\theta \sin\varphi d\theta d\varphi$$

$$= \int_0^\pi ER^2 \sin^2\theta d\theta \int_0^\pi \sin\varphi d\varphi$$

$$= \pi R^2 E$$

9-13 地球周围的大气犹如一部大电机，由于雷雨云和大气气流的作用，在晴天区域大气电离层总是带有大量的正电荷，地球表面必然带有负电荷.晴天大气电场平均电场强度约为 $120 \text{ V} \cdot \text{m}^{-1}$，方向指向地面.试求地球表面单位面积所带的电荷（以每平方厘米的电子数表示）.

分析 考虑到地球表面的电场强度指向地球球心，在大气层中取与地球同心的球面为高斯面，利用高斯定理可求得高斯面内的净电荷.

解 在大气层临近地球表面处取与地球表面同心的球面为高斯面，其半径 $R \approx R_E$（R_E 为地球平均半径）.由高斯定理得

$$\oint E \cdot dS = -4\pi R_E^2 E = \frac{1}{\varepsilon_0} \sum q$$

地球表面电荷面密度为

$$\sigma = \sum \frac{q}{4\pi R_E^2} \approx -\varepsilon_0 E = -1.06 \times 10^{-9} \text{ C} \cdot \text{m}^{-2}$$

单位面积额外电子数为

$$n = \frac{\sigma}{-e} = 6.63 \times 10^5 \ \text{cm}^{-2}$$

9-14 设在半径为 R 的球体内电荷均匀分布,电荷体密度为 ρ.求带电球体内外的电场分布.

分析 电荷均匀分布在球体内呈球对称,带电球激发的电场也呈球对称性.根据静电场是有源场,电场强度应该沿径向球对称分布.因此可以利用高斯定理求得均匀带电球体内外的电场分布.以带电球体的球心为中心作同心球面,作为高斯面,依照高斯定理有

$$\oint_S \boldsymbol{E} \cdot \mathrm{d}\boldsymbol{S} = 4\pi r^2 E = \frac{Q_i}{\varepsilon_0}$$

上式中 Q_i 是高斯面内的电荷量,分别求出处于带电球内外的高斯面内的电荷量,即可求得带电球内外的电场强度分布.

解 依照上述分析,由高斯定理可得

$r<R$ 时,
$$4\pi r^2 E = \frac{\rho}{\varepsilon_0} \frac{4}{3} \pi r^3$$

假设球体带正电荷,电场强度方向沿径向朝外.考虑到电场强度的方向,带电球体内的电场强度为

$$\boldsymbol{E} = \frac{\rho}{3\varepsilon_0} \boldsymbol{r}$$

$r>R$ 时,
$$4\pi r^2 E = \frac{\rho}{\varepsilon_0} \frac{4}{3} \pi R^3$$

考虑到电场强度沿径向朝外,带电球体外的电场强度为

$$\boldsymbol{E} = \frac{\rho R^3}{3\varepsilon_0 r^2} \boldsymbol{e}_r$$

9-15 两个带有等量异号电荷的无限长同轴圆柱面,半径分别为 R_1 和 $R_2(R_1 < R_2)$,单位长度所带的电荷为 λ.求与轴线距离为 r 处的电场强度:(1)$r<R_1$;(2)$R_1<r<R_2$;(3)$r>R_2$.

分析 电荷分布在无限长同轴圆柱面上,电场强度也必定沿轴对称分布.如图(a)所示,取同轴圆柱面为高斯面,只有侧面的电场强度通量不为零,且 $\oint \boldsymbol{E} \cdot \mathrm{d}\boldsymbol{S} = 2\pi r L E$,求出不同半径高斯面内的电荷量 $\sum q$.即可解得各区域电场的分布.

解 作同轴圆柱面为高斯面,根据高斯定理

$$2\pi r L E = \sum q / \varepsilon_0$$

$r < R_1$,
$$\sum q = 0$$
$$E_1 = 0$$

$R_1 < r < R_2$,
$$\sum q = \lambda L$$
$$E_2 = \frac{\lambda}{2\pi\varepsilon_0 r}$$

$r > R_2$,
$$\sum q = 0$$
$$E_3 = 0$$

在带电面附近,电场强度大小不连续,如图(b)所示,电场强度有一跃变

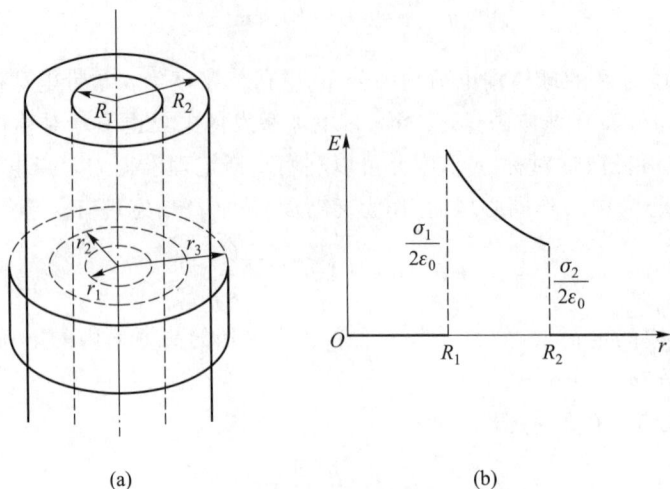

(a)   (b)

习题 9-15 图

$$\Delta E = \frac{\lambda}{2\pi\varepsilon_0 r} = \frac{\lambda L}{2\pi\varepsilon_0 rL} = \frac{\sigma}{\varepsilon_0}$$

9-16　如图所示,有三个点电荷 Q_1、Q_2、Q_3 沿一条直线等间距分布,且 $Q_1 = Q_3 = Q$,已知其中任意一个点电荷所受合力均为零.求在固定 Q_1、Q_3 的情况下,将 Q_2 从点 O 移到无限远处,外力所做的功.

分析　由库仑力的定义,根据 Q_1、Q_3 所受合力为零可求得 Q_2.

外力做的功 W' 应等于电场力做的功 W 的负值,即

$W' = -W$.求电场力做功的方法有两种:

(1) 根据功的定义,电场力做的功为

$$W = \int_0^\infty Q_2 \boldsymbol{E} \cdot \mathrm{d}\boldsymbol{l}$$

其中 $\boldsymbol{E}$ 是点电荷 Q_1、Q_3 产生的合电场强度.

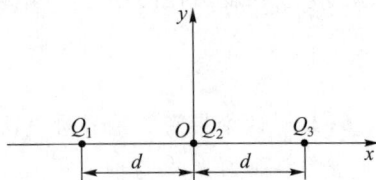

习题 9-16 图

(2) 根据电场力做的功与电势能差的关系,有

$$W = Q_2(V_0 - V_\infty) = Q_2 V_0$$

其中 V_0 是 Q_1、Q_3 在点 O 处产生的电势(取无限远处为零电势).

解 1　由题意 Q_1 所受的合力为零,则

$$Q_1 \frac{Q_2}{4\pi\varepsilon_0 d^2} + Q_1 \frac{Q_3}{4\pi\varepsilon_0 (2d)^2} = 0$$

解得

$$Q_2 = -\frac{1}{4} Q_3 = -\frac{1}{4} Q$$

由点电荷电场的叠加,垂直于电荷连线作 Q_1、Q_3 的中垂线,并取中垂线为 y 轴,Q_1、Q_3 在 y 轴上任意一点激发的电场强度为

$$E = E_{1y} + E_{3y} = 2 \cdot \frac{Q}{4\pi\varepsilon_0 (d^2 + y^2)} \cdot \frac{y}{(d^2 + y^2)^{\frac{1}{2}}} = \frac{Qy}{2\pi\varepsilon_0 (d^2 + y^2)^{3/2}}$$

将 Q_2 从点 O 沿 y 轴移到无限远处(沿其他路径所做的功相同,请想一想为什么?)外力所做的功为

$$W' = -\int_0^\infty Q_2 \boldsymbol{E} \cdot \mathrm{d}\boldsymbol{l} = -\int_0^\infty \left(-\frac{1}{4}Q\right)\frac{Qy}{2\pi\varepsilon_0(d^2+y^2)^{3/2}}\mathrm{d}y = \frac{Q^2}{8\pi\varepsilon_0 d}$$

解2 与解1相同,在任一点电荷所受合力均为零时 $Q_2 = -\frac{1}{4}Q$,并由电势的叠加得 Q_1、Q_3 在点 O 的电势为

$$V_0 = \frac{Q_1}{4\pi\varepsilon_0 d} + \frac{Q_3}{4\pi\varepsilon_0 d} = \frac{Q}{2\pi\varepsilon_0 d}$$

将 Q_2 从点 O 移到无限远处的过程中,外力做的功为

$$W' = -Q_2 V_0 = \frac{Q^2}{8\pi\varepsilon_0 d}$$

比较上述两种方法,显然用功与电势能变化的关系来求解较为简洁.这是因为在许多实际问题中直接求电场分布困难较大,而求电势分布要简单得多.

9-17 已知均匀带电直线附近的电场强度近似为

$$\boldsymbol{E} = \frac{\lambda}{2\pi\varepsilon_0 r}\boldsymbol{e}_r$$

其中 λ 为电荷线密度.(1)求在 $r=r_1$ 和 $r=r_2$ 两点间的电势差;(2)在点电荷的电场中,我们曾取 $r \to \infty$ 处的电势为零,问均匀带电直线附近的电势时能否这样取? 试说明.

解 (1)由于电场力做功与路径无关,若沿径向积分,则有

$$U_{12} = \int_{r_1}^{r_2} \boldsymbol{E} \cdot \mathrm{d}\boldsymbol{r} = \frac{\lambda}{2\pi\varepsilon_0}\ln\frac{r_2}{r_1}$$

(2)不能.严格地讲,电场强度 $\boldsymbol{E} = \frac{\lambda}{2\pi\varepsilon_0 r}\boldsymbol{e}_r$ 只适用于无限长的均匀带电直线,而此时电荷分布在无限空间,$r \to \infty$ 处的电势应与直线上的电势相等.

9-18 一个球形雨滴半径为 0.40 mm,带有电荷量 1.6 pC,它表面的电势有多大?两个这样的雨滴相遇后合并为一个较大的雨滴,这个雨滴表面的电势又是多大?

分析 取无限远处为零电势参考点,半径为 R、带电荷量为 q 的球形雨滴表面电势为

$$V = \frac{1}{4\pi\varepsilon_0}\frac{q}{R}$$

当两个球形雨滴合并为一个较大雨滴后,半径增大为 $\sqrt[3]{2}R$,代入上式后可以求出两雨滴相遇合并后,雨滴表面的电势.

解 根据已知条件球形雨滴半径 $R_1 = 0.40$ mm,带有电荷量 $q_1 = 1.6$ pC,可以求得带电球形雨滴表面电势为

$$V_1 = \frac{1}{4\pi\varepsilon_0}\frac{q_1}{R_1} = 36 \text{ V}$$

当两个球形雨滴合并为一个较大雨滴后,雨滴半径 $R_2 = \sqrt[3]{2}R_1$,带有电荷量 $q_2 = 2q_1$,雨滴表面电势为

$$V_2 = \frac{1}{4\pi\varepsilon_0} \frac{2q_1}{\sqrt[3]{2}R_1} = 57\ \text{V}$$

两个球形雨滴合并后电势升高,电势能增大,两个带同号电荷的雨滴融合过程中外界要克服同类电荷间的斥力做功。

9-19 电荷面密度分别为$+\sigma$和$-\sigma$的两块"无限大"均匀带电的平行平板,如图(a)所示放置,取坐标原点O为零电势点,求空间各点的电势分布,并画出电势随位置坐标x变化的关系曲线.

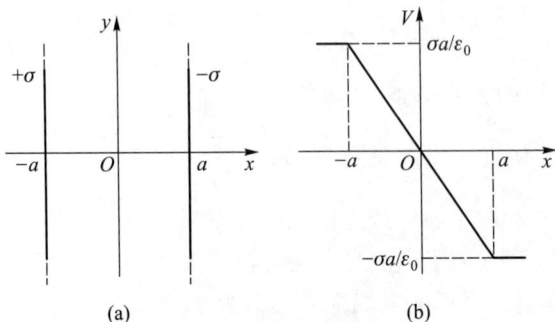

习题9-19图

分析 由于"无限大"均匀带电的平行平板电荷分布在"无限"空间,不能采用点电荷电势叠加的方法求电势分布:首先由"无限大"均匀带电平板的电场强度叠加求电场强度的分布,然后依照电势的定义式求电势分布.

解 由"无限大"均匀带电平板的电场强度$\pm\dfrac{\sigma}{2\varepsilon_0}\boldsymbol{i}$,叠加求得电场强度的分布,

$$\boldsymbol{E} = \begin{cases} \boldsymbol{0} & (x < -a) \\[2mm] \dfrac{\sigma}{\varepsilon_0}\boldsymbol{i} & (-a < x < a) \\[2mm] \boldsymbol{0} & (x > a) \end{cases}$$

电势等于移动单位正电荷到零电势点,电场力所做的功,即

$$V = \int_x^0 \boldsymbol{E} \cdot \mathrm{d}\boldsymbol{l} = -\frac{\sigma}{\varepsilon_0}x \quad (-a < x < a)$$

$$V = \int_x^{-a} \boldsymbol{E} \cdot \mathrm{d}\boldsymbol{l} + \int_{-a}^0 \boldsymbol{E} \cdot \mathrm{d}\boldsymbol{l} = \frac{\sigma}{\varepsilon_0}a \quad (x < -a)$$

$$V = \int_x^a \boldsymbol{E} \cdot \mathrm{d}\boldsymbol{l} + \int_a^0 \boldsymbol{E} \cdot \mathrm{d}\boldsymbol{l} = -\frac{\sigma}{\varepsilon_0}a \quad (x > a)$$

电势变化曲线如图(b)所示.

9-20 两个同心球面的半径分别为R_1和R_2,各自带有电荷量Q_1和Q_2.(1)求各区域电势的分布,并画出分布曲线;(2)求两球面上的电势差.

分析 通常可采用两种方法.

方法1:由于电荷均匀分布在球面上,电场分布也具有球对称性,因此,可根据电势与电场强

度的积分关系求电势.取同心球面为高斯面,借助高斯定理先求得各区域的电场强度分布,再由 $V_P = \int_P^\infty \boldsymbol{E} \cdot \mathrm{d}\boldsymbol{l}$ 求电势分布.

方法2:利用电势叠加原理求电势.一个均匀带电的球面,在球面外产生的电势为

$$V = \frac{Q}{4\pi\varepsilon_0 r}$$

在球面内电场强度为零,电势处处相等,等于球面的电势

$$V = \frac{Q}{4\pi\varepsilon_0 R}$$

其中 R 是球面的半径.根据上述分析,利用电势叠加原理,将两个球面在各区域产生的电势叠加,可求得电势的分布.

解1 (1)由高斯定理可求得电场分布

$$\boldsymbol{E}_1 = \boldsymbol{0} \qquad (r < R_1)$$

$$\boldsymbol{E}_2 = \frac{Q_1}{4\pi\varepsilon_0 r^2}\boldsymbol{e}_r \qquad (R_1 < r < R_2)$$

$$\boldsymbol{E}_3 = \frac{Q_1 + Q_2}{4\pi\varepsilon_0 r^2}\boldsymbol{e}_r \qquad (r > R_2)$$

由电势的定义 $V = \int_r^\infty \boldsymbol{E} \cdot \mathrm{d}\boldsymbol{l}$ 可求得各区域的电势分布.

当 $r \leqslant R_1$ 时,有

$$V_1 = \int_r^{R_1} \boldsymbol{E}_1 \cdot \mathrm{d}\boldsymbol{l} + \int_{R_1}^{R_2} \boldsymbol{E}_2 \cdot \mathrm{d}\boldsymbol{l} + \int_{R_2}^\infty \boldsymbol{E}_3 \cdot \mathrm{d}\boldsymbol{l}$$

$$= 0 + \frac{Q_1}{4\pi\varepsilon_0}\left(\frac{1}{R_1} - \frac{1}{R_2}\right) + \frac{Q_1 + Q_2}{4\pi\varepsilon_0 R_2}$$

$$= \frac{Q_1}{4\pi\varepsilon_0 R_1} + \frac{Q_2}{4\pi\varepsilon_0 R_2}$$

当 $R_1 \leqslant r \leqslant R_2$ 时,有

$$V_2 = \int_r^{R_2} \boldsymbol{E}_2 \cdot \mathrm{d}\boldsymbol{l} + \int_{R_2}^\infty \boldsymbol{E}_3 \cdot \mathrm{d}\boldsymbol{l}$$

$$= \frac{Q_1}{4\pi\varepsilon_0}\left(\frac{1}{r} - \frac{1}{R_2}\right) + \frac{Q_1 + Q_2}{4\pi\varepsilon_0 R_2}$$

$$= \frac{Q_1}{4\pi\varepsilon_0 r} + \frac{Q_2}{4\pi\varepsilon_0 R_2}$$

当 $r \geqslant R_2$ 时,有

$$V_3 = \int_r^\infty \boldsymbol{E}_3 \cdot \mathrm{d}\boldsymbol{l} = \frac{Q_1 + Q_2}{4\pi\varepsilon_0 r}$$

分布曲线如图所示。

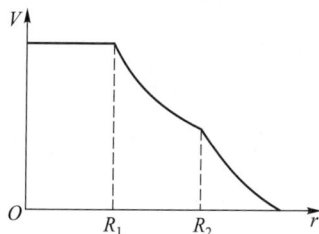

习题9-20图

（2）两个球面间的电势差为

$$U_{12} = \int_{R_1}^{R_2} \boldsymbol{E}_2 \cdot \mathrm{d}\boldsymbol{l} = \frac{Q_1}{4\pi\varepsilon_0}\left(\frac{1}{R_1} - \frac{1}{R_2}\right)$$

解 2 （1）由各球面电势的叠加计算电势分布.若该点位于两个球面内,即 $r \leqslant R_1$,则

$$V_1 = \frac{Q_1}{4\pi\varepsilon_0 R_1} + \frac{Q_2}{4\pi\varepsilon_0 R_2}$$

若该点位于两个球面之间,即 $R_1 \leqslant r \leqslant R_2$,则

$$V_2 = \frac{Q_1}{4\pi\varepsilon_0 r} + \frac{Q_2}{4\pi\varepsilon_0 R_2}$$

若该点位于两个球面之外,即 $r \geqslant R_2$,则

$$V_3 = \frac{Q_1 + Q_2}{4\pi\varepsilon_0 r}$$

（2）两个球面间的电势差为

$$U_{12} = (V_1 - V_2)\bigg|_{r=R_2} = \frac{Q_1}{4\pi\varepsilon_0 R_1} - \frac{Q_1}{4\pi\varepsilon_0 R_2}$$

9-21 一半径为 R 的"无限长"带电棒,其内部的电荷均匀分布,电荷体密度为 ρ.现取棒表面为零电势,求空间的电势分布,并画出电势分布曲线.

分析 无限长均匀带电棒的电荷分布呈轴对称,其电场和电势的分布也呈轴对称.选取同轴柱面为高斯面,利用高斯定理

$$\oint \boldsymbol{E} \cdot \mathrm{d}\boldsymbol{S} = \frac{1}{\varepsilon_0}\int_V \rho \mathrm{d}V$$

可求得电场分布 $E(r)$,取棒表面为零电势 $(V_b = 0)$,再根据电势差的定义

$$V = \int_r^b \boldsymbol{E}(\boldsymbol{r}) \cdot \mathrm{d}\boldsymbol{l}$$

即可得空间任意点的电势.

解 取高度为 l、半径为 r 且与带电棒同轴的圆柱面为高斯面,由高斯定理

当 $r \leqslant R$ 时 $\qquad\qquad\qquad 2\pi rlE = \dfrac{\pi r^2 l\rho}{\varepsilon_0}$

得 $\qquad\qquad\qquad\qquad\qquad E(r) = \dfrac{\rho r}{2\varepsilon_0}$

当 $r \geqslant R$ 时 $\qquad\qquad\qquad 2\pi rlE = \dfrac{\pi R^2 l\rho}{\varepsilon_0}$

得 $\qquad\qquad\qquad\qquad\qquad E(r) = \dfrac{\rho R^2}{2\varepsilon_0 r}$

取棒表面为零电势,空间的电势分布有

当 $r \leqslant R$ 时 $\qquad\qquad V(r) = \int_r^R \dfrac{\rho r}{2\varepsilon_0}\mathrm{d}r = \dfrac{\rho}{4\varepsilon_0}(R^2 - r^2)$

当 $r \geqslant R$ 时 $\qquad\qquad V(r) = \int_r^R \dfrac{\rho R^2}{2\varepsilon_0 r}\mathrm{d}r = \dfrac{\rho R^2}{2\varepsilon_0}\ln\dfrac{R}{r}$

如图所示是电势 V 随空间位置 r 的分布曲线.

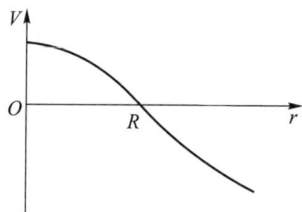

习题 9-21 图

9-22 设半径为 R 的球体内电荷球对称分布,电荷体密度为 $\rho = kr(r \leqslant R)$,其中 k 为常量.试求球体内、外电场强度 E 和电势 V 的分布.

分析 带电球体内、外的电场呈球对称分布,作与带电球体同心的球面为高斯面,高斯面处处各点电场强度 E 为常量,且垂直于高斯面,因而

$$\oint_S \boldsymbol{E} \cdot d\boldsymbol{S} = 4\pi r^2 E$$

如图所示,取同心球壳为体元,体元带电 $dq = \rho \cdot 4\pi r'^2 dr' = 4\pi k r'^3 dr'$,可由积分求出高斯面内带电球体所带电荷量,并通过高斯定理求空间电场强度的分布.

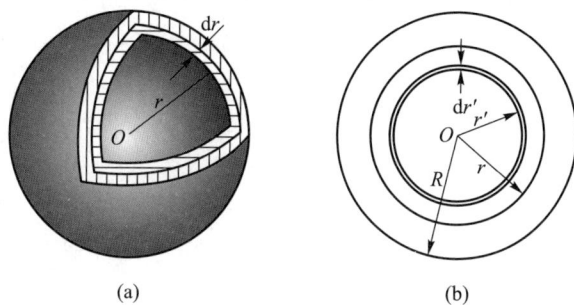

(a)   (b)

习题 9-22 图

取无限远为零电势,由电势的定义

$$V = \int_r^\infty \boldsymbol{E} \cdot d\boldsymbol{l}$$

求空间电势的分布.

解 在带电球体内、外分别作与带电球体同心的球面为高斯面,由高斯定理得

$$\oint_S \boldsymbol{E} \cdot d\boldsymbol{S} = 4\pi r^2 E = \frac{1}{\varepsilon_0} \int_\Omega 4\pi k r'^3 dr'$$

球体内,$r \leqslant R$

$$4\pi r^2 E_i = \frac{1}{\varepsilon_0} \int_0^r 4\pi k r'^3 dr' = \frac{\pi k}{\varepsilon_0} r^4$$

解得

$$E_i = \frac{kr^2}{4\varepsilon_0}$$

球体外,$r > R$

$$4\pi r^2 E_e = \frac{1}{\varepsilon_0} \int_0^R 4\pi k r'^3 \, dr' = \frac{\pi k}{\varepsilon_0} R^4$$

解得

$$E_e = \frac{kR^4}{4\varepsilon_0 r^2}$$

取无限远为零电势,由电势的定义

$$V = \int_r^\infty \boldsymbol{E} \cdot d\boldsymbol{l}$$

带电球体内,$r \leqslant R$

$$V = \int_r^\infty \boldsymbol{E} \cdot d\boldsymbol{l} = \int_r^R \boldsymbol{E}_i \cdot d\boldsymbol{l} + \int_R^\infty \boldsymbol{E}_e \cdot d\boldsymbol{l} = \int_r^R \frac{kr^2}{4\varepsilon_0} \, dr + \int_R^\infty \frac{kR^4}{4\varepsilon_0 r^2} \, dr = \frac{k}{12\varepsilon_0}(4R^3 - r^3)$$

带电球体外,$r > R$

$$V = \int_r^\infty \boldsymbol{E}_e \cdot d\boldsymbol{l} = \int_r^\infty \frac{kR^4}{4\varepsilon_0 r^2} \, dr = \frac{kR^4}{4\varepsilon_0 r}$$

9-23 一个半径为 R,电荷面密度为 $\sigma(r)$ 的带电圆盘,如果 $\sigma(r) = kr$(其中 $k > 0, 0 \leqslant r \leqslant R$,$r$ 为离圆盘中心的距离),求圆盘中心处的电势.

分析 如图所示,将带电圆盘视作不同半径带电圆环的组合,带电荷量 $dq = 2\pi k r^2 dr$ 的细圆环在圆心处的电势 dV 等于

$$dV = \frac{1}{4\pi\varepsilon_0} \frac{dq}{r}$$

将半径在 $0 \sim R$ 间的带电细圆环在圆心处的电势积分叠加,$V = \int dV$,可以求得点 O 的电势.

解 取无限远为零电势,半径为 $r \sim r + dr$ 的圆环上的电荷量 $dq = 2\pi k r^2 dr$ 对点 O 电势的贡献为

$$dV = \frac{1}{4\pi\varepsilon_0} \frac{dq}{r} = \frac{kr}{2\varepsilon_0} \, dr$$

所求点 O 的电势为

$$V = \int dV = \int_0^R \frac{kr}{2\varepsilon_0} \, dr = \frac{k}{4\varepsilon_0} R^2$$

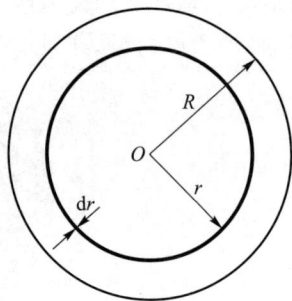

习题 9-23 图

9-24 一圆盘半径 $R = 3.00 \times 10^{-2}$ m,圆盘均匀带电,电荷面密度为 $\sigma = 2.00 \times 10^{-5}$ C·m^{-2}.(1)求轴线上的电势分布;(2)根据电场强度和电势的微分关系求电场分布;(3)计算离盘心 30.0 cm 处的电势和电场强度.

分析 将圆盘分割为一组不同半径的同心带电细圆环,利用带电细环轴线上一点的电势公式,将不同半径的带电圆环在轴线上一点的电势积分相加,即可求得带电圆盘在轴线上的电势分布,再根据电场强度与电势之间的微分关系式可求得电场强度的分布.

解 (1)如图所示,取无限远处为零电势,圆盘上半径为 r 的带电细圆环在轴线上任一点 P 激发的电势为

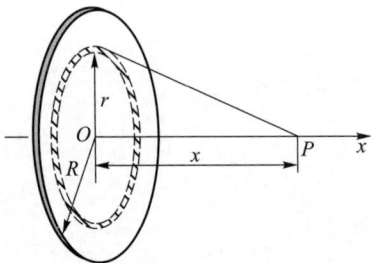

习题 9-24 图

$$dV = \frac{1}{4\pi\varepsilon_0} \frac{\sigma 2\pi r dr}{\sqrt{r^2 + x^2}}$$

由电势叠加,轴线上任一点 P 的电势的

$$V = \frac{\sigma}{2\varepsilon_0} \int_0^R \frac{r dr}{\sqrt{r^2 + x^2}} = \frac{\sigma}{2\varepsilon_0}\left(\sqrt{R^2 + x^2} - x\right) \tag{1}$$

(2)轴线上任一点的电场强度为

$$\boldsymbol{E} = -\frac{dV}{dx}\boldsymbol{i} = \frac{\sigma}{2\varepsilon_0}\left(1 - \frac{x}{\sqrt{R^2 + x^2}}\right)\boldsymbol{i} \tag{2}$$

电场强度方向沿 x 轴方向.

(3)将场点至盘心的距离 $x = 30.0$ cm 分别代入式(1)和式(2),得

$$V = 1\ 691\ \text{V}$$

$$E = 5\ 608\ \text{V} \cdot \text{m}^{-1}$$

当 $x \gg R$ 时,圆盘也可以视为点电荷,其电荷量为 $q = \pi R^2 \sigma = 5.65 \times 10^{-8}$ C.依照点电荷电场中电势和电场强度的计算公式,有

$$V = \frac{q}{4\pi\varepsilon_0 x} = 1\ 694\ \text{V}$$

$$E = \frac{q}{4\pi\varepsilon_0 x^2} = 5\ 648\ \text{V} \cdot \text{m}^{-1}$$

由此可见,当 $x \gg R$ 时,可以忽略圆盘的几何形状,将带电的圆盘当作点电荷来处理.在本题中作这样的近似处理,E 和 V 的误差分别不超过0.3%和0.8%,这足以满足一般测量的精度要求.

9-25 两根同长的同轴圆柱面($R_1 = 3.00 \times 10^{-2}$ m,$R_2 = 0.10$ m),带有等量异号的电荷,两者间的电势差为 450 V.求:(1)圆柱面单位长度所带的电荷;(2)$r = 0.05$ m 处的电场强度.

解 (1)由习题9-15的结果,可得两圆柱面之间的电场强度为

$$E = \frac{\lambda}{2\pi\varepsilon_0 r}$$

根据电势差的定义有

$$U_{12} = \int_{R_1}^{R_2} \boldsymbol{E} \cdot d\boldsymbol{l} = \frac{\lambda}{2\pi\varepsilon_0}\ln\frac{R_2}{R_1}$$

解得

$$\lambda = \frac{2\pi\varepsilon_0 U_{12}}{\ln(R_2/R_1)} = 2.1 \times 10^{-8}\ \text{C} \cdot \text{m}^{-1}$$

(2)解得两圆柱面之间 $r = 0.05$ m 处的电场强度为

$$E = \frac{\lambda}{2\pi\varepsilon_0 r} = \frac{U_{12}}{r\ln\dfrac{R_2}{R_1}} = 7\ 475\ \text{V} \cdot \text{m}^{-1}$$

9-26 轻原子核(如氢及其同位素氘、氚的原子核)结合成为较重原子核的过程称为核聚

变.核聚变可以释放出巨大的能量.例如四个氢原子核(质子)结合成一个氦原子核(α 粒子)时,可以释放出 25.9 MeV 的能量.即

$$4{}_1^1\text{H} \rightarrow {}_2^4\text{He} + 2\,{}_1^0\text{e} + 25.9\ \text{MeV}$$

这类聚变反应提供了太阳发光、发热的能源.如果我们能够在地球上实现核聚变,就能获得丰富的廉价清洁能源.但是要实现核聚变难度相当大,只有在极高的温度和压强下,原子热运动的速率非常大,才能使原子核相碰而结合,故核聚变又称热核反应.试估算:(1) 一个质子(${}_1^1\text{H}$)以怎样的动能(用 eV 表示)才能从很远处到达与另一个质子相接触的距离;(2) 平均热运动动能达到此值时,气体温度有多高(质子的平均半径约为 1.0×10^{-15} m).

分析 作为估算,可以将质子上的电荷分布看作球对称分布,因此质子周围的电势分布为

$$V = \frac{e}{4\pi\varepsilon_0 r}$$

将质子作为经典粒子处理,当另一质子从无限远处以动能 E_k 飞向该质子时,势能增加,动能减少,如能克服库仑斥力而使两质子相碰,则质子的初始动能为

$$E_{k0} \geqslant eV_{2R} = \frac{1}{4\pi\varepsilon_0}\frac{e^2}{2R}$$

假设该氢原子核的初始动能就是氢分子热运动的平均动能,根据分子动理论知

$$\bar{E}_k = \frac{3}{2}kT$$

由上述分析可估算出质子的动能和此时氢气的温度.

解 (1) 两个质子相接触时势能最大,根据能量守恒

$$E_{k0} \geqslant eV_{2R} = \frac{1}{4\pi\varepsilon_0}\frac{e^2}{2R} = 7.2 \times 10^5\ \text{eV}$$

由 $E_{k0} = mc^2 - m_0c^2$ 可估算出质子的初始速率[①]

$$v_0 = \left[1 - \frac{1}{(E_{k0}/m_0c^2 + 1)^2}\right]^{\frac{1}{2}} c = 2.73 \times 10^8\ \text{m/s}$$

该速度已达到光速的 91%.

(2) 依照上述假设,质子的初始动能等于氢分子的平均动能,即

$$E_{k0} = \bar{E}_k = \frac{3}{2}kT$$

得

$$T = \frac{2E_{k0}}{3k} \approx 5.6 \times 10^9\ \text{K}$$

实际上在这么高的温度下,中性原子已被离解为电子和正离子,称为等离子态,高温的等离子体不能用常规的容器来约束,只能采用磁场来约束(托卡马克装置).

9-27 在一次典型的闪电中,两个放电点间的电势差约为 10^9 V,被迁移的电荷约为30 C.(1) 若释放出来的能量都用来使 0 ℃ 的冰熔化成 0 ℃ 的水,则可熔化多少冰?(冰的熔化热 $L = 3.34 \times 10^5$ J·kg^{-1}.)(2) 假设每一个家庭 1 年消耗的能量为 3 000 kW·h,则可为多少个家庭

---

① 有关相对论动能请参阅教材下册 §15–5 节.

提供 1 年的能量消耗?

解 （1）若闪电中释放出来的全部能量为冰所吸收,故可熔化冰的质量为

$$m = \frac{\Delta E}{L} = \frac{qU}{L} = 8.98 \times 10^4 \text{ kg}$$

即可熔化约 90 吨冰.

（2）一个家庭 1 年消耗的能量为

$$E_0 = 3\,000 \text{ kW} \cdot \text{h} = 1.08 \times 10^{10} \text{ J}$$

$$n = \frac{\Delta E}{E_0} = \frac{qU}{E_0} = 2.8$$

一次闪电在极短的时间内释放出来的能量只可维持近 3 个家庭 1 年消耗的电能.

9-28 已知水分子的电偶极矩为 $p = 6.17 \times 10^{-30}$ C·m,则该水分子在电场强度 $E = 1.0 \times 10^5$ V·m^{-1} 的电场中所受力矩的最大值是多少?

分析与解 在均匀外电场中,电偶极子所受的力矩为

$$\boldsymbol{M} = \boldsymbol{p} \times \boldsymbol{E}$$

当电偶极子与外电场正交时,电偶极子所受的力矩取最大值.因而有

$$M_{\max} = pE = 6.17 \times 10^{-25} \text{ N} \cdot \text{m}$$

9-29 电子束焊接机中的电子枪如图所示,K 为阴极,A 为阳极,阴极发射的电子在阴极和阳极间电场加速下聚集成一细束,以极高的速率穿过阳极上的小孔,射到被焊接的金属间,使两块金属熔化在一起.已知两极间电压为 $U_{AK} = 2.5 \times 10^4$ V,并设电子从阴极发射时的初速度为零,求:（1）电子到达被焊接金属时具有的动能;（2）电子射到金属上时的速度.

分析 电子被阴极和阳极间的电场加速获得动能,获得的动能等于电子在电场中减少的势能.由电子动能与速率的关系可以求得电子射到金属上时的速度.

解 （1）依照上述分析,电子到达被焊接金属时具有的动能为

$$E_k = eU_{AK} = 2.5 \times 10^4 \text{ eV}$$

（2）由于电子运动的动能远小于电子的静能（$E_0 = 0.51$ MeV）,可以将电子当作经典粒子处理.电子射到金属上时的速度为

$$v = \sqrt{\frac{2E_k}{m_e}} = 9.37 \times 10^7 \text{ m} \cdot \text{s}^{-1}$$

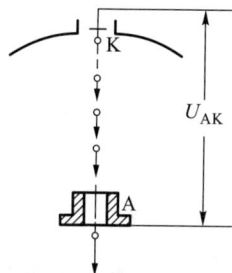

习题 9-29 图

第十章　静电场中的导体与电介质

10-1 将一个带正电的带电体 A 从远处移到一个不带电的导体 B 附近,导体 B 的电势将（　　）.

（A）升高　　　　　　　　　　（B）降低

（C）不会发生变化　　　　　　（D）无法确定

分析与解 不带电的导体 B 相对无限远处为零电势.由于带正电的带电体 A 移到不带电的

导体 B 附近时,在导体 B 的近端感应负电荷;在远端感应正电荷,不带电导体的电势将高于无限远处,因而正确答案为(A).

10-2 将一个带负电的物体 M 靠近一个不带电的导体 N,N 的左端感应出正电荷,右端感应出负电荷.若将导体 N 的左端接地(如图所示),则( ).

(A) N 上的负电荷入地
(B) N 上的正电荷入地
(C) N 上的所有电荷入地
(D) N 上所有的感应电荷入地

分析与解 导体 N 接地表明导体 N 为零电势,即与无限远处等电势,这与导体 N 在哪一端接地无关.因而正确答案为(A).

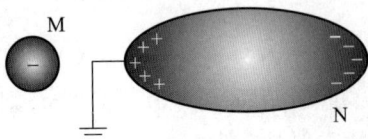

习题 10-2 图

10-3 如图所示,将一个电荷量为 q 的点电荷放在一个半径为 R 的不带电的导体球附近,点电荷距导体球球心为 d.设无限远处为零电势,则在导体球球心 O 有( ).

(A) $E=0, V=\dfrac{q}{4\pi\varepsilon_0 d}$

(B) $E=\dfrac{q}{4\pi\varepsilon_0 d^2}, V=\dfrac{q}{4\pi\varepsilon_0 d}$

(C) $E=0, V=0$

(D) $E=\dfrac{q}{4\pi\varepsilon_0 d^2}, V=\dfrac{q}{4\pi\varepsilon_0 R}$

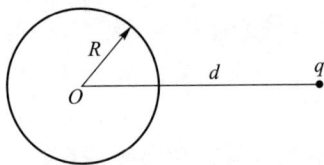

习题 10-3 图

分析与解 达到静电平衡时导体内处处各点电场强度为零.点电荷 q 在导体球表面感应等量异号的感应电荷 $\pm q'$,导体球表面的感应电荷 $\pm q'$ 在球心 O 激发的电势为零,点 O 的电势等于点电荷 q 在该处激发的电势.因而正确答案为(A).

10-4 根据有电介质时的高斯定理,在电介质中电位移矢量对任意一个闭合曲面的通量积分等于这个曲面所包围自由电荷的代数和.下列推论正确的是( ).

(A) 若电位移矢量沿任意一个闭合曲面的通量积分等于零,则曲面内一定没有自由电荷

(B) 若电位移矢量沿任意一个闭合曲面的通量积分等于零,则曲面内电荷的代数和一定等于零

(C) 若电位移矢量沿任意一个闭合曲面的通量积分不等于零,则曲面内一定有极化电荷

(D) 有介质时的高斯定理表明电位移矢量仅仅与自由电荷的分布有关

(E) 介质中的电位移矢量与自由电荷和极化电荷的分布有关

分析与解 电位移矢量沿任意一个闭合曲面的通量积分等于零,表明曲面内自由电荷的代

数和等于零;由于电介质会改变自由电荷的空间分布,介质中的电位移矢量与自由电荷与位移电荷的分布有关.因而正确答案为(E).

*10-5 对于各向同性的均匀电介质,下列概念正确的是(   ).

(A) 电介质充满整个电场并且自由电荷的分布不发生变化时,介质中的电场强度一定等于没有电介质时该点电场强度的 $1/\varepsilon_r$

(B) 电介质中的电场强度一定等于没有介质时该点电场强度的 $1/\varepsilon_r$

(C) 电介质充满整个电场时,电介质中的电场强度一定等于没有电介质时该点电场强度的 $1/\varepsilon_r$

(D) 电介质中的电场强度一定等于没有介质时该点电场强度的 ε_r 倍

分析与解　电介质中的电场由自由电荷激发的电场与极化电荷激发的电场叠加而成,由于极化电荷可能会改变电场中导体表面自由电荷的分布,由电介质中的高斯定理,仅当电介质充满整个电场并且自由电荷的分布不发生变化时,在电介质中任意高斯面 S 有

$$\oint_S (1 + \chi_e) \boldsymbol{E} \cdot \mathrm{d}\boldsymbol{S} = \oint_S \boldsymbol{E}_0 \cdot \mathrm{d}\boldsymbol{S} = \frac{1}{\varepsilon_0} \sum_i q_i$$

即 $E = E_0/\varepsilon_r$,因而正确答案为(A).

10-6　不带电的导体球 A 含有两个球形空腔,两空腔中心分别有一个点电荷 q_b、q_c,导体球外距导体球较远的 r 处还有一个点电荷 q_d(如图所示).试求点电荷 q_b、q_c、q_d 各自受到的电场力.

分析与解　根据导体静电平衡时电荷分布的规律,空腔内点电荷的电场线终止于空腔内表面感应电荷;导体球 A 外表面的感应电荷近似均匀分布,因而近似可看作均匀带电球对点电荷 q_d 的作用力:

$$F_d = \frac{(q_b + q_c) q_d}{4\pi\varepsilon_0 r^2}$$

点电荷 q_d 与导体球 A 外表面感应电荷在球形空腔内激发的电场为零,点电荷 q_b、q_c 处于球形空腔的中心,空腔内表面感应电荷均匀分布,点电荷 q_b、q_c 受到的作用力为零.

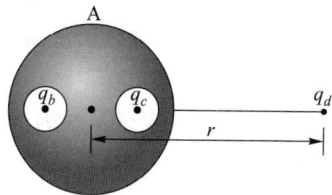

习题 10-6 图

10-7　一个真空二极管,其主要构件是一个半径为 $R_1 = 5.0 \times 10^{-4}$ m 的圆柱形阴极和一个套在阴极外、半径为 $R_2 = 4.5 \times 10^{-3}$ m 的同轴圆筒形阳极.阳极电势比阴极电势高 300 V,阴极与阳极的长均为 $L = 2.5 \times 10^{-2}$ m.假设电子从阴极射出时的初速度为零,求:(1) 该电子到达阳极时所具有的动能和速率;(2) 电子刚从阴极射出时所受的力.

分析　(1) 如图所示,由于半径 $R_1 \ll L$,因此可将电极看作无限长圆柱面,阴极和阳极之间的电场具有轴对称性.从阴极射出的电子在电场力作用下从静止开始沿径向加速,电子所获得的动能等于电场力所做的功,也即等于电子势能的减少.由此,可求得电子到达阳极时的动能和速率.

(2) 计算阳极表面附近的电场强度,由 $\boldsymbol{F} = q\boldsymbol{E}$ 求出电子在阴极表面所受的电场力.

解　(1) 电子到达阳极时,势能的减少量为

$$\Delta E_{ep} = -eV = -4.8 \times 10^{-17} \text{ J}$$

由于电子的初始速度为零,故

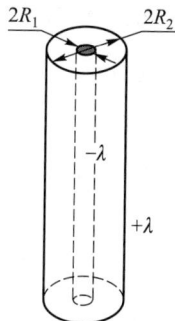

习题 10-7 图

$$E_{ek} = \Delta E_{ek} = - \Delta E_{ep} = 4.8 \times 10^{-17} \text{ J}$$

电子到达阳极时的功能 4.8×10^{-17} J ≈ 300 eV $\ll m_0 c^2$,因此电子到达阳极的速率为

$$v = \sqrt{\frac{2E_{ek}}{m_e}} = \sqrt{\frac{2eV}{m_e}} = 1.03 \times 10^7 \text{ m} \cdot \text{s}^{-1}$$

（2）两极间的电场强度为

$$E = - \frac{\lambda}{2\pi\varepsilon_0 r} e_r$$

两极间的电势差为

$$V = \int_{R_1}^{R_2} E \cdot dr = \int_{R_1}^{R_2} - \frac{\lambda}{2\pi\varepsilon_0 r} dr = - \frac{\lambda}{2\pi\varepsilon_0} \ln \frac{R_2}{R_1}$$

负号表示阳极电势高于阴极电势.阴极表面电场强度为

$$E = - \frac{\lambda}{2\pi\varepsilon_0 R_1} e_r = \frac{V}{R_1 \ln \frac{R_2}{R_1}} e_r$$

电子在阴极表面受力为

$$F = - eE = (4.37 \times 10^{-14} \text{ N}) e_r$$

这个力尽管很小,但作用在质量为 9.11×10^{-31} kg 的电子上,电子获得的加速度可达重力加速度的 5×10^{15} 倍.

10-8 一导体球半径为 R_1,外罩一半径为 R_2 的同心薄导体球壳,外球壳所带总电荷量为 Q,而内球的电势为 V_0.求此系统的电势和电场分布.

分析 若 $V_0 = \frac{Q}{4\pi\varepsilon_0 R_2}$,内球电势等于外球壳的电势,则外球壳内必定为等势体,电场强度处处为零,内球必定不带电.

若 $V_0 \neq \frac{Q}{4\pi\varepsilon_0 R_2}$,内球电势不等于外球壳电势,则外球壳内电场强度不为零,内球必定带电.

一般情况下,假设内导体球带电 q,导体达到静电平衡时电荷的分布如图所示.依照电荷的这一分布,利用高斯定理可求得电场分布.并由 $V_P = \int_P^{\infty} E \cdot dl$ 或电势叠加求出电势的分布.最后将电场强度和电势用已知量 V_0、Q、R_1、R_2 表示.

解 根据静电平衡时电荷的分布,可知电场分布呈球对称.取同心球面为高斯面,由高斯定理 $\oint E \cdot dS = E(r) \cdot 4\pi r^2 = \sum \frac{q}{\varepsilon_0}$,根据不同半径的高斯面内的电荷分布,解得各区域内的电场分布:

$r < R_1$ 时,

$$E_1(r) = 0$$

$R_1 < r < R_2$ 时,

$$E_2(r) = \frac{q}{4\pi\varepsilon_0 r^2}$$

$r>R_2$ 时,

$$E_3(r) = \frac{Q+q}{4\pi\varepsilon_0 r^2}$$

由电场强度与电势的积分关系,可得各相应区域内的电势分布:

$r<R_1$ 时,

$$V_1 = \int_r^\infty \boldsymbol{E} \cdot \mathrm{d}\boldsymbol{l} = \int_r^{R_1} \boldsymbol{E}_1 \cdot \mathrm{d}\boldsymbol{l} + \int_{R_1}^{R_2} \boldsymbol{E}_2 \cdot \mathrm{d}\boldsymbol{l} + \int_{R_2}^\infty \boldsymbol{E}_3 \cdot \mathrm{d}\boldsymbol{l}$$

$$= \frac{q}{4\pi\varepsilon_0 R_1} + \frac{Q}{4\pi\varepsilon_0 R_2}$$

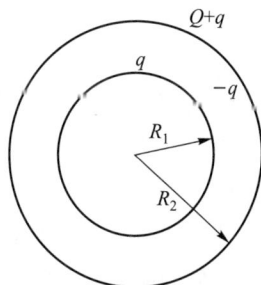

习题 10-8 图

$R_1<r<R_2$ 时,

$$V_2 = \int_r^\infty \boldsymbol{E} \cdot \mathrm{d}\boldsymbol{l} = \int_r^{R_2} \boldsymbol{E}_2 \cdot \mathrm{d}\boldsymbol{l} + \int_{R_2}^\infty \boldsymbol{E}_3 \cdot \mathrm{d}\boldsymbol{l}$$

$$= \frac{q}{4\pi\varepsilon_0 r} + \frac{Q}{4\pi\varepsilon_0 R_2}$$

$r>R_2$ 时,

$$V_3 = \int_r^\infty \boldsymbol{E}_3 \cdot \mathrm{d}\boldsymbol{l} = \frac{Q+q}{4\pi\varepsilon_0 r}$$

也可以从球面电势的叠加求电势的分布:

在导体球内($r<R_1$)为

$$V_1 = \frac{q}{4\pi\varepsilon_0 R_1} + \frac{Q}{4\pi\varepsilon_0 R_2}$$

在导体球和球壳之间($R_1<r<R_2$)为

$$V_2 = \frac{q}{4\pi\varepsilon_0 r} + \frac{Q}{4\pi\varepsilon_0 R_2}$$

在球壳外($r>R_2$)为

$$V_3 = \frac{Q+q}{4\pi\varepsilon_0 r}$$

由题意

$$V_1 = V_0 = \frac{Q}{4\pi\varepsilon_0 R_2} + \frac{q}{4\pi\varepsilon_0 R_1}$$

得

$$q = 4\pi\varepsilon_0 R_1 V_0 - \frac{R_1}{R_2} Q$$

于是可求得各处的电场强度和电势的分布:

$r<R_1$ 时,

$$E_1 = 0; \quad V_1 = V_0$$

$R_1<r<R_2$ 时,

$$E_2 = \frac{R_1 V_0}{r^2} - \frac{R_1 Q}{4\pi\varepsilon_0 R_2 r^2}; \quad V_2 = \frac{R_1 V_0}{r} + \frac{(r-R_1)Q}{4\pi\varepsilon_0 R_2 r}$$

$r>R_2$ 时,

$$E_3 = \frac{R_1 V_0}{r^2} + \frac{(R_2 - R_1)Q}{4\pi\varepsilon_0 R_2 r^2}; \quad V_3 = \frac{R_1 V_0}{r} + \frac{(R_2 - R_1)Q}{4\pi\varepsilon_0 R_2 r}$$

10-9 一根半径为 a 的长直导线外面套有内半径为 b 的同轴导体圆筒,内外导体间相互绝缘.已知导线的电势为 V,圆筒接地且电势为零.试求导线与圆筒间的电场强度以及圆筒上的电荷线密度.

分析 首先假设长直导线单位长度带电荷量 λ,同轴导体圆筒内表面带电荷量 $-\lambda$,由于电荷轴对称分布,电场分布同样轴对称,电场强度必定沿径向.可以借助高斯定理求电场强度分布,并进一步由导线的电势为 V 解出电荷线密度 λ 以及长直导线与导体圆筒间的电场强度.

解 假设长直圆柱形导线单位长度带电荷量 λ,电场分布同样轴对称,电场强度沿径向.作同轴圆柱面为高斯面($a<r<b$),由高斯定理得

$$\oint_S \boldsymbol{E} \cdot \mathrm{d}\boldsymbol{S} = 2\pi r L E = \frac{1}{\varepsilon_0}\lambda L$$

$$E = \frac{\lambda}{2\pi\varepsilon_0 r}$$

由电势差的定义,导线与圆筒间的电势差为

$$V = \int_a^b \frac{\lambda}{2\pi\varepsilon_0 r}\mathrm{d}r = \frac{\lambda}{2\pi\varepsilon_0}\ln\frac{b}{a}$$

解得

$$\lambda = \frac{2\pi\varepsilon_0 V}{\ln(b/a)}$$

代入得长直圆柱形导线和导体圆筒间的电场强度

$$E = \frac{\lambda}{2\pi\varepsilon_0 r} = \frac{V}{r\ln(b/a)}$$

10-10 一对面积均为 S 的平行导体板带等量异号电荷量 $\pm Q$,两导体板间距为 d.若在两导体板中间平行地插入一块厚度为 $d/2$ 的导体板,如图所示,则两导体板间的电势差变为原来电势差的多少倍?

分析 在两导体板中间平行地插入一块导体板,由电荷守恒,上、下导体极板所带电荷量保持不变,在达到静电平衡后,插入的导体板上、下表面分别感应电荷量 $\pm Q$.显然,在插入的导体板内部电场强度为零,而在导体板之间的空隙中,电场强度大小不变.因此

$$U = Ed/2 = U_0/2$$

两导体板间的电势差变为原来电势差的一半.

解 插入导体板之前,上、下极板间的电场强度和电势差分别为

$$E = \frac{Q}{S\varepsilon_0}, \quad U_0 = Ed = \frac{Qd}{S\varepsilon_0}$$

习题 10-10 图

插入导体板之后,插入的导体板内部电场强度为零,而在导体板之间的空隙中,电场强度的大小不变,为

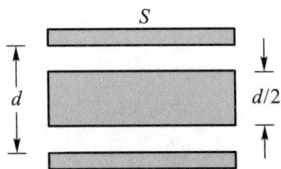

$$E = \frac{Q}{S\varepsilon_0}$$

上、下极板间的电势差为

$$U = Ed/2 = U_0/2$$

10-11 一片二氧化钛晶片,其面积为 1.0 cm^2,厚度为 0.10 mm,平行平板电容器的两极板紧贴在晶片两侧.(1) 求电容器的电容;(2) 电容器的两极板间加上 12 V 电压时,极板上的电荷量为多少? 此时自由电荷和极化电荷的面密度各为多少?(3) 求电容器内的电场强度.

解 (1) 查表可知二氧化钛的相对电容率 $\varepsilon_r = 173$,故充满此介质的平板电容器的电容为

$$C = \frac{\varepsilon_r \varepsilon_0 S}{d} = 1.53 \times 10^{-9} \text{ F}$$

(2) 电容器加上 $U = 12 \text{ V}$ 的电压时,极板上的电荷量为

$$Q = CU = 1.84 \times 10^{-8} \text{ C}$$

极板上自由电荷面密度为

$$\sigma_0 = \frac{Q}{S} = 1.84 \times 10^{-4} \text{ C} \cdot \text{m}^{-2}$$

晶片表面极化电荷面密度为

$$\sigma'_0 = \left(1 - \frac{1}{\varepsilon_r}\right)\sigma_0 = 1.83 \times 10^{-4} \text{ C} \cdot \text{m}^{-2}$$

(3) 晶片内的电场强度为

$$E = \frac{U}{d} = 1.2 \times 10^5 \text{ V} \cdot \text{m}^{-1}$$

10-12 如图(a)所示,半径 $R = 0.10 \text{ m}$ 的导体球带有电荷量 $Q = 1.0 \times 10^{-8} \text{ C}$.导体外有两层均匀介质,一层介质的 $\varepsilon_r = 5.0$,厚度 $d = 0.10 \text{ m}$;另一层介质为空气,充满其余空间.求:(1) 离球心 O 为 $r = 5 \text{ cm}, 15 \text{ cm}, 25 \text{ cm}$ 处的 D 和 E;(2) 离球心 O 为 $r = 5 \text{ cm}, 15 \text{ cm}, 25 \text{ cm}$ 处的 V;(3) 极化电荷面密度 σ'.

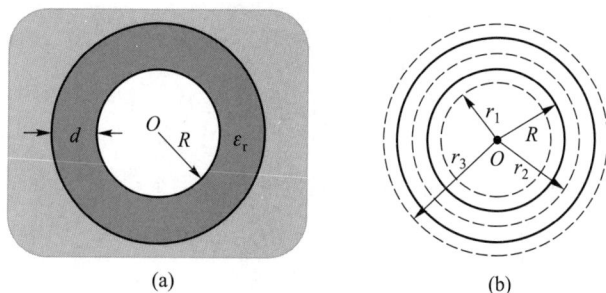

习题 10-12 图

分析 带电球上的自由电荷均匀分布在导体球表面,电介质的极化电荷均匀分布在介质的球形界面上,因而介质中的电场呈球对称分布.

如图(b)所示,任取同心球面为高斯面,电位移矢量 D 的通量与自由电荷分布有关,因此,在

高斯面上 D 呈均匀对称分布,由高斯定理 $\oint D \cdot dS = \sum q_0$ 可得 $D(r)$.再由 $E = \dfrac{D}{\varepsilon_0 \varepsilon_r}$ 可得 $E(r)$.

介质内电势的分布,可由电势和电场强度的积分关系 $V = \displaystyle\int_r^\infty E \cdot dl$ 求得,或者由电势叠加原理求得.

极化电荷分布在均匀介质的表面,其极化电荷面密度 $|\sigma'| = P_n$.

解 (1)取半径为 r 的同心球面为高斯面,由高斯定理得

$r<R$ $D_1 \cdot 4\pi r^2 = 0$

$$D_1 = 0 ; \quad E_1 = 0$$

$R<r<R+d$ $D_2 \cdot 4\pi r^2 = Q$

$$D_2 = \frac{Q}{4\pi r^2} ; \quad E_2 = \frac{Q}{4\pi \varepsilon_0 \varepsilon_r r^2}$$

$r>R+d$ $D_3 \cdot 4\pi r^2 = Q$

（空气 $\varepsilon_r \approx 1$） $D_3 = \dfrac{Q}{4\pi r^2} ; \quad E_3 = \dfrac{Q}{4\pi \varepsilon_0 r^2}$

将不同的 r 值代入上述关系式,可得 $r = 5$ cm,15 cm 和 25 cm 时的电位移和电场强度的大小,其方向均沿径向朝外.

$r_1 = 5$ cm,该点在导体球内,则

$$D_{r_1} = 0 ; \quad E_{r_1} = 0$$

$r_2 = 15$ cm,该点在介质层内,$\varepsilon_r = 5.0$,则

$$D_{r_2} = \frac{Q}{4\pi r_2^2} = 3.5 \times 10^{-8} \text{ C} \cdot \text{m}^{-2}$$

$$E_{r_2} = \frac{Q}{4\pi \varepsilon_0 \varepsilon_r r_2^2} = 8.0 \times 10^2 \text{ V} \cdot \text{m}^{-1}$$

$r_3 = 25$ cm,该点在空气层内,空气中 $\varepsilon \approx \varepsilon_0$,则

$$D_{r_3} = \frac{Q}{4\pi r_3^2} = 1.3 \times 10^{-8} \text{ C} \cdot \text{m}^{-2}$$

$$E_{r_3} = \frac{Q}{4\pi \varepsilon_0 r_3^2} = 1.4 \times 10^3 \text{ V} \cdot \text{m}^{-1}$$

(2)取无限远处电势为零,由电势与电场强度的积分关系得

$r_3 = 25$ cm, $V_3 = \displaystyle\int_{r_3}^\infty E_3 \cdot dr = \frac{Q}{4\pi \varepsilon_0 r_3} = 360$ V

$r_2 = 15$ cm, $V_2 = \displaystyle\int_{r_2}^{R+d} E_2 \cdot dr + \int_{R+d}^\infty E_3 \cdot dr$

$$= \frac{Q}{4\pi \varepsilon_0 \varepsilon_r r_2} - \frac{Q}{4\pi \varepsilon_0 \varepsilon_r (R+d)} + \frac{Q}{4\pi \varepsilon_0 (R+d)}$$

$$= 480 \text{ V}$$

$r_1 = 5$ cm, $V_1 = \displaystyle\int_R^{R+d} E_2 \cdot dr + \int_{R+d}^\infty E_3 \cdot dr$

$$= \frac{Q}{4\pi\varepsilon_0\varepsilon_r R} - \frac{Q}{4\pi\varepsilon_0\varepsilon_r(R+d)} + \frac{Q}{4\pi\varepsilon_0(R+d)}$$

$$= 540 \text{ V}$$

（3）均匀介质的极化电荷分布在介质界面上，因空气的电容率 $\varepsilon = \varepsilon_0$，极化电荷可忽略.故在介质外表面：

$$P_n = (\varepsilon_r - 1)\varepsilon_0 E_n = \frac{(\varepsilon_r - 1)Q}{4\pi\varepsilon_r(R+d)^2}$$

$$\sigma = P_n = \frac{(\varepsilon_r - 1)Q}{4\pi\varepsilon_r(R+d)^2} = 1.6 \times 10^{-8} \text{C} \cdot \text{m}^{-2}$$

在介质内表面：

$$P_n = (\varepsilon_r - 1)\varepsilon_0 E_n = \frac{(\varepsilon_r - 1)Q}{4\pi\varepsilon_r R^2}$$

$$\sigma' = -P_n = -\frac{(\varepsilon_r - 1)Q}{4\pi\varepsilon_r R^2} = -6.4 \times 10^{-8} \text{C} \cdot \text{m}^{-2}$$

介质球壳内、外表面的极化电荷面密度虽然不同，但是两表面极化电荷的总量还是等量异号.

10-13 人体的某些细胞壁两侧带有等量的异号电荷.设某细胞壁厚为 $d = 5.2 \times 10^{-9}$ m，两表面所带电荷面密度为 $\pm 5.2 \times 10^{-3}$ C $\cdot$ m^{-2}，内表面为正电荷.如果细胞壁物质的相对电容率为 6.0，求：（1）细胞壁内的电场强度；（2）细胞壁两表面间的电势差.

解　（1）人体细胞的大小为 $10^{-6} \sim 10^{-4}$ m，远大于细胞壁厚度，因此，细胞壁间的电场可以近似看作平行板间的均匀电场.细胞壁内的电场强度为 $E = \frac{\sigma}{\varepsilon_0\varepsilon_r} = 9.8 \times 10^7$ V $\cdot$ m^{-1}；方向指向细胞外.

（2）细胞壁两表面间的电势差为 $U = Ed = 5.1 \times 10^{-1}$ V.

10-14　在习题10-10中，假如插入的是一块同样厚度、相对电容率为 ε_r 的电介质板，结果又将如何？

分析　在两导体板中间平行地插入一块电介质板，由电荷守恒，上、下导体极板所带电荷量保持不变，由介质中的高斯定理可以求得

$$\oint_S \boldsymbol{D} \cdot \text{d}\boldsymbol{S} = \sum q_f$$

解得

$$D = \frac{Q}{S}$$

由 $E = \frac{D}{\varepsilon_0\varepsilon_r}$，可以分别求得间隙和介质中的电场强度.

在插入介质板后，上、下导体极板间的电势差为

$$U = E_1 \frac{d}{2} + E_2 \frac{d}{2} = \frac{Qd}{2S\varepsilon_0} + \frac{Qd}{2S\varepsilon_0\varepsilon_r}$$

解　插入介质板之前，上、下极板间的电场强度和电势差分别为

$$E = \frac{Q}{S\varepsilon_0}, \quad U_0 = Ed = \frac{Qd}{S\varepsilon_0}$$

插入介质板后电荷守恒,上、下导体极板所带电荷量保持不变,由介质中的高斯定理可以求得

$$\oint_S \boldsymbol{D} \cdot d\boldsymbol{S} = \sum q_f$$

在导体极板表面作扁平高斯面,解得

$$D = \sigma_f = \frac{Q}{S}$$

间隙(真空)中

$$E_1 = \frac{D}{\varepsilon_0} = \frac{Q}{S\varepsilon_0}$$

介质板中

$$E_2 = \frac{D}{\varepsilon_0 \varepsilon_r} = \frac{Q}{S\varepsilon_0 \varepsilon_r}$$

在插入介质板后,上、下导体极板间的电势差为

$$U = E_1 \frac{d}{2} + E_2 \frac{d}{2} = \frac{Qd}{2S\varepsilon_0} + \frac{Qd}{2S\varepsilon_0 \varepsilon_r} = \left(\frac{1}{2} + \frac{1}{2\varepsilon_r}\right) U_0$$

即两导体板间的电势差变为原来电势差的 $\left(\frac{1}{2} + \frac{1}{2\varepsilon_r}\right)$.

10-15 地球和电离层可当作一个球形电容器,它们之间相距约 100 km,试估算地球-电离层系统的电容.设地球与电离层之间为真空.

解 由于地球半径为 $R_1 = 6.37 \times 10^6$ m;电离层半径为 $R_2 = 1.00 \times 10^5$ m $+ R_1 = 6.47 \times 10^6$ m,根据球形电容器的电容公式,可得

$$C = 4\pi\varepsilon_0 \frac{R_1 R_2}{R_2 - R_1} = 4.58 \times 10^{-2} \text{F}$$

由于 $R_2 - R_1 \ll R_1, R_2$,因而也可以当作平板电容器处理.

$$\bar{R} = \sqrt{R_1 R_2}, \quad d = R_2 - R_1$$

$$C = \frac{\varepsilon_0 S}{d} = \frac{4\pi\varepsilon_0 \bar{R}^2}{d} = 4.58 \times 10^{-2} \text{F}$$

10-16 两根输电线的半径为 3.26 mm,两输电线中心相距 0.50 m.输电线位于地面上空很高处,因而大地影响可以忽略.求输电线单位长度的电容.

分析 假设两根输电线带等量异号电荷,电荷在输电线上均匀分布,则由长直带电线的电场叠加,可以求出两根输电线间的电场分布,即

$$\boldsymbol{E} = \boldsymbol{E}_+ + \boldsymbol{E}_-$$

再由电势差的定义求出两根输电线之间的电势差,就可根据电容器电容的定义,求出两根输电线单位长度的电容.

解 建立如图所示坐标系,带等量异号电荷的两根输电线在点 P 激发的电场强度方向如图

所示,由上述分析可得点 P 电场强度的大小为

$$E = \frac{\lambda}{2\pi\varepsilon_0}\left(\frac{1}{x} - \frac{1}{d-x}\right)$$

电场强度的方向沿 x 轴,输电线自身为等势体,依照定义两根输电线之间的电势差为

$$U = \int_l \boldsymbol{E} \cdot \mathrm{d}\boldsymbol{l} = \int_R^{d-R} \frac{\lambda}{2\pi\varepsilon_0}\left(\frac{1}{x} - \frac{1}{d-x}\right)\mathrm{d}x$$

上式积分得

$$U = \frac{\lambda}{\pi\varepsilon_0}\ln\frac{d-R}{R}$$

因此,输电线单位长度的电容为

$$C = \frac{\lambda}{U} = \frac{\pi\varepsilon_0}{\ln\left[(d-R)/R\right]} \approx \frac{\pi\varepsilon_0}{\ln(d/R)}$$

代入数据得

$$C = 5.52 \times 10^{-12} \text{ F}$$

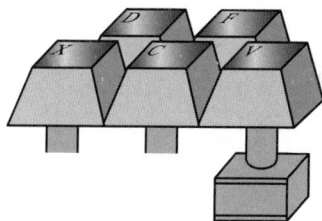

习题 10-16 图

10-17 电容式计算机键盘的每一个键下面连接一小块金属片,金属片与底板上的另一块金属片间保持一定空气间隙,构成一小电容器(如图所示).当按下按键时电容发生变化,并通过与之相连的电子线路向计算机发出相应的信号.设金属片面积为 50.0 mm^2,两金属片之间的距离是 0.600 mm.如果电路能检测出的电容变化量是 0.250 pF,那么按键需要按下多大的距离才能给出必要的信号?

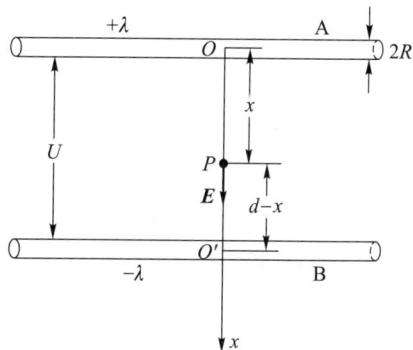

习题 10-17 图

分析 按下按键时两金属片之间的距离变小,电容增大,由电容的变化量可以求得按键按下的最小距离:

解 按下按键时电容的变化量为

$$\Delta C = \varepsilon_0 S\left(\frac{1}{d} - \frac{1}{d_0}\right)$$

按键按下的最小距离为

$$\Delta d_{\min} = d_0 - d = \frac{\Delta C d_0^2}{d_0\Delta C + \varepsilon_0 S} = 0.152 \text{ mm}$$

10-18 人体细胞膜的外表面和内表面分别带有正、负电荷,设一球型细胞膜的厚度为 5.0 nm,细胞膜的相对电容率为 5.4,内、外表面的电荷面密度为 $\mp 5.0 \times 10^{-4} \text{ C·m}^{-2}$,细胞的半径为 $1.0 \times 10^{-5} \text{ m}$,求:(1)细胞膜内部的电场强度;(2)该细胞膜的电容.

分析 球型细胞膜可以视为两个带电球面间充满了电解质的带电系统;由于球型细胞膜的厚度远小于细胞的半径,因此,也可以近似以平行平板间充满了电解质的带电系统来处理.

解 (1)球型细胞膜的厚度远小于细胞的半径,细胞的内外表面相距很近,近似有 $r \approx R$.再由介质中的高斯定理 $\oint_S \boldsymbol{D} \cdot \mathrm{d}\boldsymbol{S} = \sum q$ 以及介质内电位移矢量和电场强度的关系,可得球型细胞膜

内部的电场强度为

$$D \cdot 4\pi R^2 = 4\pi R^2 \sigma \quad E = \frac{D}{\varepsilon_0 \varepsilon_r} = \frac{\sigma}{\varepsilon_0 \varepsilon_r}$$

$$E = \frac{\sigma}{\varepsilon_0 \varepsilon_r} = 1.0 \times 10^7 \ \text{V} \cdot \text{m}$$

将细胞膜视作带电的平行平板,可得到同样的结果.

(2) 细胞膜的电容为

$$C = \frac{\varepsilon_0 \varepsilon_r S}{d} = \frac{4\pi\varepsilon_0 \varepsilon_r R^2}{d} = 1.2 \times 10^{-11} \ \text{F}$$

10-19 如图所示,在点 A 和点 B 之间有 5 个电容器,其连接如图所示.(1) 求 A、B 两点之间的等效电容;(2) 若 A、B 两点之间的电势差为 12 V,求 U_{AC}、U_{CD} 和 U_{DB}.

解 (1) 由电容器的串、并联,有

$$C_{AC} = C_1 + C_2 = 12 \ \mu\text{F}$$

$$C_{CD} = C_3 + C_4 = 8 \ \mu\text{F}$$

$$\frac{1}{C_{AB}} = \frac{1}{C_{AC}} + \frac{1}{C_{CD}} + \frac{1}{C_5}$$

求得等效电容 $C_{AB} = 4 \ \mu\text{F}$.

(2) 由于 $Q_{AC} = Q_{CD} = Q_{DB} = Q_{AB}$,得

$$U_{AC} = \frac{C_{AB}}{C_{AC}} U_{AB} = 4 \ \text{V}$$

$$U_{CD} = \frac{C_{AB}}{C_{CD}} U_{AB} = 6 \ \text{V}$$

$$U_{DB} = \frac{C_{AB}}{C_{DB}} U_{AB} = 2 \ \text{V}$$

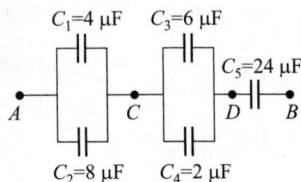
习题 10-19 图

*__10-20__ 如图所示,有一空气平板电容器的极板面积为 S,间距为 d.现将该电容器接到电压为 U 的电源上充电.当(1) 充足电后,(2) 然后平行插入一块面积相同,厚度为 $\delta(\delta < d)$,相对电容率为 ε_r 的电介质板,(3) 将上述电介质换为相同大小的导体板时,分别求极板上的电荷量 Q、极板间的电场强度 E 和电容器的电容 C.

分析 电源对电容器充电,电容器极板间的电势差等于电源端电压 U.插入电介质后,由于介质界面出现极化电荷,极化电荷在介质中激发的电场与原电容器极板上自由电荷激发的电场方向相反,介质内的电场减弱.由于极板间的距离 d 不变,因而与电源相接的导体极板将会从电源获得电荷,以维持电势差不变,并有

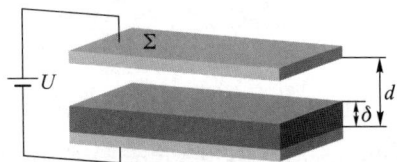
习题 10-20 图

$$U = \frac{Q}{\varepsilon_0 S}(d - \delta) + \frac{Q\delta}{\varepsilon_0 \varepsilon_r S}$$

相类似的原因,在平板电容器极板之间,若平行地插入一块导体板,由于极板上的自由电荷和插入导体板上的感应电荷在导体板内激发的电场相互抵消,与电源相接的导体极板将会从电

源获得电荷,使间隙中的电场 E 增强,以维持两极板间的电势差不变,并有

$$U = \frac{Q}{\varepsilon_0 S}(d - \delta)$$

综上所述,接上电源的平板电容器,插入介质或导体后,极板上的自由电荷均会增加,而电势差保持不变.

解 (1)空气平板电容器的电容

$$C_0 = \frac{\varepsilon_0 S}{d}$$

充电后,极板上的电荷和极板间的电场强度为

$$Q_0 = \frac{\varepsilon_0 S}{d} U, \quad E_0 = \frac{U}{d}$$

(2)插入电介质后,电容器的电容 C_1 为

$$C_1 = Q \Big/ \left[\frac{Q}{\varepsilon_0 S}(d - \delta) + \frac{Q}{\varepsilon_0 \varepsilon_r S} \delta \right] = \frac{\varepsilon_0 \varepsilon_r S}{\delta + \varepsilon_r(d - \delta)}$$

故有

$$Q_1 = C_1 U = \frac{\varepsilon_0 \varepsilon_r S U}{\delta + \varepsilon_r(d - \delta)}$$

介质内电场强度为

$$E_1' = \frac{Q_1}{\varepsilon_0 \varepsilon_r S} = \frac{U}{\delta + \varepsilon_r(d - \delta)}$$

空气中电场强度为

$$E_1 = \frac{Q_1}{\varepsilon_0 S} = \frac{\varepsilon_r U}{\delta + \varepsilon_r(d - \delta)}$$

(3)插入导体达到静电平衡后,导体为等势体,其电容和极板上的电荷量分别为

$$C_2 = \frac{\varepsilon_0 S}{d - \delta}$$

$$Q_2 = \frac{\varepsilon_0 S}{d - \delta} U$$

导体中电场强度为

$$E_2' = 0$$

空气中电场强度为

$$E_2 = \frac{U}{d - \delta}$$

无论是插入介质还是插入导体,由于电容器的导体极板与电源相连,在维持电势差不变的同时都从电源获得了电荷,自由电荷分布的变化同样使得介质内的电场强度不再等于 E_0/ε_r.

10-21 为了实时检测纺织品、纸张等材料的厚度(待测材料可视作相对电容率为 ε_r 的电介质),通常在生产流水线上设置如图所示的传感装置,其中 A、B 为平板电容器的导体极板,d_0 为两极板间的距离.试说明检测原理,并推导出直接测量量电容 C 与间接测量量厚度 d 之间的函数

关系.如果要检测铜板等金属材料的厚度,结果又将如何?

分析 导体极板 A、B 和待测物体构成一有介质的平板电容器,关于电容 C 与材料的厚度的关系,可参见题 10-20 的分析.

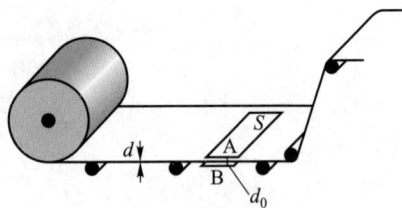

习题 10-21 图

解 由分析可知,该装置的电容为

$$C = \frac{\varepsilon_0 \varepsilon_r S}{d + \varepsilon_r(d_0 - d)}$$

则介质的厚度为

$$d = \frac{\varepsilon_r d_0 C - \varepsilon_0 \varepsilon_r S}{(\varepsilon_r - 1) C} = \frac{\varepsilon_r}{\varepsilon_r - 1} d_0 - \frac{\varepsilon_0 \varepsilon_r S}{(\varepsilon_r - 1) C}$$

如果待测材料是金属导体,其等效电容为

$$C = \frac{\varepsilon_0 S}{d_0 - d}$$

则导体材料的厚度为

$$d = d_0 - \frac{\varepsilon_0 S}{C}$$

实时测量 A、B 间的电容 C,根据上述关系式就可以间接地测出材料的厚度.通常智能化的仪表可以实时地显示出待测材料的厚度.

10-22 有一电容为 0.50 μF 的平行平板电容器,两极板间被厚度为 0.01 mm 的聚四氟乙烯薄膜所隔开.求:(1)该电容器的额定电压;(2)电容器贮存的最大能量.

分析 通过查表可知聚四氟乙烯的击穿电场强度为 $E_b = 6 \times 10^7$ V/m,电容器中的电场强度不大于击穿电场强度 $E \leqslant E_b$,由此可以求得电容器的最大电势差和电容器贮存的最大能量.

解 (1)电容器两极板间的最大电势差,也即额定电压为

$$U_{max} = E_b d = 600 \text{ V}$$

(2)电容器贮存的最大能量为

$$W_e = \frac{1}{2} C U_{max}^2 = 0.09 \text{ J}$$

10-23 半径为 0.10 cm 的长直导线外面套有内半径为 1.0 cm 的共轴导体圆筒,导线与圆筒间为空气,略去边缘效应.求:(1)导线表面的最大电荷面密度;(2)沿轴线单位长度的最大电场能量.

分析 如果设长直导线上单位长度所带电荷量为 λ,导线表面附近的电场强度为

$$E = \frac{\lambda}{2\pi \varepsilon_0 R_1} = \frac{\sigma}{\varepsilon_0}$$

查表可以得知空气的击穿电场强度 $E_b = 3.0 \times 10^6$ V/m,只有当空气中的电场强度 $E \leqslant E_b$ 时,空气才不会被击穿,由于在导线表面附近电场强度最大,因而可以求出 σ 的极限值.再求得电场能量密度,并通过同轴圆柱形体元内电场能量的积分求得单位长度的最大电场强度.

解 (1)导线表面最大电荷面密度为

$$\sigma_{max} = \varepsilon_0 E_b = 2.66 \times 10^{-5} \text{ C} \cdot \text{m}^{-2}$$

显然导线表面最大电荷面密度与导线半径无关.

（2）由上述分析得 $\lambda_{max} = 2\pi\varepsilon_0 R_1 E_b$，此时导线与圆筒之间各点的电场强度为

$$E = \frac{\lambda_{max}}{2\pi\varepsilon_0 r} = \frac{R_1}{r}E_b \qquad (R_1 < r < R_2)$$

$$E = 0 \qquad\qquad\qquad (其他)$$

$$w_e = \frac{1}{2}\varepsilon_0 E^2 = \frac{1}{2}\varepsilon_0 \frac{R_1^2 E_b^2}{r^2}$$

沿轴线单位长度的最大电场能量为

$$W_e = \int_{R_1}^{R_2} w_e \cdot 2\pi r\,dr = \varepsilon_0\pi R_1^2 E_b^2 \int_{R_1}^{R_2}\frac{1}{r}\,dr$$

$$= \varepsilon_0\pi R_1^2 E_b^2 \ln\frac{R_2}{R_1} = 5.76\times 10^{-4}\ \text{J}\cdot\text{m}^{-1}$$

10-24 一空气平板电容器，空气层厚为 1.5 cm，两极板间电压为 40 kV，该电容器会被击穿吗？现将一厚度为 0.30 cm 的玻璃板插入此电容器，并与两极板平行，若该玻璃的相对电容率 $\varepsilon_r = 7.0$，击穿电场强度为 10 MV·m^{-1}，则此时电容器会被击穿吗？

分析 在未插入玻璃板时，不难求出空气中的电场强度小于空气的击穿电场强度，电容器不会被击穿.

插入玻璃板后，由习题 10-20 可知，若电容器与电源相连，则极板间的电势差维持不变，电容器将会从电源获取电荷.此时空气间隙中的电场强度增大.一旦大于空气的击穿电场强度，则电容器的空气层将首先被击穿.此时 40 kV 电压全部加在玻璃板两侧，若玻璃板内的电场强度也大于玻璃板击穿电场强度的值，则玻璃板也将被击穿.整个电容器被击穿.

解 未插入玻璃板时，电容器内的电场强度为

$$E = \frac{U}{d} = 2.7 \times 10^6\ \text{V}\cdot\text{m}^{-1}$$

因空气的击穿电场强度 $E_b = 3.0\times 10^6\ \text{V}\cdot\text{m}^{-1}$，$E < E_b$，故电容器不会被击穿.

插入玻璃板后，由习题 10-20 可知，空气间隙中的电场强度为

$$E = \frac{\varepsilon_r U}{\varepsilon_r(d-\delta) + \delta} = 3.2 \times 10^6\ \text{V}\cdot\text{m}^{-1}$$

此时，因 $E > E_b$，空气层被击穿，击穿后 40 kV 电压全部加在玻璃板两侧，此时玻璃板内的电场强度为

$$E = \frac{U}{\delta} = 1.3 \times 10^7\ \text{V}\cdot\text{m}^{-1}$$

由于玻璃板的击穿电场强度 $E'_b = 10\ \text{MV}\cdot\text{m}^{-1}$，$E > E'_b$，故玻璃板也将相继被击穿，电容器完全被击穿.

10-25 某介质的相对电容率为 $\varepsilon_r = 2.8$，击穿电场强度为 18 MV·m^{-1}，如果用它来作平板电容器的电介质，那么要制作电容为 0.047 μF，而耐压为 4.0 kV 的电容器，它的极板面积至少要多大？

解 介质内电场强度为

$$E \leq E_b = 18 \times 10^6\ \text{V}\cdot\text{m}^{-1}$$

电容器耐压 $U_m = 4.0$ kV,因而电容器极板间最小距离为

$$d = \frac{U_m}{E_b} = 2.22 \times 10^{-4} \text{ m}$$

要制作电容为 0.047 μF 的平板电容器,其极板面积为

$$S = \frac{Cd}{\varepsilon_0 \varepsilon_r} = 0.42 \text{ m}^2$$

显然,这么大的面积平铺开来所占据的空间太大了,通常将平板电容器卷叠后再封装.

10-26 一圆柱形电容器内充满 $\varepsilon_r = 7.0$ 的玻璃,其内、外半径分别为 $R_1 = 2.0$ cm 和 $R_2 = 2.3$ cm.已知玻璃的击穿场强为 $E_b = 100$ kV/cm,试问该电容器的最大耐压为多少?

分析 假如圆柱形电容器内的电场强度最大处 $E_m \leqslant E_b$,则电容器不会被击穿,此时电容器两极板间的电势差即为最大耐压.

解 圆柱形电容器内电场强度最大值位于内导体附近的电介质,由圆柱形电容器电介质内电场强度

$$E = \frac{\lambda}{2\pi\varepsilon_0\varepsilon_r R_1} \leqslant E_b$$

解得电容器电极单位长度所带的最大电荷量为

$$\lambda_m \leqslant 2\pi\varepsilon_0\varepsilon_r R_1 E_b$$

此时电容器两极板间的电势差即为最大耐压,即

$$U_m = \int_{R_1}^{R_2} \frac{\lambda_m}{2\pi r \varepsilon_0 \varepsilon_r} dr = \frac{\lambda_m}{2\pi\varepsilon_0\varepsilon_r} \ln\left(\frac{R_2}{R_1}\right) = R_1 E_b \ln\left(\frac{R_2}{R_1}\right)$$

代入已知量得

$$U_m = R_1 E_b \ln\left(\frac{R_2}{R_1}\right) = 2.0\times10^{-2}\times100\times10^5\times\ln\left(\frac{2.3}{2.0}\right) \text{ V} = 2.80\times10^4 \text{ V}$$

*10-27 设想电子是球形的,其静能 $m_0 c^2$ 来自它的静电能量.电子电荷不同的分布模型会得出不同的电子半径,现分别假设:(1)电子电荷均匀分布在球面上;(2)电子电荷均匀分布在球体内.试估算电子的半径.(电子静止质量为 $m_0 = 9.11\times10^{-31}$ kg,真空中光速为 $c = 3.0\times10^8$ m·s^{-1},电子电荷量为 $-e = -1.602\times10^{-19}$ C.)

分析 (1)假设电子电荷量均匀分布在球面上,球面内电场强度为零,球面外电场强度为

$$E = \frac{e}{4\pi\varepsilon_0 r^2}$$

电场能量密度为

$$w_e = \frac{1}{2}\varepsilon_0 E^2 = \frac{e^2}{32\pi^2\varepsilon_0 r^4}$$

取同心球壳为体元,$dV = 4\pi r^2 dr$,由电场能量密度的体积分求电子的电场能量

$$\int_\Omega w_e dV = \int_R^\infty \frac{e^2}{32\pi^2\varepsilon_0 r^4} 4\pi r^2 dr = m_0 c^2$$

由此可解得电子的半径 R.

（2）电子电荷量均匀分布在球体内，球内电荷密度 $\rho = \dfrac{3e}{4\pi R^3}$，由高斯定理不难求得球内、外电场强度为

$$E_1 = \frac{\rho r}{3\varepsilon_0}, \quad E_2 = \frac{e}{4\pi\varepsilon_0 r^2}$$

球内、外电场能量密度分别为

$$w_{e1} = \frac{1}{2}\varepsilon_0 E_1^2 = \frac{e^2 r^2}{32\pi^2\varepsilon_0 R^6}, \quad w_{e2} = \frac{1}{2}\varepsilon_0 E_2^2 = \frac{e^2}{32\pi^2\varepsilon_0 r^4}$$

取同心球壳为体元，$dV = 4\pi r^2 dr$，由电场能量密度的体积分求电子的电场能量，即

$$\int_{\Omega 1} w_{e1}dV + \int_{\Omega 2} w_{e2}dV = \int_0^R \frac{e^2 r^2}{32\pi^2\varepsilon_0 R^6}4\pi r^2 dr + \int_R^{\infty} \frac{e^2}{32\pi^2\varepsilon_0 r^4}4\pi r^2 dr = m_0 c^2$$

由此可解得电子的半径 R.

解 （1）假设电子电荷量均匀分布在球面上，电场能量密度为

$$w_e = \frac{1}{2}\varepsilon_0 E^2 = \frac{e^2}{32\pi^2\varepsilon_0 r^4}$$

由电场能量密度的体积分求电子的电场能量

$$\int_{\Omega} w_e dV = \int_R^{\infty} \frac{e^2}{32\pi^2\varepsilon_0 r^4}4\pi r^2 dr = \frac{e^2}{8\pi\varepsilon_0 R} = m_0 c^2$$

解得电子的半径为

$$R = \frac{e^2}{8\pi\varepsilon_0 m_0 c^2}$$

将相关物理量代入，可以估算出电荷面分布模型下电子的半径约为 1.41×10^{-15} m.

（2）电子电荷量均匀分布在球体内，球内、外电场能量密度分别为

$$w_{e1} = \frac{1}{2}\varepsilon_0 E_1^2 = \frac{e^2 r^2}{32\pi^2\varepsilon_0 R^6}, \quad w_{e2} = \frac{1}{2}\varepsilon_0 E_2^2 = \frac{e^2}{32\pi^2\varepsilon_0 r^4}$$

由电场能量密度的体积分求电子的电场能量

$$\int_{\Omega 1} w_{e1}dV + \int_{\Omega 2} w_{e2}dV = \int_0^R \frac{e^2 r^2}{32\pi^2\varepsilon_0 R^6}4\pi r^2 dr + \int_R^{\infty} \frac{e^2}{32\pi^2\varepsilon_0 r^4}4\pi r^2 dr$$

$$= \frac{e^2}{40\pi\varepsilon_0 R} + \frac{e^2}{8\pi\varepsilon_0 R} = \frac{3e^2}{20\pi\varepsilon_0 R}$$

$$\frac{3e^2}{20\pi\varepsilon_0 R} = m_0 c^2$$

解得电子的半径为

$$R = \frac{3e^2}{20\pi\varepsilon_0 m_0 c^2}$$

将相关物理量代入，可以估算出电荷体分布模型下电子的半径约为 1.69×10^{-15} m.

10-28 一空气平板电容器的极板面积为 S，间距为 d，充电至带电荷量 Q 后与电源断开，然后用外力缓缓地把两极板间距拉开到 $2d$. 求：（1）电容器能量的改变；（2）在此过程中外力所做

的功,并讨论此过程中的功能转化关系.

分析 在将电容器两极板拉开的过程中,由于断开电源的导体极板上的电荷保持不变,极板间的电场强度亦不变,但电场所占有的空间增大,系统总的电场能量增加了.根据功能原理,所增加的能量应该等于拉开过程中外力克服两极板间的静电引力所做的功.

解 (1)极板间的电场为均匀场,且电场强度保持不变,因此,电场的能量密度为

$$w_e = \frac{1}{2}\varepsilon_0 E^2 = \frac{Q^2}{2\varepsilon_0 S^2}$$

在外力作用下极板间距从 d 被拉开到 $2d$,电场占有空间的体积,也由 V 增加到 $2V$,此时电场能量增加

$$\Delta W_e = w_e \Delta V = \frac{Q^2 d}{2\varepsilon_0 S}$$

(2)两导体极板带等量异号电荷,用外力 $\boldsymbol{F}$ 将其缓缓拉开时,应有 $\boldsymbol{F} = -\boldsymbol{F}_e$,则外力所做的功为

$$A = -\boldsymbol{F}_e \cdot \Delta \boldsymbol{l} = Q \cdot \frac{1}{2}Ed = \frac{Q^2 d}{2\varepsilon_0 S}$$

外力克服静电引力所做的功等于静电场能量的增加.

第十一章 恒定磁场

11-1 两根长度相同的细导线分别密绕在半径为 R 和 r 的两个长直圆筒上,形成两个螺线管,两个螺线管的长度相同,且 $R = 2r$,螺线管中通过的电流均为 I,螺线管中的磁感强度大小 B_R、B_r 满足( ).

(A) $B_R = 2B_r$ (B) $B_R = B_r$ (C) $2B_R = B_r$ (D) $B_R = 4B_r$

分析与解 在两根通过电流相同的螺线管中,磁感强度大小与螺线管线圈单位长度的匝数成正比.根据题意,用两根长度相同的细导线绕成的线圈单位长度的匝数之比

$$\frac{n_R}{n_r} = \frac{r}{R} = \frac{1}{2}$$

因而正确答案为(C).

11-2 一个半径为 r 的半球面如图所示放在均匀磁场中,通过半球面的磁通量为( ).

(A) $2\pi r^2 B$ (B) $\pi r^2 B$

(C) $2\pi r^2 B\cos\alpha$ (D) $\pi r^2 B\cos\alpha$

分析与解 作半径为 r 的圆 S' 与半球面构成一闭合曲面,根据磁场的高斯定理,磁感线是闭合曲线,闭合曲面的磁通量为零,即穿进半球面 S 的磁通量等于穿出圆面 S' 的磁通量;$\Phi = \boldsymbol{B} \cdot \boldsymbol{S}$.因而正确答案为(D).

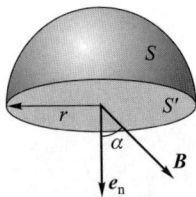

习题 11-2 图

11-3 下列说法正确的是( ).

(A)闭合路径上各点磁感强度都为零时,路径内一定没有电流穿过

(B)闭合路径上各点磁感强度都为零时,路径内穿过电流的代数和必定为零

（C）磁感强度沿闭合路径的积分为零时，路径上各点的磁感强度必定为零

（D）磁感强度沿闭合路径的积分不为零时，路径上任意一点的磁感强度都不可能为零

分析与解 由磁场中的安培环路定理，磁感强度沿闭合路径的积分为零时，路径上各点的磁感强度不一定为零；闭合路径上各点磁感强度为零时，穿过路径的电流代数和必定为零。因而正确答案为（B）。

11-4 在图（a）和（b）中各有一半径相同的圆形回路 L_1、L_2，回路内均有电流 I_1、I_2，其分布相同，且均在真空中，但在图（b）中，回路 L_2 外有电流 I_3，P_1、P_2 为两圆形回路上的对应点，则（ ）。

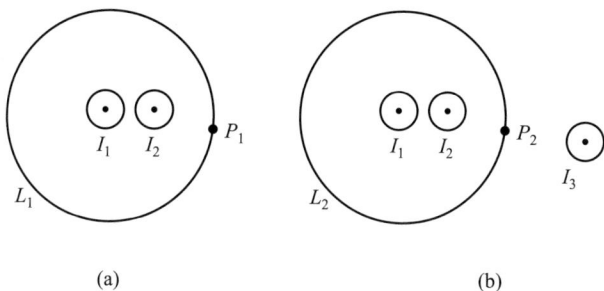

(a)   (b)

习题 11-4 图

（A）$\oint_{L_1} \boldsymbol{B} \cdot \mathrm{d}\boldsymbol{l} = \oint_{L_2} \boldsymbol{B} \cdot \mathrm{d}\boldsymbol{l}, B_{P_1} = B_{P_2}$ （B）$\oint_{L_1} \boldsymbol{B} \cdot \mathrm{d}\boldsymbol{l} \neq \oint_{L_2} \boldsymbol{B} \cdot \mathrm{d}\boldsymbol{l}, B_{P_1} = B_{P_2}$

（C）$\oint_{L_1} \boldsymbol{B} \cdot \mathrm{d}\boldsymbol{l} = \oint_{L_2} \boldsymbol{B} \cdot \mathrm{d}\boldsymbol{l}, B_{P_1} \neq B_{P_2}$ （D）$\oint_{L_1} \boldsymbol{B} \cdot \mathrm{d}\boldsymbol{l} \neq \oint_{L_2} \boldsymbol{B} \cdot \mathrm{d}\boldsymbol{l}, B_{P_1} \neq B_{P_2}$

分析与解 由磁场中的安培环路定理，积分回路外的电流不会影响磁感强度沿回路的积分，但会改变回路上各点的磁场分布。因而正确答案为（C）。

11-5 半径为 R 的圆柱形无限长载流直导线置于均匀无限大磁介质之中，若导线中流过的恒定电流为 I，磁介质的相对磁导率为 $\mu_r(\mu_r < 1)$，则磁介质内（$r > R$）磁场强度的大小为（ ）。

（A）$(\mu_r - 1)I/2\pi r$ （B）$I/2\pi r$ （C）$\mu_r I/2\pi r$ （D）$I/2\pi \mu_r r$

分析与解 利用安培环路定理可求出磁介质中的磁场强度，因而正确答案为（B）。

11-6 北京正负电子对撞机的贮存环是周长为 240 m 的近似圆形轨道，当环中电子移动产生的电流为 8 mA 时，在整个环中有多少电子在运行？已知电子的速率接近光速。

分析 一个电子绕贮存环近似以光速运动时，对电流的贡献为 $\Delta I = \dfrac{e}{l/c}$，因而由 $I = \dfrac{Nec}{l}$，可解出环中的电子数。

解 通过分析结果可得环中的电子数为

$$N = \frac{Il}{ec} = 4 \times 10^{10}$$

11-7 已知铜的摩尔质量为 $M = 63.75 \text{ g} \cdot \text{mol}^{-1}$，密度为 $\rho = 8.9 \text{ g} \cdot \text{cm}^{-3}$，在铜导线里，假设每个铜原子贡献出一个自由电子。（1）为了技术上的安全，铜导线内的最大电流密度为 $j_m = 6.0 \text{ A} \cdot \text{mm}^{-2}$，求此时铜导线内电子的漂移速率；（2）在室温下，电子热运动的平均速率是电子平均漂移速率的多少倍？

分析 一个铜原子的质量 $m=M/N_A$,其中 N_A 为阿伏伽德罗常量,由铜的密度 ρ 可以推算出铜的原子数密度

$$n=\frac{\rho}{m}$$

根据假设,每个铜原子贡献出一个自由电子,其电荷绝对值为 e,电流密度 $j_m=nev_d$,从而可解得电子的平均漂移速率 v_d.

将电子气视为理想气体,根据气体动理论,电子热运动的平均速率为

$$\overline{v}=\sqrt{\frac{8kT}{\pi m_e}}$$

其中 k 为玻耳兹曼常量,m_e 为电子质量,从而可解得电子的平均速率与平均漂移速率的关系.

解 (1)铜导线单位体积的原子数为

$$n=\frac{N_A\rho}{M}$$

电流密度为 j_m 时铜导线内电子的平均漂移速率为

$$v_d=\frac{j_m}{ne}=\frac{j_m M}{N_A\rho e}=4.46\times10^{-4}\ \text{m}\cdot\text{s}^{-1}$$

(2)室温下($T=300$ K)电子热运动的平均速率与电子平均漂移速率之比为

$$\frac{\overline{v}}{v_d}=\frac{1}{v_d}\sqrt{\frac{8kT}{\pi m_e}}\approx2.42\times10^8$$

室温下电子热运动的平均速率远大于电子在恒定电场中的定向漂移速率.电子实际的运动是无序热运动和沿电场相反方向的漂移运动的叠加.考虑到电子的平均漂移速率很小,电信号的信息载体显然不会是定向漂移的电子.实验证明电信号是通过电磁波以光速传递的.

11-8 两个同轴圆柱面导体的长度均为 20 m,内圆柱面的半径为 3.0 mm,外圆柱面的半径为 9.0 mm.若两圆柱面之间有 10 μA 电流沿径向流过,求通过半径为 6.0 mm 的圆柱面的电流密度.

分析 如图所示是同轴柱面的横截面,电流密度 j 相对中心轴对称分布.根据恒定电流的连续性,在两个同轴导体之间的任意一个半径为 r 的同轴圆柱面上流过的电流 I 都相等,因此可得

$$j=\frac{I}{2\pi rL}$$

解 由分析可知,在半径 $r=6.0$ mm 的圆柱面上的电流密度为

$$j=\frac{I}{2\pi rL}=13.3\ \mu\text{A}\cdot\text{m}^{-2}$$

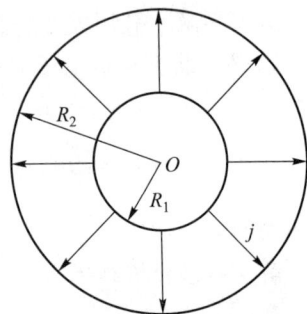

习题 11-8 图

11-9 如图所示,已知地球北极地磁场磁感强度 $\boldsymbol{B}$ 的大小为 6.0×10^{-5} T.假设此地磁场是由地球赤道上一个圆电流所激发的,问此电流有多大?流向如何?

解 设赤道电流为 I,则由教材第 11-4 节例 2 知,地球赤道圆电流在北极点激发的磁感强度为

$$B = \frac{\mu_0 I R^2}{2(R^2 + R^2)^{3/2}} = \frac{\mu_0 I}{4\sqrt{2} R}$$

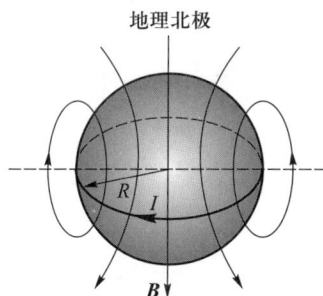

地理北极

习题 11-9 图

因此赤道上的等效圆电流为

$$I = \frac{4\sqrt{2} R B}{\mu_0} = 1.73 \times 10^9 \text{ A}$$

由于在地球地磁场的 N 极在地理南极,根据右手螺旋定则可判断赤道圆电流应该是由东向西流,与地球自转方向相反.

11-10 如图所示,有两根导线沿半径方向接到铁环的 a、b 两点,并与很远处的电源相接.求环心 O 的磁感强度.

分析 根据叠加原理,点 O 的磁感强度可视作由 $\overline{ef}$、$\overline{be}$、$\overline{fa}$ 三段直线以及 $\overparen{acb}$、$\overparen{adb}$ 两段圆弧电流共同激发.由于电源距环较远,$\boldsymbol{B}_{ef} = \boldsymbol{0}$.而 $\overline{be}$、$\overline{fa}$ 两段直线的延长线通过点 O,由于 $I \mathrm{d}\boldsymbol{l} \times \boldsymbol{r} = \boldsymbol{0}$,由毕奥-萨伐尔定律知 $\boldsymbol{B}_{be} = \boldsymbol{B}_{fa} = \boldsymbol{0}$.流过圆弧的电流 I_1、I_2 的方向如图所示,两圆弧在点 O 激发的磁场分别为

$$B_1 = \frac{\mu_0 I_1 l_1}{4\pi r^2}, \quad B_2 = \frac{\mu_0 I_2 l_2}{4\pi r^2}$$

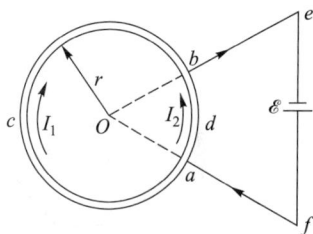

习题 11-10 图

其中 l_1、l_2 分别是圆弧 $\overparen{acb}$、$\overparen{adb}$ 的弧长,由于导线电阻 R 与弧长 l 成正比,而圆弧 $\overparen{acb}$、$\overparen{adb}$ 又构成并联电路,故有

$$I_1 l_1 = I_2 l_2$$

将 $\boldsymbol{B}_1$、$\boldsymbol{B}_2$ 叠加可得点 O 的磁感强度 $\boldsymbol{B}$.

解 由上述分析可知,点 O 的磁感强度大小为

$$B = B_1 - B_2 = \frac{\mu_0 I_1 l_1}{4\pi r^2} - \frac{\mu_0 I_2 l_2}{4\pi r^2} = 0$$

11-11 如图所示,几种载流导线在平面内分布,电流均为 I,它们在点 O 处的磁感强度各为多少?

分析 应用磁场叠加原理求解.将不同形状的载流导线分解成长直部分和圆弧部分,它们各自在点 O 处所激发的磁感强度较容易求得,则总的磁感强度 $\boldsymbol{B}_0 = \sum \boldsymbol{B}_i$.

解 (a) 长直电流对点 O 处而言,有 $I \mathrm{d}\boldsymbol{l} \times \boldsymbol{r} = \boldsymbol{0}$,因此它在点 O 处产生的磁场为零,则点 O 处

总的磁感强度为 1/4 圆弧电流所激发,故有

$$B_0 = \frac{\mu_0 I}{8R}$$

B_0 的方向垂直纸面向外.

（b）将载流导线看作圆电流和长直电流,由叠加原理可得

$$B_0 = \frac{\mu_0 I}{2R} - \frac{\mu_0 I}{2\pi R}$$

B_0 的方向垂直纸面向里.

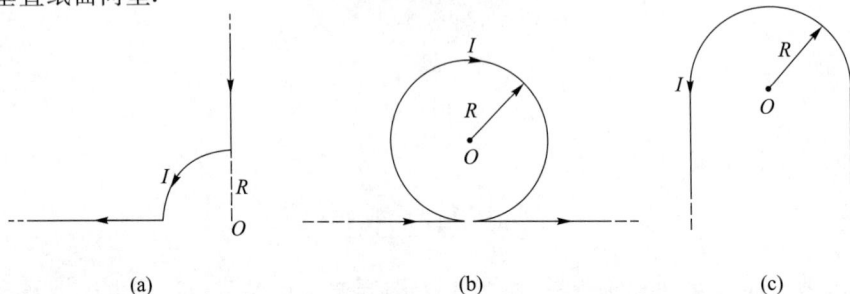

(a)   (b)   (c)

习题 11-11 图

（c）将载流导线看作 1/2 圆电流和两段半无限长直电流,由叠加原理可得

$$B_0 = \frac{\mu_0 I}{4\pi R} + \frac{\mu_0 I}{4\pi R} + \frac{\mu_0 I}{4R} = \frac{\mu_0 I}{2\pi R} + \frac{\mu_0 I}{4R}$$

B_0 的方向垂直纸面向外.

11-12 载流导线形状如图所示(图中直线部分的导线延伸到无限远),求点 O 处的磁感强度 B.

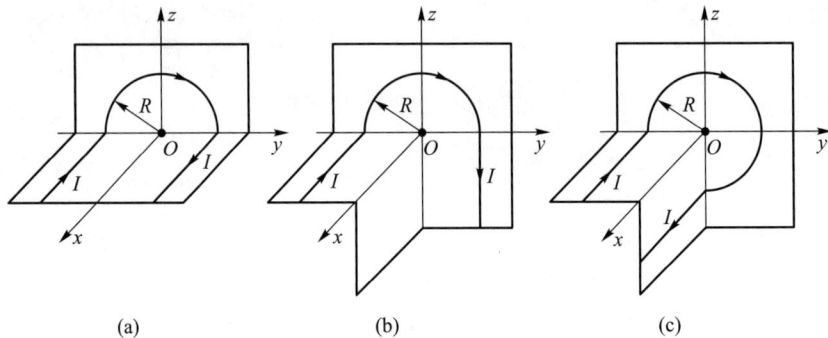

(a)   (b)   (c)

习题 11-12 图

分析 由教材 11-4 节例 2 的结果不难导出,圆弧载流导线在圆心激发的磁感强度 $B = \frac{\mu_0 I \alpha}{4\pi R}$,其中 α 为圆弧载流导线所张的圆心角,磁感强度的方向依照右手定则确定;半无限长载流导线在圆心点 O 处激发的磁感强度 $B = \frac{\mu_0 I}{4\pi R}$,磁感强度的方向依照右手定则确定.

点 O 处的磁感强度 B_O 可以视为由圆弧载流导线、半无限长载流导线等激发的磁场在空间点 O 处的叠加.

解 根据磁场的叠加

在图（a）中，
$$\boldsymbol{B}_O = -\frac{\mu_0 I}{4R}\boldsymbol{i} - \frac{\mu_0 I}{4\pi R}\boldsymbol{k} - \frac{\mu_0 I}{4\pi R}\boldsymbol{k} = -\frac{\mu_0 I}{4R}\boldsymbol{i} - \frac{\mu_0 I}{2\pi R}\boldsymbol{k}$$

在图（b）中，
$$\boldsymbol{B}_O = -\frac{\mu_0 I}{4\pi R}\boldsymbol{i} - \frac{\mu_0 I}{4R}\boldsymbol{i} - \frac{\mu_0 I}{4\pi R}\boldsymbol{k} = -\frac{\mu_0 I}{4R}\left(\frac{1}{\pi}+1\right)\boldsymbol{i} - \frac{\mu_0 I}{4\pi R}\boldsymbol{k}$$

在图（c）中，
$$\boldsymbol{B}_O = -\frac{3\mu_0 I}{8R}\boldsymbol{i} - \frac{\mu_0 I}{4\pi R}\boldsymbol{j} - \frac{\mu_0 I}{4\pi R}\boldsymbol{k}$$

11-13 将一根带电导线弯成半径为 R 的圆环，电荷线密度为 λ（$\lambda > 0$），圆环绕过圆心且与圆环面垂直的轴以角速度 ω 转动，求轴线上任意点处的磁感强度.

分析 带电圆环绕过圆心且与导线环垂直的轴以角速度 ω 转动，其等效圆电流为
$$i = \frac{2\pi R\lambda}{T}$$

上述等效圆电流在转动轴线上任一点激发的磁感强度为
$$B = \frac{\mu_0 R^2 i}{2(R^2 + x^2)^{3/2}}$$

将 i 代入可解得转动轴线上任一点的磁感强度.

解 转动的带电圆环其等效圆电流为
$$i = \frac{2\pi R\lambda}{2\pi/\omega} = R\lambda\omega$$

代入得圆环在轴线上任一点激发的磁感强度为
$$B = \frac{\mu_0 R^2 i}{2(R^2 + x^2)^{3/2}} = \frac{\mu_0 R^3 \lambda\omega}{2(R^2 + x^2)^{3/2}}$$

11-14 如图（a）所示，载流长直导线的电流为 I，试求通过矩形面积的磁通量.

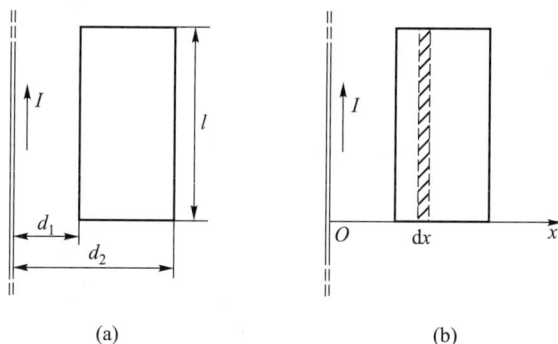

习题 11-14 图

分析 由于矩形平面上各点的磁感强度不同，故磁通量 $\Phi \neq BS$. 为此，可在矩形平面上取一矩形面元 $\mathrm{d}S = l\mathrm{d}x$，如图（b）所示（请同学们思考一下，为何不是沿垂直电流方向取矩形面元？），

载流长直导线的磁场穿过该面元的磁通量为

$$\mathrm{d}\boldsymbol{\Phi} = \boldsymbol{B} \cdot \mathrm{d}\boldsymbol{S} = \frac{\mu_0 I}{2\pi x} l \mathrm{d}x$$

矩形平面的总磁通量为

$$\boldsymbol{\Phi} = \int \mathrm{d}\boldsymbol{\Phi}$$

解 由上述分析可得矩形平面的总磁通量为

$$\boldsymbol{\Phi} = \int_{d_1}^{d_2} \frac{\mu_0 I}{2\pi x} l \mathrm{d}x = \frac{\mu_0 I l}{2\pi} \ln \frac{d_2}{d_1}$$

11-15 已知 10 mm^2 裸铜线允许通过 50 A 电流而不致导线过热.假设电流在导线横截面上均匀分布.求导线内、外磁感强度的分布.

分析 可将导线视作长直圆柱体,电流沿轴向均匀流过导体,故其磁场必然呈轴对称分布,即在与导线同轴的圆柱面上的各点,$\boldsymbol{B}$ 大小相等、方向与电流成右手螺旋关系.为此,可利用安培环路定理,求出导线表面的磁感强度.

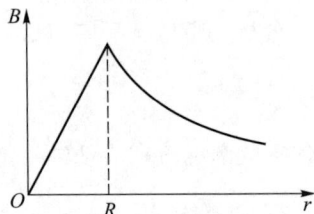
习题 11-15 图

解 围绕轴线取同心圆为环路 L,取其绕向与电流成右手螺旋关系,根据安培环路定理,有

$$\oint \boldsymbol{B} \cdot \mathrm{d}\boldsymbol{l} = B \cdot 2\pi r = \mu_0 \sum I$$

在导线内 $r < R$,$\sum I = \dfrac{I}{\pi R^2} \pi r^2 = \dfrac{I r^2}{R^2}$,因而

$$B = \frac{\mu_0 I r}{2\pi R^2}$$

在导线外 $r > R$,$\sum I = I$,因而

$$B = \frac{\mu_0 I}{2\pi r}$$

磁感强度分布曲线如图所示.

11-16 有一同轴电缆,其尺寸如图(a)所示.两导体中的电流均为 I,但电流的流向相反,导体的磁性可不考虑.试计算以下各处的磁感强度:(1) $r<R_1$;(2) $R_1<r<R_2$;(3) $R_2<r<R_3$;(4) $r>R_3$.画出 B-r 图线.

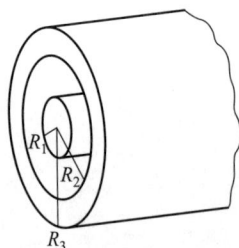

(a)

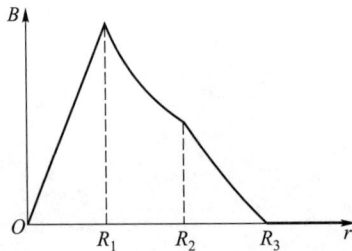

(b)

习题 11-16 图

分析 同轴电缆导体内的电流均匀分布,其磁场呈轴对称,取半径为 r 的同心圆为积分路径,$\oint \boldsymbol{B} \cdot \mathrm{d}\boldsymbol{l} = B \cdot 2\pi r$,利用安培环路定理 $\oint \boldsymbol{B} \cdot \mathrm{d}\boldsymbol{l} = \mu_0 \sum I$,可解得各区域的磁感强度.

解 由上述分析得

$r < R_1$,

$$B_1 \cdot 2\pi r = \mu_0 \frac{I}{\pi R_1^2} \pi r^2$$

$$B_1 = \frac{\mu_0 I r}{2\pi R_1^2}$$

$R_1 < r < R_2$,

$$B_2 \cdot 2\pi r = \mu_0 I$$

$$B_2 = \frac{\mu_0 I}{2\pi r}$$

$R_2 < r < R_3$,

$$B_3 \cdot 2\pi r = \mu_0 \left[I - \frac{\pi (r^2 - R_2^2)}{\pi (R_3^2 - R_2^2)} I \right]$$

$$B_3 = \frac{\mu_0 I}{2\pi r} \frac{R_3^2 - r^2}{R_3^2 - R_2^2}$$

$r > R_3$,

$$B_4 \cdot 2\pi r = \mu_0 (I - I) = 0$$

$$B_4 = 0$$

磁感强度 $B(r)$ 的分布曲线如图(b)所示.

11-17 如图所示,N 匝线圈均匀密绕在截面为长方形的中空环形骨架上,求通入电流 I 后,环内、外磁感强度的分布.

分析 根据右手螺旋定则,螺线管内磁感强度的方向与螺线管圆周平行,构成以轴线为中心的同心圆,若取半径为 r 的圆周为积分环路,由于磁感强度在每一环路上为常量,因而

$$\oint \boldsymbol{B} \cdot \mathrm{d}\boldsymbol{l} = 2\pi r \cdot B$$

依照安培环路定理 $\oint \boldsymbol{B} \cdot \mathrm{d}\boldsymbol{l} = \mu_0 \sum I$,可以解得螺线管内磁感强度的分布.

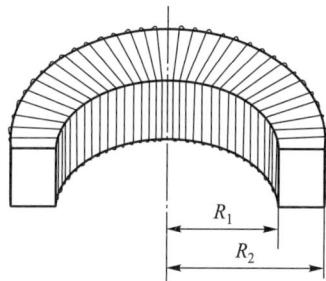

习题 11-17 图

解 依照上述分析,由安培环路定理

$$B \cdot 2\pi r = \mu_0 \sum I$$

$r < R_1$,

$$B_1 \cdot 2\pi r = 0$$

$$B_1 = 0$$

$R_2 > r > R_1$,

$$B_2 \cdot 2\pi r = \mu_0 N I$$

$$B_2 = \frac{\mu_0 N I}{2\pi r}$$

$r > R_2$,

$$B_3 \cdot 2\pi r = 0$$

$$B_3 = 0$$

在螺线管内磁感强度 B 沿圆周,与电流成右手螺旋关系.若 $R_2 - R_1 \ll R_1$ 和 R_2,则环内的磁场

可以近似视作均匀分布,设螺线环的平均半径 $R = \frac{1}{2}(R_1 + R_2)$,则环内的磁感强度近似为

$$B \approx \frac{\mu_0 NI}{2\pi R}$$

11-18 电流 I 均匀地流过半径为 R 的圆形长直导线,试计算单位长度导线中通过图中所示剖面的磁通量.

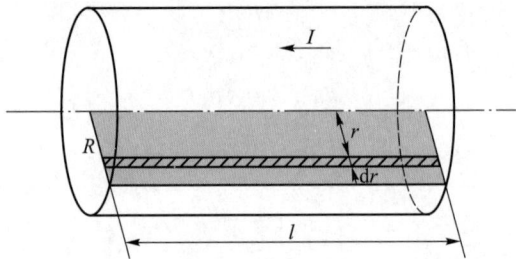

习题 11-18 图

分析 由习题 11-15 可得导线内部距轴线为 r 处的磁感强度

$$B(r) = \frac{\mu_0 Ir}{2\pi R^2}$$

在剖面上磁感强度分布不均匀,因此,需从磁通量的定义 $\Phi = \int B(r) \cdot dS$ 来求解.沿轴线方向在剖面上取面元 $dS = ldr$,考虑到面元上各点 B 相同,故穿过面元的磁通量 $d\Phi = BdS$,通过积分,可得单位长度导线内的磁通量

$$\Phi' = \int_S B dr$$

解 由分析可得单位长度导线内的磁通量

$$\Phi' = \int_0^R \frac{\mu_0 Ir}{2\pi R^2} dr = \frac{\mu_0 I}{4\pi}$$

11-19 质子和电子以相同的速度垂直飞入磁感强度为 B 的均匀磁场中,试求质子轨道半径与电子轨道半径之比.

解 由教材(11-18)式知,带电粒子在均匀磁场中运动的轨道半径为

$$R = \frac{mv}{qB}$$

$$\frac{R_p}{R_e} = \frac{m_p}{m_e} = \frac{1.67 \times 10^{-27}}{9.11 \times 10^{-31}} = 1\ 833$$

11-20 一台用于加速氘核的回旋加速器,其 D 形电极半径为 53 cm,其振荡器频率为 12×10^6 Hz.如果改为用于加速质子,所用振荡器的频率与加速氘核时所用的频率相同,那么(1)此回旋加速器可以产生多大能量的质子?(2)磁场的磁感强度应为多大?

解 (1)由教材知,回旋加速器加速带电粒子的最大动能由 D 形电极半径决定,即

$$E_k = \frac{q^2 B^2 R^2}{2m_p}$$

振荡器频率为

$$f_0 = \frac{qB}{2\pi m_p}$$

$$E_k = 2\pi^2 f_0^2 R^2 m_p = 8.3 \text{ MeV}$$

（2）磁场的磁感强度为

$$B = \frac{2\pi f_0 m_p}{q} = 0.79 \text{ T}$$

11-21 一半径为 $R = 0.10$ m 的半圆形闭合线圈,载有电流 $I = 10$ A,放在均匀外磁场中,磁场方向与线圈平面平行（如图所示）,磁感强度的大小为 $B = 0.5$ T.(1)求线圈所受力矩的大小和方向;(2)在保持电流不变的条件下线圈转 90°（即转到线圈平面与 **B** 垂直）,求在此过程中磁力矩所做的功.

解 （1）由题意,磁力矩为

$$M = mB = ISB = 7.85 \times 10^{-2} \text{ N·m}$$

磁力矩方向竖直向上.

（2）在此过程中磁力矩所做的功为

$$W = \int_0^{\frac{\pi}{2}} M\sin\theta \,d\theta = 7.85 \times 10^{-2} \text{ J}$$

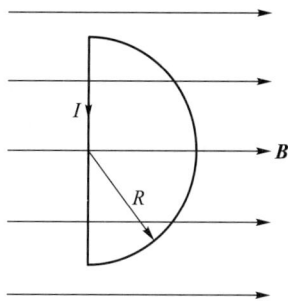

习题 11-21 图

11-22 已知地面上空某处地磁场的磁感强度为 $B = 0.4 \times 10^{-4}$ T,方向向北.若宇宙射线中有一速率为 $v = 5.0 \times 10^7$ m·s^{-1} 的质子垂直地通过该处,求:(1)洛伦兹力的方向;(2)洛伦兹力的大小,并与该质子受到的万有引力相比较.

解 （1）依照 $\boldsymbol{F}_L = q\boldsymbol{v} \times \boldsymbol{B}$ 可知洛伦兹力 $\boldsymbol{F}_L$ 的方向为 $\boldsymbol{v} \times \boldsymbol{B}$ 的方向,如图所示.

（2）因 $\boldsymbol{v} \perp \boldsymbol{B}$,质子所受的洛伦兹力为

$$F_L = qvB = 3.2 \times 10^{-16} \text{ N}$$

在地球表面,质子所受的万有引力为

$$G = m_p g = 1.64 \times 10^{-26} \text{ N}$$

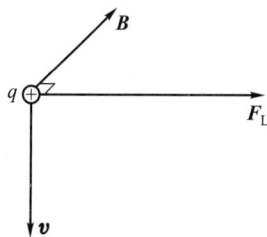

习题 11-22 图

因而,有 $\dfrac{F_L}{G} \approx 1.95 \times 10^{10}$,即质子所受的洛伦兹力远大于万有引力.

11-23 霍耳效应可用来测量血流的速度,其原理如图所示.在动脉血管两侧分别安装电极并加以磁场.设血管直径为 2.0 mm,磁感强度为 $B = 0.080$ T,毫伏表测出血管上下两端间的电压为 0.10 mV,则血流的速度为多大?

分析 血流稳定时,有

$$qvB = qE_H$$

由上式可以解得血流的速度.

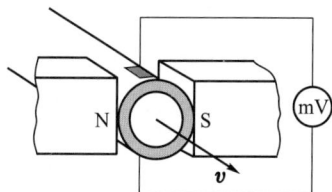

习题 11-23 图

解 依照分析

$$v = \frac{E_H}{B} = \frac{U_H}{dB} = 0.63 \text{ m} \cdot \text{s}^{-1}$$

11-24 带电粒子在过饱和液体中运动会留下一串气泡,显示出粒子运动的径迹.设在气泡室有一个质子垂直于磁场飞过,留下一个半径为3.5 cm的圆弧径迹,测得磁感强度为0.20 T,求此质子的动量和能量.

解 根据带电粒子回转半径与粒子运动速率的关系有

$$p = m_p v = ReB = 1.12 \times 10^{-21} \text{ kg} \cdot \text{m} \cdot \text{s}^{-1}$$

$$E_k = \frac{p^2}{2m_p} = 2.35 \text{ keV}$$

11-25 从太阳射来的速率为$8.0 \times 10^6 \text{ m} \cdot \text{s}^{-1}$的电子进入地球赤道上空高层范艾仑辐射带中,该处磁感强度为4.0×10^{-7} T,问此电子回转轨道半径为多少?若电子沿地球磁场的磁感线旋进到地磁北极附近,地磁北极附近磁场为2.0×10^{-5} T,问其轨道半径又为多少?

解 我们有理由不考虑相对论效应,由带电粒子在磁场中运动的回转半径为

$$R = \frac{m_e v}{qB}$$

高层范艾仑辐射带中的回转半径为

$$R_1 = \frac{m_e v}{eB_1} = 1.1 \times 10^2 \text{ m}$$

地磁北极附近的回转半径为

$$R_2 = \frac{m_e v}{eB_2} = 2.3 \text{ m}$$

11-26 如图(a)所示,一根长直导线载有电流$I_1 = 30$ A,矩形回路载有电流$I_2 = 20$ A.试计算作用在回路上的合力.已知$d = 1.0$ cm,$b = 8.0$ cm,$l = 0.12$ m.

分析 矩形上、下两段导线受安培力F_1和F_2的大小相等、方向相反,对不变形的矩形回路来说,两力的矢量和为零.而矩形的左右两段导线,由于载流导线所在处磁感强度不等,所受安培力F_3和F_4大小不同,且方向相反,因此线框所受的力为这两个力的合力.

解 由分析可知,线框所受总的安培力F为左、右两边安培力F_3和F_4的矢量和,如图(b)所示,它们的大小分别为

$$F_3 = \frac{\mu_0 I_1 I_2 l}{2\pi d}$$

$$F_4 = \frac{\mu_0 I_1 I_2 l}{2\pi (d+b)}$$

故合力的大小为

$$F = F_3 - F_4 = \frac{\mu_0 I_1 I_2 l}{2\pi d} - \frac{\mu_0 I_1 I_2 l}{2\pi (d+b)} = 1.28 \times 10^{-3} \text{ N}$$

合力的方向朝左,指向直导线.

11-27 一直流变电站将电压为500 kV的直流电,通过两条截面积不计的平行输电导线输

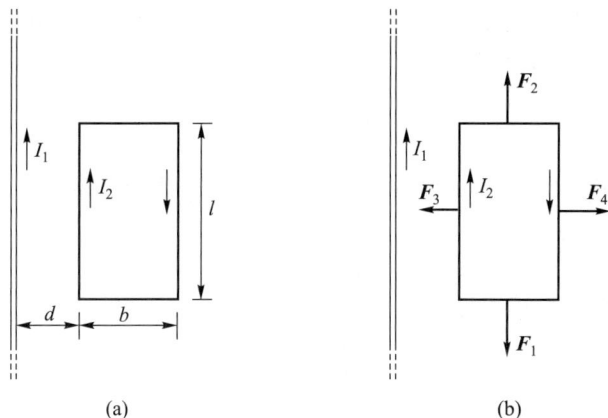

习题 11-26 图

向远方.已知两条输电导线间单位长度的电容为 $3.0 \times 10^{-11} \ \mathrm{F \cdot m^{-1}}$,若导线间的静电力与安培力正好抵消,求:(1) 通过输电导线的电流;(2) 输送的功率.

分析 当平行输电导线中的电流相反时,它们之间存在相互排斥的安培力,其大小可由安培定律确定.若两条导线间距离为 d,一条导线在另一条导线所在位置激发的磁感强度 $B = \dfrac{\mu_0 I}{2\pi d}$,导线单位长度所受安培力的大小 $F_B = BI$.将这两条导线看作带等量异号电荷的导体,因两条导线间单位长度电容 C 和电压 U 已知,则单位长度导线所带电荷量 $\lambda = CU$,一条导线在另一条导线所在位置所激发的电场强度 $E = \dfrac{\lambda}{2\pi\varepsilon_0 d}$,两条导线间单位长度所受的静电吸引力 $F_E = E\lambda$.依照题意,导线间的静电力和安培力正好抵消,即

$$\boldsymbol{F}_B + \boldsymbol{F}_E = \boldsymbol{0}$$

从中可解得输电导线中的电流.

解 (1) 由分析知单位长度导线所受的安培力和静电力分别为

$$F_B = BI = \frac{\mu_0 I^2}{2\pi d}$$

$$F_E = E\lambda = \frac{C^2 U^2}{2\pi\varepsilon_0 d}$$

由 $\boldsymbol{F}_B + \boldsymbol{F}_E = \boldsymbol{0}$ 可得

$$\frac{\mu_0 I^2}{2\pi d} = \frac{C^2 U^2}{2\pi\varepsilon_0 d}$$

解得

$$I = \frac{CU}{\sqrt{\varepsilon_0 \mu_0}} = 4.5 \times 10^3 \ \mathrm{A}$$

(2) 输出功率为

$$P = IU = 2.25 \times 10^9 \ \mathrm{W}$$

*11-28 在氢原子中,设电子以轨道角动量 $L = h/2\pi$ 绕质子作圆周运动,其轨道半径为

$a_0 = 5.29 \times 10^{-11}$ m.求质子所在处的磁感强度.h 为普朗克常量,其值为 6.63×10^{-34} J·s.

分析 根据电子绕核运动的角动量

$$L = m_e v a_0 = \frac{h}{2\pi}$$

可求得电子绕核运动的速率 v.如认为电子绕核作圆周运动,其等效圆电流为

$$i = \frac{e}{T} = \frac{e}{2\pi a_0 / v}$$

在圆心处,即质子所在处的磁感强度为

$$B = \frac{\mu_0 i}{2a_0}$$

解 由分析可得,电子绕核运动的速率为

$$v = \frac{h}{2\pi m_e a_0}$$

其等效圆电流为

$$i = \frac{e}{2\pi a_0 / v} = \frac{he}{4\pi^2 m_e a_0^2}$$

该圆电流在圆心处产生的磁感强度为

$$B = \frac{\mu_0 i}{2a_0} = \frac{\mu_0 he}{8\pi^2 m_e a_0^3} = 12.5 \text{ T}$$

$11-29$ 如图(a)所示,一根长直同轴电缆内、外导体之间充满磁介质,磁介质的相对磁导率为 $\mu_r(\mu_r < 1)$,导体的磁化可以略去不计.电缆中沿轴向有恒定电流 I 通过,内、外导体上电流的方向相反.求:(1) 空间各区域内的磁感强度和磁化强度;(2) 磁介质表面的磁化电流.

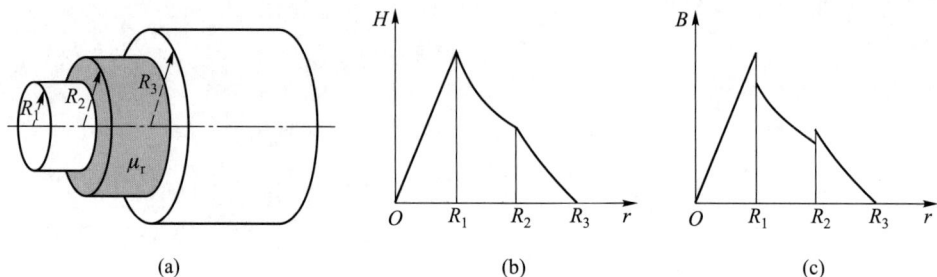

习题 11-29 图

分析 电流分布呈轴对称,依照右手定则,磁感线是以电缆对称轴线为中心的一组同心圆.选取任一同心圆为积分路径,应有 $\oint \boldsymbol{H} \cdot \mathrm{d}\boldsymbol{l} = H \cdot 2\pi r$,利用安培环路定理

$$\oint \boldsymbol{H} \cdot \mathrm{d}\boldsymbol{l} = \sum I_f$$

求出环路内的传导电流,并由 $B = \mu H$,$M = (\mu_r - 1)H$,可求出磁感强度和磁化强度.再由磁化电流的电流面密度与磁化强度的关系求出磁化电流.

解 (1) 取与电缆轴同心的圆为积分路径,根据磁介质中的安培环路定理,有

$$H \cdot 2\pi r = \sum I_f$$

对 $r < R_1$
$$\sum I_f = \frac{I}{\pi R_1^2} \pi r^2$$

得
$$H_1 = \frac{Ir}{2\pi R_1^2}$$

忽略导体的磁化(即导体相对磁导率 $\mu_r = 1$),有

$$M_1 = 0, \quad B_1 = \frac{\mu_0 Ir}{2\pi R_1^2}$$

对 $R_2 > r > R_1$
$$\sum I_f = I$$

得
$$H_2 = \frac{I}{2\pi r}$$

填充的磁介质相对磁导率为 μ_r,有

$$M_2 = (\mu_r - 1)\frac{I}{2\pi r}, \quad B_2 = \frac{\mu_0 \mu_r I}{2\pi r}$$

对 $R_3 > r > R_2$
$$\sum I_f = I - \frac{I}{\pi(R_3^2 - R_2^2)} \cdot \pi(r^2 - R_2^2)$$

得
$$H_3 = \frac{I(R_3^2 - r^2)}{2\pi r(R_3^2 - R_2^2)}$$

同样忽略导体的磁化,有

$$M_3 = 0, \quad B_3 = \frac{\mu_0 I(R_3^2 - r^2)}{2\pi r(R_3^2 - R_2^2)}$$

对 $r > R_3$
$$\sum I_f = I - I = 0$$

得
$$H_4 = 0, M_4 = 0, B_4 = 0$$

(2) 由 $I_s = M \cdot 2\pi r$,磁介质内、外表面磁化电流的大小为
$$I_{si} = M_2(R_1)2\pi R_1 = (\mu_r - 1)I$$
$$I_{se} = M_2(R_2)2\pi R_2 = (\mu_r - 1)I$$

对抗磁质($\mu_r < 1$)而言,在磁介质内表面($r = R_1$),磁化电流与内导体传导电流方向相反;在磁介质外表面($r = R_2$),磁化电流与外导体传导电流方向相反.顺磁质的情况与抗磁质相反.$H(r)$ 和 $B(r)$ 分布曲线分别如图(b)和(c)所示.

第十二章　电磁感应　电磁场和电磁波

12-1　一根无限长直导线载有电流 I,一个矩形线圈位于导线平面内垂直于载流导线的方向以恒定速率运动,如图所示,则(　　).

(A) 线圈中无感应电流

(B) 线圈中感应电流为顺时针方向

(C) 线圈中感应电流为逆时针方向

（D）线圈中感应电流方向无法确定

分析与解 由右手定则可以判断,在矩形线圈附近磁场垂直纸面朝里,磁场是非均匀场,距离长直载流导线越远,磁场越弱.因而当矩形线圈朝下运动时,线圈的磁通量发生变化,在线圈中产生感应电流,感应电流方向由法拉第电磁感应定律可以判定.因而正确答案为（B）.

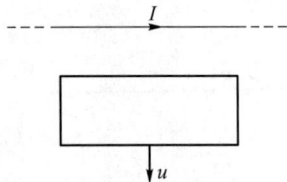

习题 12-1 图

12-2 将形状完全相同的铜环和木环静止放置在交变磁场中,并假设通过两环面的磁通量随时间的变化率相等,不计自感,则（   ）.

（A）铜环中有感应电流,木环中无感应电流

（B）铜环中有感应电流,木环中有感应电流

（C）铜环中感应电场强度大,木环中感应电场强度小

（D）铜环中感应电场强度小,木环中感应电场强度大

分析与解 根据法拉第电磁感应定律,铜环、木环中的感应电场强度大小相等,但在木环中不会形成电流.因而正确答案为（A）.

12-3 有两个线圈,线圈 1 对线圈 2 的互感为 M_{21},而线圈 2 对线圈 1 的互感为 M_{12}.若它们中分别流过变化电流 i_1 和 i_2 且 $\left|\dfrac{\mathrm{d}i_1}{\mathrm{d}t}\right| < \left|\dfrac{\mathrm{d}i_2}{\mathrm{d}t}\right|$,并设由 i_2 变化在线圈 1 中产生的互感电动势为 $\mathscr{E}_{12}$,由 i_1 变化在线圈 2 中产生的互感电动势为 $\mathscr{E}_{21}$,则论断正确的是（   ）.

（A）$M_{12} = M_{21}$,$\mathscr{E}_{21} = \mathscr{E}_{12}$ 　　　（B）$M_{12} \neq M_{21}$,$\mathscr{E}_{21} \neq \mathscr{E}_{12}$

（C）$M_{12} = M_{21}$,$\mathscr{E}_{21} > \mathscr{E}_{12}$ 　　　（D）$M_{12} = M_{21}$,$\mathscr{E}_{21} < \mathscr{E}_{12}$

分析与解 教材中已经证明 $M_{21} = M_{12}$,电磁感应定律 $\mathscr{E}_{21} = M_{21}\left|\dfrac{\mathrm{d}i_1}{\mathrm{d}t}\right|$；$\mathscr{E}_{12} = M_{12}\left|\dfrac{\mathrm{d}i_2}{\mathrm{d}t}\right|$.因而正确答案为（D）.

12-4 对位移电流,下述说法正确的是（   ）.

（A）位移电流的实质是变化的电场

（B）位移电流和传导电流一样是定向运动的电荷

（C）位移电流服从传导电流遵循的所有定律

（D）位移电流的磁效应不服从安培环路定理

分析与解 位移电流的实质是变化的电场犹如电流一般激发磁场,在这一点上,位移电流等效于传导电流,但是位移电流不是定向运动的电荷,也就不服从焦耳热效应等定律.因而正确答案为（A）.

12-5 下列概念正确的是（   ）.

（A）感应电场也是保守场

（B）感应电场的电场线是一组闭合曲线

（C）$\Phi = LI$,因而线圈的自感与回路的电流成反比

（D）$\Phi = LI$,回路的磁通量越大,回路的自感也一定越大

分析与解 对照感应电场的性质,感应电场的电场线是一组闭合曲线.因而正确答案为（B）.

12-6 一铁芯上绕有线圈 100 匝,已知铁芯中磁通量与时间的关系为 $\Phi = 8.0 \times 10^{-5} \sin 100\pi t$,式

中 Φ 的单位为 Wb, t 的单位为 s. 求在 $t = 1.0 \times 10^{-2}$ s 时, 线圈中的感应电动势.

分析　由于线圈有 N 匝相同回路, 线圈中的感应电动势等于各匝回路的感应电动势的代数和. 在此情况下, 法拉第电磁感应定律通常写成 $\mathscr{E} = -N \dfrac{\mathrm{d}\Phi}{\mathrm{d}t} = -\dfrac{\mathrm{d}\Psi}{\mathrm{d}t}$, 其中 $\Psi = N\Phi$ 称为磁链.

解　线圈中总的感应电动势为

$$\mathscr{E} = -N \frac{\mathrm{d}\Phi}{\mathrm{d}t} = 2.51\cos 100\pi t \ (\text{V})$$

当 $t = 1.0 \times 10^{-2}$ s 时, $\mathscr{E} = 2.51$ V.

12-7　载流长直导线中的电流以 $\dfrac{\mathrm{d}I}{\mathrm{d}t}$ 的变化率增长. 若有一边长为 d 的正方形线圈与导线处于同一平面内, 如图所示, 求线圈中的感应电动势.

分析　本题仍可用法拉第电磁感应定律 $\mathscr{E} = -\dfrac{\mathrm{d}\Phi}{\mathrm{d}t}$ 来求解. 由于

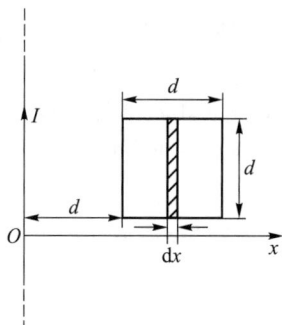

习题 12-7 图

回路所在处磁场分布不均匀, 可由 $\Phi = \displaystyle\int_{S} \boldsymbol{B} \cdot \mathrm{d}\boldsymbol{S}$ 来计算磁通量.

为了积分的需要, 建立如图所示的坐标系. 由于 B 仅与 x 有关, 即 $B = B(x)$, 故取一个平行于长直导线的宽为 $\mathrm{d}x$、长为 d 的面元 $\mathrm{d}S$, 如图中阴影部分所示, 则 $\mathrm{d}S = d\mathrm{d}x$, 所以, 总磁通量可通过定积分求得.

解 1　穿过面元 $\mathrm{d}S$ 的磁通量为

$$\mathrm{d}\Phi = \boldsymbol{B} \cdot \mathrm{d}\boldsymbol{S} = \frac{\mu_0 I}{2\pi x} d\mathrm{d}x$$

因此穿过线圈的磁通量为

$$\Phi = \int \mathrm{d}\Phi = \int_{d}^{2d} \frac{\mu_0 I d}{2\pi x} \mathrm{d}x = \frac{\mu_0 I d}{2\pi} \ln 2$$

再由法拉第电磁感应定律, 有

$$\mathscr{E} = -\frac{\mathrm{d}\Phi}{\mathrm{d}t} = \left(\frac{\mu_0 d}{2\pi} \ln \frac{1}{2} \right) \frac{\mathrm{d}I}{\mathrm{d}t}$$

解 2　当长直导线有电流 I 通过时, 穿过线圈的磁通量为

$$\Phi = \frac{\mu_0 d I}{2\pi} \ln 2$$

线圈与长直导线间的互感为

$$M = \frac{\Phi}{I} = \frac{\mu_0 d}{2\pi} \ln 2$$

当电流以 $\dfrac{\mathrm{d}I}{\mathrm{d}t}$ 变化时, 线圈中的互感电动势为

$$\mathscr{E} = -M \frac{\mathrm{d}I}{\mathrm{d}t} = \left(\frac{\mu_0 d}{2\pi} \ln \frac{1}{2} \right) \frac{\mathrm{d}I}{\mathrm{d}t}$$

12-8 有一测量磁感强度的线圈,其截面积为 $S = 4.0 \text{ cm}^2$,匝数为 $N = 160$ 匝,电阻为 $R = 50 \text{ Ω}$.线圈与一内阻为 $R_i = 30 \text{ Ω}$ 的冲击电流计相连.开始时线圈的平面与均匀磁场的磁感强度 $\boldsymbol{B}$ 相垂直,然后线圈的平面很快地转到与 $\boldsymbol{B}$ 的方向平行,此时从冲击电流计中测得电荷量为 $q = 4.0 \times 10^{-5} \text{ C}$.问此均匀磁场的磁感强度 $\boldsymbol{B}$ 的大小为多少?

分析 在电磁感应现象中,闭合回路中的感应电动势和感应电流与磁通量变化的快慢有关,而在一段时间内,通过导体截面的感应电荷量只与磁通量变化的大小有关,与磁通量变化的快慢无关.工程中常通过感应电荷量的测定来确定磁场的强弱.

解 在线圈转过 90° 角时,通过线圈平面磁通量的变化量为

$$\Delta \Phi = \Phi_2 - \Phi_1 = NBS - 0 = NBS$$

因此,流过导体截面的电荷量为

$$q = \frac{\Delta \Phi}{R + R_i} = \frac{NBS}{R + R_i}$$

则

$$B = \frac{q(R + R_i)}{NS} = 0.050 \text{ T}$$

12-9 如图所示,一长直导线中通有 $I = 5.0 \text{ A}$ 的电流,在距导线 9.0 cm 处,放一面积为 0.10 cm²,10 匝的小圆线圈,线圈中的磁场可看作是均匀的.今在 1.0×10^{-2} s内把此线圈移至距长直导线10.0 cm处.(1) 求线圈中的平均感应电动势;(2) 设线圈的电阻为 1.0×10^{-2} Ω,求通过线圈横截面的感应电荷量.

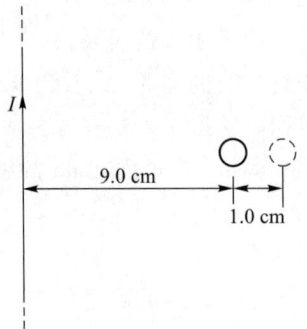

分析 虽然线圈处于非均匀磁场中,但由于线圈的面积很小,可近似认为穿过线圈平面的磁场是均匀的,因而可近似用 $\Psi = NBS$ 来计算线圈在始、末两个位置的磁链,并由此求得感应电动势和感应电荷量.

解 (1) 在始、末状态,通过线圈的磁链分别为

$$\Psi_1 = NB_1 S = \frac{N\mu_0 IS}{2\pi r_1}, \quad \Psi_2 = NB_2 S = \frac{N\mu_0 IS}{2\pi r_2}$$

则线圈中的平均感应电动势为

$$|\overline{\mathscr{E}}| = \left| \frac{\Delta \Psi}{\Delta t} \right| = \frac{N\mu_0 IS}{2\pi \Delta t} \left(\frac{1}{r_1} - \frac{1}{r_2} \right) = 1.11 \times 10^{-8} \text{ V}$$

电动势的指向为顺时针方向.

(2) 通过线圈导线横截面的感应电荷量为

$$q = \frac{1}{R} | \Psi_1 - \Psi_2 | = \frac{|\mathscr{E}|}{R} \Delta t = 1.11 \times 10^{-8} \text{ C}$$

习题 12-9 图

12-10 如图(a)所示,把一半径为 R 的半圆形导线 OP 置于磁感强度为 $\boldsymbol{B}$ 的均匀磁场中,当导线 OP 以匀速率 v 向右移动时,求导线中感应电动势 $\mathscr{E}$ 的大小.哪一端电势较高?

分析 本题中的电动势均为动生电动势,既可由 $\mathscr{E} = -\dfrac{\mathrm{d}\Phi}{\mathrm{d}t}$ 求解,也可以由动生电动势公式

$\mathcal{E} = \int_l (\boldsymbol{v} \times \boldsymbol{B}) \cdot \mathrm{d}\boldsymbol{l}$ 求解.矢量 $(\boldsymbol{v} \times \boldsymbol{B})$ 的方向就是导线中电势升高的方向,即电动势的方向.

解 1 如图(b)所示,假想半圆形导线 OP 在宽为 $2R$ 的静止⊔形导轨上滑动,两者之间形成一个闭合回路.设顺时针方向为回路正方向,任一时刻端点 O 或端点 P 距⊔形导轨左侧距离为 x,则

$$\Phi = \left(2Rx + \frac{1}{2}\pi R^2 \right) B$$

即

$$\mathcal{E} = -\frac{\mathrm{d}\Phi}{\mathrm{d}t} = -2RB\frac{\mathrm{d}x}{\mathrm{d}t} = -2RvB$$

由于静止的⊔形导轨上的电动势为零,则 $\mathcal{E} = -2RvB$.式中负号表示电动势的方向为逆时针,对 OP 段来说端点 P 的电势较高.

解 2 建立如图(c)所示的坐标系,在导体上任意处取导体元 $\mathrm{d}\boldsymbol{l}$,则

$$\mathrm{d}\mathcal{E} = (\boldsymbol{v} \times \boldsymbol{B}) \cdot \mathrm{d}\boldsymbol{l} = vB\cos\theta R\,\mathrm{d}\theta$$

$$\mathcal{E} = \int \mathrm{d}\mathcal{E} = vBR\int_{-\pi/2}^{\pi/2} \cos\theta\,\mathrm{d}\theta = 2RvB$$

由矢量 $(\boldsymbol{v} \times \boldsymbol{B})$ 的指向可知,端点 P 的电势较高.

解 3 连接 OP 使导线构成一个闭合回路.由于磁场是均匀的,在任意时刻,穿过回路的磁通量 $\Phi = BS = $ 常量.由法拉第电磁感应定律 $\mathcal{E} = -\dfrac{\mathrm{d}\Phi}{\mathrm{d}t}$ 可知

$$\mathcal{E} = 0$$

又因

$$\mathcal{E} = \mathcal{E}_{\overset{\frown}{OP}} + \mathcal{E}_{PO}$$

即

$$\mathcal{E}_{\overset{\frown}{OP}} = -\mathcal{E}_{PO} = 2RvB$$

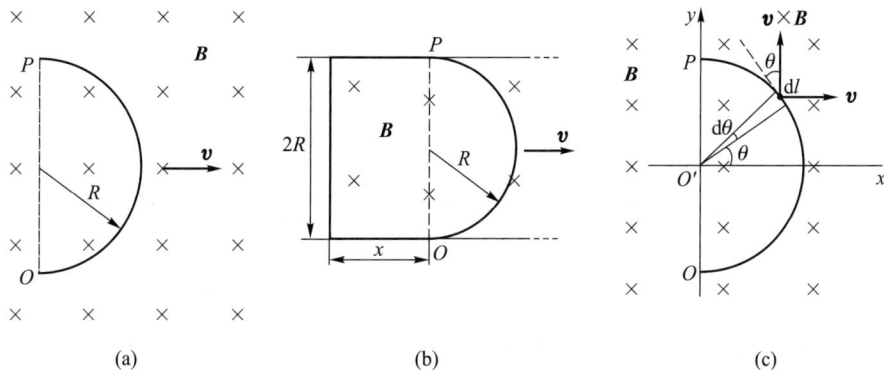

(a)　　　　　　　　　(b)　　　　　　　　　(c)

习题 12-10 图

由上述结果可知,在均匀磁场中,任意闭合导体回路平动所产生的动生电动势为零;而任意曲线形导体上的动生电动势就等于其两端所连直线形导体上的动生电动势.上述求解方法是叠加思想的逆运用,即补偿的方法.

12-11 长度为 L 的铜棒,以距端点 r 处为支点,并以角速率 ω 绕通过支点且垂直于铜棒的

轴转动.设磁感强度为 $\boldsymbol{B}$ 的均匀磁场与轴平行,求棒两端的电势差.

分析 导体棒两端的电势差与棒上的动生电动势是两个不同的概念,如同电源的端电压与电源电动势的不同.在开路时,两者大小相等、方向相反(电动势的方向是电势升高的方向,而电势差的正方向是电势降落的方向).

本题可直接用积分法求解棒上的电动势,亦可以将整个棒的电动势看成 OA 棒与 OB 棒上电动势的代数和,如图(b)所示.而 $\mathscr{E}_{OA}$ 和 $\mathscr{E}_{OB}$ 则可以直接利用第 12-2 节例 1 的结果.

解 1 如图(a)所示,在棒上距点 O 为 l 处取导体元 $\mathrm{d}l$,则

$$\mathscr{E}_{AB} = \int_{AB} (\boldsymbol{v} \times \boldsymbol{B}) \cdot \mathrm{d}\boldsymbol{l} = \int_{-r}^{L-r} -\omega lB\mathrm{d}l = -\frac{1}{2}\omega BL(L-2r)$$

因此棒两端的电势差为

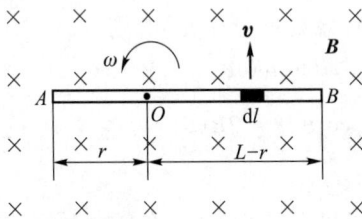

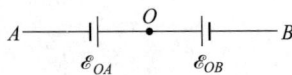

(a)　　　　　　　　　　(b)

习题 12-11 图

$$U_{AB} = -\mathscr{E}_{AB} = \frac{1}{2}\omega BL(L-2r)$$

当 $L>2r$ 时,端点 A 处的电势较高.

解 2 将 AB 棒上的电动势看成 OA 棒和 OB 棒上电动势的代数和,如图(b)所示.其中

$$|\mathscr{E}_{OA}| = \frac{1}{2}B\omega r^2, \quad |\mathscr{E}_{OB}| = \frac{1}{2}\omega B(L-r)^2$$

则

$$\mathscr{E}_{AB} = |\mathscr{E}_{OA}| - |\mathscr{E}_{OB}| = -\frac{1}{2}\omega BL(L-2r)$$

12-12 如图所示,长为 L 的导体棒 OP 处于均匀磁场中,并绕 OO' 轴以角速度 ω 旋转,棒与转轴间夹角恒为 θ,磁感强度 $\boldsymbol{B}$ 与转轴平行.求 OP 棒在图示位置处的电动势.

分析 本题既可以通过构造一个包含 OP 导体在内的闭合回路(如直角三角形导体回路 $OPQO$)用法拉第电磁感应定律 $\mathscr{E} = -\dfrac{\mathrm{d}\Phi}{\mathrm{d}t}$ 计算,也可用 $\mathscr{E} = \int_l (\boldsymbol{v} \times \boldsymbol{B}) \cdot \mathrm{d}\boldsymbol{l}$ 来计算.由于对称性,导体 OP 旋转至任何位置时产生的电动势与图示位置是相同的.

解 1 由以上分析,得

$$\begin{aligned}
\mathscr{E}_{OP} &= \int_{OP} (\boldsymbol{v} \times \boldsymbol{B}) \cdot \mathrm{d}\boldsymbol{l} \\
&= \int_l (\omega l\sin\theta)B\cos\left(\frac{\pi}{2} - \theta\right)\mathrm{d}l \\
&= \omega B\sin^2\theta \int_0^L l\mathrm{d}l
\end{aligned}$$

$$= \frac{1}{2}\omega B (L\sin\theta)^2$$

由矢量 $(\boldsymbol{v}\times\boldsymbol{B})$ 的方向可知端点 P 的电势较高.

解 2 设想导体 OP 为直角三角形导体回路 $OPQO$ 中的一部分,任一时刻穿过回路的磁通量 Φ 为零,则回路的总电动势为

$$\mathscr{E} = -\frac{\mathrm{d}\Phi}{\mathrm{d}t} = 0 = \mathscr{E}_{OP} + \mathscr{E}_{PQ} + \mathscr{E}_{QO}$$

显然,$\mathscr{E}_{QO} = 0$,所以

$$\mathscr{E}_{OP} = -\mathscr{E}_{PQ} = \mathscr{E}_{QP} = \frac{1}{2}\omega B (PQ)^2 = \frac{1}{2}\omega B (L\sin\theta)^2$$

由上可知,导体棒 OP 旋转时,在单位时间内切割的磁感线数与导体棒 QP 等效.

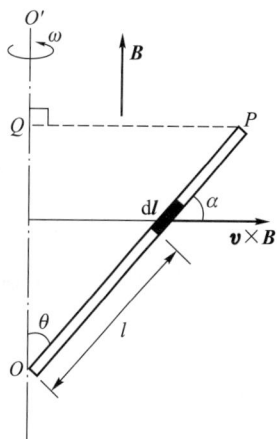

习题 12-12 图

12-13 如图(a)所示,金属杆 AB 以匀速率 $v = 2.0 \ \mathrm{m\cdot s^{-1}}$ 平行于一长直导线移动,此导线中通有的电流为 $I = 40$ A.求此杆中的感应电动势.杆的哪一端电势较高?

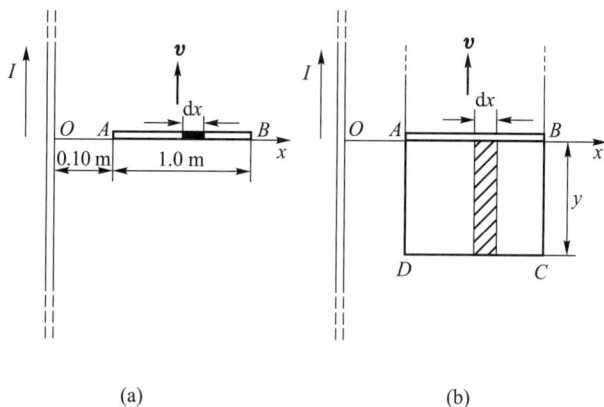

(a)　　　　　　　　(b)

习题 12-13 图

分析 本题可用两种方法求解.

方法 1:建立如图(a)所示的坐标系,所取导体元 $\mathrm{d}l = \mathrm{d}x$,该处的磁感强度 $B = \frac{\mu_0 I}{2\pi x}$,代入动生电动势公式 $\mathscr{E} = \int_L (\boldsymbol{v}\times\boldsymbol{B})\cdot\mathrm{d}l$ 求解.

方法 2:构造一个包含杆 AB 在内的闭合回路.为此可设想杆 AB 在一个静止的⊔形导轨上滑动,如图(b)所示.回路电动势就等于金属杆的电动势,用法拉第电磁感应定律可以求解.设时刻 t,杆 AB 距导轨下端 CD 的距离为 y,先用公式 $\Phi = \int_S \boldsymbol{B}\cdot\mathrm{d}\boldsymbol{S}$ 求得穿过该回路的磁通量,再代入公式 $\mathscr{E} = -\frac{\mathrm{d}\Phi}{\mathrm{d}t}$,即可求得回路的电动势.

解 1 根据分析,杆中的感应电动势为

$$\mathscr{E}_{AB} = \int_{AB} (\boldsymbol{v} \times \boldsymbol{B}) \cdot \mathrm{d}\boldsymbol{l} = -\int_{0.1\,\mathrm{m}}^{1.1\,\mathrm{m}} \frac{\mu_0 I}{2\pi x} v \mathrm{d}x$$

$$= -\frac{\mu_0 I v}{2\pi} \ln 11 = -3.84 \times 10^{-5} \text{ V}$$

式中负号表示电动势方向由点 B 指向点 A,故点 A 电势较高.

解 2 设顺时针方向为回路 $ABCD$ 的正向,根据分析,在距直导线 x 处,取宽为 $\mathrm{d}x$、长为 y 的面元 $\mathrm{d}S$,则穿过面元的磁通量为

$$\mathrm{d}\Phi = \boldsymbol{B} \cdot \mathrm{d}\boldsymbol{S} = \frac{\mu_0 I}{2\pi x} y \mathrm{d}x$$

穿过回路的磁通量为

$$\Phi = \int_S \mathrm{d}\Phi = \int_{0.1\,\mathrm{m}}^{1.1\,\mathrm{m}} \frac{\mu_0 I}{2\pi x} y \mathrm{d}x = \frac{\mu_0 I y}{2\pi} \ln 11$$

因 $\dfrac{\mathrm{d}y}{\mathrm{d}t} = v$,回路的电动势为

$$\mathscr{E} = -\frac{\mathrm{d}\Phi}{\mathrm{d}t} = -\frac{\mu_0 I}{2\pi} \frac{\mathrm{d}y}{\mathrm{d}t} \ln 11 = -\frac{\mu_0 I v}{2\pi} \ln 11 \approx -3.84 \times 10^{-5} \text{ V}$$

由于静止的 ⊔ 形导轨上电动势为零,所以

$$\mathscr{E}_{AB} = \mathscr{E} \approx -3.84 \times 10^{-5} \text{ V}$$

式中负号说明回路的电动势方向为逆时针,对 AB 导体来说,电动势方向应由点 B 指向点 A,故点 A 电势较高.

12-14 如图(a)所示,在一无限长直载流导线的近旁放置一个矩形导体线框,该线框在垂直于导线方向上以匀速率 v 向右移动.求在图示位置处线框中的感应电动势的大小和方向.

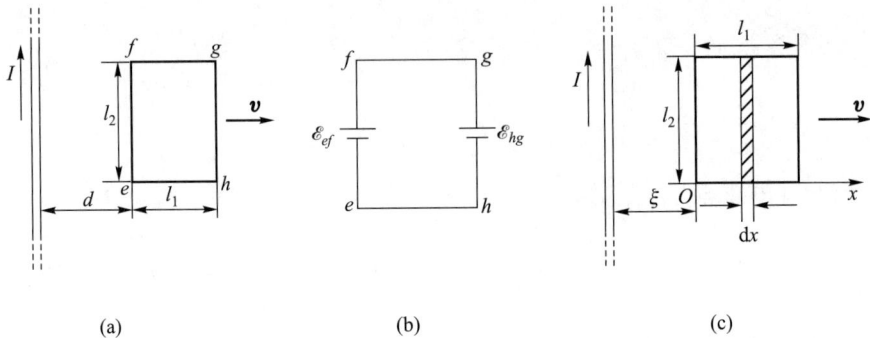

习题 12-14 图

分析 本题亦可用电磁感应定律和动生电动势公式两种方法求解.

方法 1:当闭合导体线框在磁场中运动时,线框中的总电动势就等于框上各段导体中的动生电动势的代数和.如图(a)所示,导体 eh 段和 fg 段上处处满足 $(\boldsymbol{v} \times \boldsymbol{B}) \cdot \mathrm{d}\boldsymbol{l} = 0$,电动势为零,因而线框中的总电动势为 $\mathscr{E} = \oint_l (\boldsymbol{v} \times \boldsymbol{B}) \cdot \mathrm{d}\boldsymbol{l} = \int_{ef} (\boldsymbol{v} \times \boldsymbol{B}) \cdot \mathrm{d}\boldsymbol{l} + \int_{gh} (\boldsymbol{v} \times \boldsymbol{B}) \cdot \mathrm{d}\boldsymbol{l} = \int_{ef} (\boldsymbol{v} \times \boldsymbol{B}) \cdot \mathrm{d}\boldsymbol{l} - \int_{hg} (\boldsymbol{v} \times \boldsymbol{B}) \cdot \mathrm{d}\boldsymbol{l} =$

$\mathscr{E}_{ef} - \mathscr{E}_{hg}$，其等效电路如图（b）所示.

方法 2：用公式 $\mathscr{E} - \dfrac{\mathrm{d}\Phi}{\mathrm{d}t}$ 求解.式中 Φ 是线框运动至任意位置处时，穿过线框的磁通量.为此

设时刻 t 时，线框左边距导线的距离为 ξ，如图（c）所示，显然 ξ 是时间 t 的函数，且有 $\dfrac{\mathrm{d}\xi}{\mathrm{d}t}=v$.在求

得线框在任意位置处的电动势 $\mathscr{E}(\xi)$ 后，再令 $\xi=d$，即可得线框在题目所给位置处的电动势.

解 1 根据分析，线框中的电动势为

$$
\begin{aligned}
\mathscr{E} &= \mathscr{E}_{ef} - \mathscr{E}_{hg} \\
&= \int_{ef}(\boldsymbol{v}\times\boldsymbol{B})\cdot\mathrm{d}\boldsymbol{l} - \int_{hg}(\boldsymbol{v}\times\boldsymbol{B})\cdot\mathrm{d}\boldsymbol{l} \\
&= \frac{\mu_0 Iv}{2\pi d}\int_0^{l_2}\mathrm{d}l - \frac{\mu_0 Iv}{2\pi(d+l_1)}\int_0^{l_2}\mathrm{d}l \\
&= \frac{\mu_0 Ivl_1 l_2}{2\pi d(d+l_1)}
\end{aligned}
$$

由 $\mathscr{E}_{ef} > \mathscr{E}_{hg}$ 可知，线框中的电动势方向为 $efgh$.

解 2 设顺时针方向为线框回路的正方向.根据分析，在任意位置处，穿过线框的磁通量为

$$
\Phi = \int_0^{l_1}\frac{\mu_0 Il_2}{2\pi(x+\xi)}\mathrm{d}x = \frac{\mu_0 Il_2}{2\pi}\ln\frac{\xi+l_1}{\xi}
$$

因 $\dfrac{\mathrm{d}y}{\mathrm{d}t}=v$，相应电动势为

$$
\mathscr{E}(\xi) = -\frac{\mathrm{d}\Phi}{\mathrm{d}t} = \frac{\mu_0 Ivl_1 l_2}{2\pi\xi(\xi+l_1)}
$$

令 $\xi=d$，得线框在图示位置处的电动势为

$$
\mathscr{E} = \frac{\mu_0 Ivl_1 l_2}{2\pi d(d+l_1)}
$$

由 $\mathscr{E}>0$ 可知，线框中电动势方向为顺时针方向.

12-15 在半径为 R 的圆柱形空间中存在着均匀磁场 $\boldsymbol{B}$，其方向与柱的轴线平行.如图（a）所示，

一长为 l 的金属棒放在磁场中，设 $\boldsymbol{B}$ 的大小随时间的变化率 $\dfrac{\mathrm{d}B}{\mathrm{d}t}$ 为常量.试证：棒上感应电动势的大小为

$$
\mathscr{E} = \frac{\mathrm{d}B}{\mathrm{d}t}\frac{l}{2}\sqrt{R^2-\left(\frac{l}{2}\right)^2}
$$

分析 变化磁场在其周围激发感生电场，把导体置于感生电场中，导体中的自由电子就会在电场力的作用下移动，在棒内两端形成正负电荷的积累，从而产生感生电动势.故可先求感生电场 $\boldsymbol{E}_k$，再由 $\mathscr{E}=\int_l \boldsymbol{E}_k\cdot\mathrm{d}l$ 计算棒上感应电动势.此外，还可连接 OP、OQ，设想 $PQOP$ 构成一个闭合导体回路，用法拉第电磁感应定律求解.由于 OP、OQ 沿半径方向，与通过该处的感生电场强度 $\boldsymbol{E}_k$ 处处垂直（参见教材 12-2），故 $\boldsymbol{E}_k\cdot\mathrm{d}l=0$，$OP$、$OQ$ 两段均无电动势，这样，由法拉第电磁感应定律求出的闭合回路的总电动势，就是导体棒 PQ 上的电动势.

证 1 由电磁感应定律，在 $r<R$ 区域，

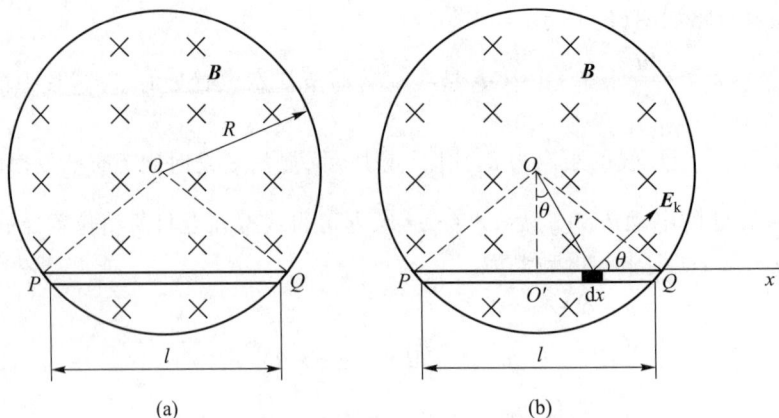

(a)　　　　　　　　(b)

习题 12-15 图

$$\mathscr{E} = \oint \boldsymbol{E}_k \cdot \mathrm{d}\boldsymbol{l} = -\frac{\mathrm{d}}{\mathrm{d}t}\int \boldsymbol{B} \cdot \mathrm{d}\boldsymbol{S}$$

$$2\pi r E_k = -\pi r^2 \frac{\mathrm{d}B}{\mathrm{d}t}$$

解得该区域内感生电场强度的大小

$$E_k = \frac{r}{2}\frac{\mathrm{d}B}{\mathrm{d}t}$$

设 PQ 上线元 $\mathrm{d}x$ 处，$\boldsymbol{E}_k$ 的方向如图(b)所示，则金属杆 PQ 上的电动势为

$$\mathscr{E}_{PQ} = \int_l \boldsymbol{E}_k \cdot \mathrm{d}\boldsymbol{x} = \int E_k \cos\theta \mathrm{d}x$$

$$= \int_0^l \frac{r}{2}\frac{\mathrm{d}B}{\mathrm{d}t}\frac{\sqrt{R^2 - (l/2)^2}}{r}\mathrm{d}x$$

$$= \frac{\mathrm{d}B}{\mathrm{d}t}\frac{l}{2}\sqrt{R^2 - \left(\frac{l}{2}\right)^2}$$

证 2 由法拉第电磁感应定律，有

$$\mathscr{E}_{PQ} = \mathscr{E}_\triangle = \left|-\frac{\mathrm{d}\boldsymbol{\Phi}}{\mathrm{d}t}\right| = S\frac{\mathrm{d}B}{\mathrm{d}t} = \frac{\mathrm{d}B}{\mathrm{d}t}\frac{l}{2}\sqrt{R^2 - \left(\frac{l}{2}\right)^2}$$

请同学们思考，假如金属棒 PQ 有一段在圆外，则圆外一段导体上有无电动势？该如何求解？

12-16 截面为长方形的环形均匀密绕螺绕环，其尺寸如图(a)所示，共有 N 匝，求螺绕环的自感 L.

分析 如同电容一样，自感和互感都是与回路系统自身性质(如几何形状、匝数、介质等)有关的量.求自感 L 的方法有两种：

方法 1：设有电流 I 通过线圈，计算磁场穿过自身回路的总磁通量，再用公式 $L = \dfrac{\Phi}{I}$ 计算 L.

方法 2：让回路中通以变化率已知的电流，求出回路中的感应电动势 $\mathscr{E}_L$，由公式

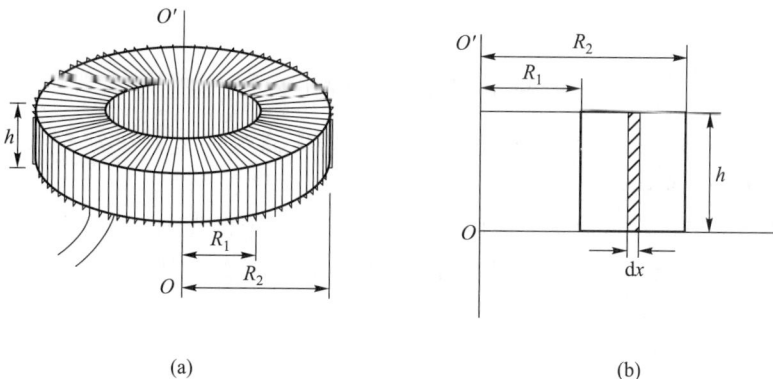

(a)   (b)

习题 12-16 图

$L = \left| \dfrac{\mathscr{E}_L}{\mathrm{d}I/\mathrm{d}t} \right|$ 计算 L.式中 $\mathscr{E}_L$ 和 $\dfrac{\mathrm{d}I}{\mathrm{d}t}$ 都较容易通过实验测定,所以此方法一般用于工程中.此外,还可通过计算能量的方法求解.

解 选择用方法 1 求解,其余方法请同学自行验证.设有电流 I 通过线圈,线圈回路呈长方形,如图(b)所示,由安培环路定理可求得在 $R_1 < r < R_2$ 范围内的磁场分布为

$$B = \frac{\mu_0 NI}{2\pi x}$$

由于线圈由 N 匝相同的回路构成,所以穿过自身回路的磁链为

$$\boldsymbol{\Psi} = N\int_S \boldsymbol{B}\cdot\mathrm{d}\boldsymbol{S} = N\int_{R_1}^{R_2}\frac{\mu_0 NI}{2\pi x}h\mathrm{d}x = \frac{\mu_0 N^2 hI}{2\pi}\ln\frac{R_2}{R_1}$$

则

$$L = \frac{\boldsymbol{\Psi}}{I} = \frac{\mu_0 N^2 h}{2\pi}\ln\frac{R_2}{R_1}$$

若管中充满均匀同种磁介质,其相对磁导率为 μ_r,则自感将增大 μ_r 倍.

12-17 如图所示,螺线管的管心是两个套在一起的同轴圆柱体,其截面积分别为 S_1 和 S_2,磁导率分别为 μ_1 和 μ_2,管长为 l,匝数为 N,求螺线管的自感(设管的截面积很小).

分析 本题求解时应注意磁介质的存在对磁场的影响.在无介质时,通电螺线管内的磁场是均匀的,磁感强度为 B_0,由于磁介质的存在,在磁介质中磁感强度分别为 $\mu_1 B_0$ 和 $\mu_2 B_0$.通过线圈横截面的总磁通量是截面积分别为 S_1 和 S_2 的两部分磁通量之和.由自感的定义可解得结果.

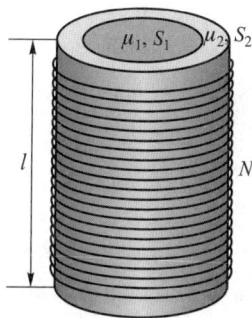

习题 12-17 图

解 设有电流 I 通过螺线管,则管中两介质中磁感强度分别为

$$B_1 = \mu_1 nI = \mu_1\frac{N}{l}I, \quad B_2 = \mu_2 nI = \mu_2\frac{N}{l}I$$

通过 N 匝回路的磁链为

$$\boldsymbol{\Psi} = \boldsymbol{\Psi}_1 + \boldsymbol{\Psi}_2 = NB_1 S_1 + NB_2 S_2$$

则自感为

$$L = L_1 + L_2 = \frac{\Psi}{I} = \frac{N^2}{l}(\mu_1 S_1 + \mu_2 S_2)$$

12-18 两根半径均为 a 的平行长直导线,其中心距离为 d.试求长为 l 的一对导线的自感 (导线内部的磁通量可略去不计).

分析 两平行长直导线可以看成无限长但宽为 d 的矩形回路的一部分.设在矩形回路中通有逆时针方向电流 I,然后计算图中阴影部分(宽为 d、长为 l)的磁通量.该区域内磁场可以看成两无限长直载流导线分别在该区域产生的磁场的叠加.

解 在如图所示的坐标系中,当两导线中通有图示的电流 I 时,两平行导线间的磁感强度为

$$B = \frac{\mu_0 I}{2\pi r} + \frac{\mu_0 I}{2\pi(d-r)}$$

穿过图中阴影部分的磁通量为

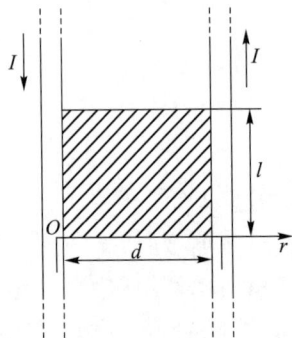

习题 12-18 图

$$\Phi = \int_S \boldsymbol{B} \cdot \mathrm{d}\boldsymbol{S} = \int_a^{d-a} Bl\mathrm{d}r = \frac{\mu_0 Il}{\pi}\ln\frac{d-a}{a}$$

则长为 l 的一对导线的自感为

$$L = \frac{\Phi}{I} = \frac{\mu_0 l}{\pi}\ln\frac{d-a}{a}$$

若导线内部磁通量不能忽略,则一对导线的自感为 $L = L_1 + 2L_2$. L_1 称为外自感,即本题已求出的 L,L_2 称为一根导线的内自感.长为 l 的导线的内自感 $L_2 = \frac{\mu_0 l}{8\pi}$,有兴趣的读者可自行求解.

12-19 如图所示,在一柱形纸筒上绕有两组相同线圈 AB 和 $A'B'$,每组线圈的自感均为 L,求:(1) A 和 A' 相接时,B 和 B' 间的自感 L_1;(2) A' 和 B 相接时,A 和 B' 间的自感 L_2.

分析 无论线圈 AB 和 $A'B'$ 作哪种方式连接,均可看成一个大线圈回路的两个部分,故仍可从自感系数的定义出发求解.求解过程中可利用磁通量叠加的方法,如每一组载流线圈单独存在时穿过自身回路的磁通量为 Φ,则穿过两线圈回路的磁通量为 2Φ;而当两组线圈按(1)或(2)方式连接后,则穿过大线圈回路的总磁通量为 $2\Phi \pm 2\Phi$,"$\pm$"取决于电流在两组线圈中的流向是相同或是相反.

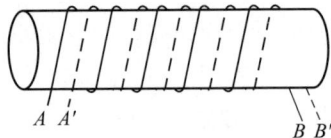

习题 12-19 图

解 (1) 当 A 和 A' 连接时,AB 和 $A'B'$ 线圈中电流流向相反,通过回路的磁通量亦相反,故总通量为 $\Phi_1 = 2\Phi - 2\Phi = 0$,故 $L_1 = 0$.

(2) 当 A' 和 B 连接时,AB 和 $A'B'$ 线圈中电流流向相同,通过回路的磁通量亦相同,故总通量为 $\Phi_2 = 2\Phi + 2\Phi = 4\Phi$,故 $L_2 = \frac{\Phi_2}{I} = 4\frac{\Phi}{I} = 4L$.

本题结果在工程实际中有实用意义,如按题(1)方式连接,则可构造出一个无自感的线圈.

12-20 如图所示,一面积为 $4.0~\mathrm{cm}^2$ 共 50 匝的小圆形线圈 A,放在半径为 20 cm 共 100 匝的大圆形线圈 B 的正中央,此两线圈同心且同平面.设线圈 A 内的磁场可看作是均匀的.求:(1) 两线圈的互感;(2) 当线圈 B 中电流的变化率为 $-50~\mathrm{A \cdot s^{-1}}$ 时,线圈 A 中感应电动势的大小和方向.

分析 设回路Ⅰ中通有电流 I_1,穿过回路Ⅱ的磁通量为 Φ_{21},则

互感 $M=M_{21}=\dfrac{\Phi_{21}}{I_1}$;也可设回路Ⅱ通有电流 I_2,穿过回路Ⅰ的磁通量为

Φ_{12},则 $M=M_{12}=\dfrac{\Phi_{12}}{I_2}$.虽然两种途径所得结果相同,但在很多情况下,

不同途径所涉及的计算难易程度会有很大的不同.以本题为例,如设
线圈B中有电流 I 通过,则在线圈A中心处的磁感强度很易求得,由
于线圈A很小,其所在处的磁场可视为均匀的,因而穿过线圈A的磁

通量 $\Phi\approx BS$.反之,如设线圈A通有电流 I,其周围的磁场分布是变化的,且难以计算,因而穿过
线圈B的磁通量也就很难求得,由此可见,计算互感一定要善于选择方便的途径.

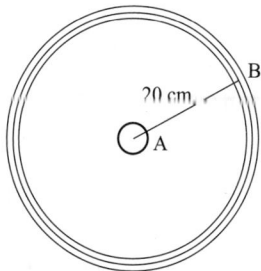

习题 12-20 图

解 (1)设线圈B有电流 I 通过,它在圆心处产生的磁感强度 $B_0=N_B\dfrac{\mu_0 I}{2R}$,穿过小线圈A的
磁链近似为

$$\Psi_A=N_A B_0 S_A=N_A N_B\frac{\mu_0 I}{2R}S_A$$

则两线圈的互感为

$$M=\frac{\Psi_A}{I}=N_A N_B\frac{\mu_0 S_A}{2R}=6.28\times10^{-6}\ \text{H}$$

(2)小线圈A中感应电动势的大小为

$$\mathscr{E}_A=-M\frac{dI}{dt}=3.14\times10^{-4}\ \text{V}$$

互感电动势的方向和线圈B中的电流方向相同.

12-21 如图所示,两同轴单匝圆线圈A、C的半径分别为
R 和 r,两线圈相距为 d.若 r 很小,则可认为线圈A在线圈C处所
产生的磁场是均匀的.求两线圈的互感.若线圈C的匝数为 N,则
互感又为多少?

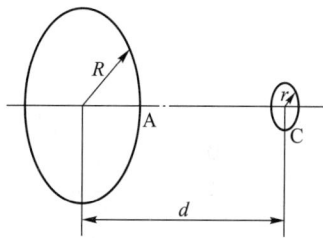

解 设线圈A中有电流 I 通过,它在线圈C所包围的平面
内各点产生的磁感强度近似为

$$B=\frac{\mu_0 I R^2}{2(R^2+d^2)^{3/2}}$$

穿过线圈C的磁通为

习题 12-21 图

$$\Psi=BS_C=\frac{\mu_0 I R^2}{2(R^2+d^2)^{3/2}}\pi r^2$$

则两线圈的互感为

$$M=\frac{\Psi}{I}=\frac{\mu_0\pi R^2 r^2}{2(R^2+d^2)^{3/2}}$$

若线圈C的匝数为 N,则互感为上述值的 N 倍.

12-22 如图所示,螺绕环A中充满了铁磁质,环的截面积为 $S=2.0\ \text{cm}^2$,沿环每厘米绕有

100 匝线圈,通有电流 $I_1 = 4.0 \times 10^{-2}$ A,在环上再绕一线圈 C,共 10 匝,其电阻为 0.10 Ω,今将开关 S 突然开启,测得线圈 C 中的感应电荷为 2.0×10^{-3} C.当螺绕环中通有电流 I_1 时,求铁磁质中的 B 和铁磁质的相对磁导率 μ_r.

分析 本题与习题 12-8 相似,均是利用冲击电流计测量电磁感应现象中通过回路的电荷的方法来计算磁场的磁感强度.线圈 C 的磁通变化是与环形螺线管中的电流变化相联系的.

解 当螺绕环中通以电流 I_1 时,在环内产生的磁感强度 $B = \mu_0 \mu_r n_1 I_1$,则通过线圈 C 的磁链为

$$\Psi_C = N_2 BS = N_2 \mu_0 \mu_r n_1 I_1 S$$

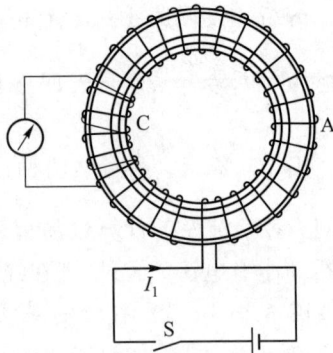

习题 12-22 图

设断开电源过程中,通过 C 的感应电荷为 q_C,则有

$$q_C = -\frac{1}{R} \Delta \Psi_C = -\frac{1}{R}(0 - \Psi_C) = \frac{N_2 \mu_0 \mu_r n_1 S I_1}{R}$$

由此得

$$B = \mu_0 \mu_r n_1 I_1 = \frac{q_C R}{N_2 S} = 0.10 \text{ T}$$

相对磁导率为

$$\mu_r = \frac{R q_C}{N_2 S \mu_0 n_1 I_1} = 199$$

12-23 一直径为 0.01 m,长为 0.10 m 的长直密绕螺线管,共有 1 000 匝线圈,总电阻为 7.76 Ω.问:(1) 如把线圈接到电动势 $\mathscr{E} = 2.0$ V 的电池上,电流稳定后,线圈中所贮存的磁场能量是多少? 磁场能量密度是多少?(2) 从接通电路时算起,要使线圈贮存的磁场能量为最大时的一半,需经过多少时间?

分析 假设仅单一载流回路,周围不存在其他电流,则该回路通有电流 I 时所储存的磁场能量 $W_m = \frac{1}{2} L I^2$,通常称为自感磁能.

解 (1) 密绕长直螺线管在忽略端部效应时,其自感 $L = \frac{\mu_0 N^2 S}{l}$,电流稳定后,线圈中电流 $I = \frac{\mathscr{E}}{R}$,则线圈中所贮存的磁场能量为

$$W_m = \frac{1}{2} L I^2 = \frac{\mu_0 N^2 S \mathscr{E}^2}{2 l R^2} = 3.28 \times 10^{-5} \text{ J}$$

在忽略端部效应时,该电流回路所产生的磁场可近似认为仅存在于螺线管中,并为均匀磁场,故磁场能量密度 w_m 处处相等,$w_m = \frac{W_m}{Sl} = 4.17 \text{ J·m}^{-3}$.

(2) 自感为 L,电阻为 R 的线圈接到电动势为 $\mathscr{E}$ 的电源上,其电流变化规律 $I = \frac{\mathscr{E}}{R}(1 - e^{-\frac{R}{L}t})$,当电流稳定后,其最大值 $I_m = \frac{\mathscr{E}}{R}$.

当磁场能量达到最大值一半时，$\dfrac{1}{2}LI^2 = \dfrac{1}{2}\left(\dfrac{1}{2}LI_m^2\right)$，电流 $I = \dfrac{\sqrt{2}}{2}\dfrac{\mathscr{E}}{R}$，将其代入 $I = \dfrac{\mathscr{E}}{R}\left(1-\mathrm{e}^{-\frac{R}{L}t}\right)$ 中，得所需时间

$$t = -\dfrac{L}{R}\ln\left(1-\dfrac{\sqrt{2}}{2}\right) = \dfrac{L}{R}\ln(2+\sqrt{2}) = 1.56\times10^{-4}\ \mathrm{s}$$

12-24 未来人们可能会利用超导线圈中持续大电流建立的磁场来贮存能量.若要贮存 1 kW·h 的能量,则利用磁感强度为 1.0 T 的均匀磁场,需要多大体积的磁场空间？若利用线圈中 500 A 的电流贮存上述能量,则该线圈的自感应该有多大？

解 由磁感强度与磁场能量间的关系可得

$$V = \dfrac{W_m}{B^2/2\mu_0} = 9.0\ \mathrm{m}^3$$

这一能量容积密度远大于蓄电池的能量容积密度,所需线圈的自感为

$$L = \dfrac{2W_m}{I^2} = 29\ \mathrm{H}$$

12-25 中子星表面的磁场估计为 10^8 T,该处的磁场能量密度有多大？

解 磁场能量密度 $w_m = \dfrac{B^2}{2\mu_0} = 3.98\times10^{21}\ \mathrm{J\cdot m^{-3}}$.

12-26 在真空中,若一均匀电场中的电场能量密度与一 0.50 T 的均匀磁场中的磁场能量密度相等,则该电场的电场强度为多少？

解 $w_e = \dfrac{1}{2}\varepsilon_0 E^2$, $w_m = \dfrac{B^2}{2\mu_0}$,按题意,当 $w_e = w_m$ 时,有 $\dfrac{1}{2}\varepsilon_0 E^2 = \dfrac{B^2}{2\mu_0}$,则

$$E = \dfrac{B}{\sqrt{\varepsilon_0\mu_0}} = 1.51\times10^8\ \mathrm{V\cdot m^{-1}}$$

*12-27 设半径为 $R = 0.20$ m 的圆形平行板电容器,两极板之间为真空,极板间距离为 $d = 0.50$ cm.现以恒定电流 $I = 2.0$ A 对电容器充电,求两极板之间的位移电流密度(忽略平板电容器边缘效应,设电场是均匀的).

分析 尽管变化电场与传导电流两者形成的机理不同,但都能在空间激发磁场.从这个意义来说,变化电场可视为一种"广义电流",即位移电流.在本题中,导线内存在着传导电流 I_c,而在平行板电容器间存在着位移电流 I_d,它们使电路中的电流连续,即 $I_d = I_c$.

解 忽略电容器的边缘效应,电容器内电场的空间分布是均匀的,因此极板间位移电流 $I_d = \displaystyle\int_S \boldsymbol{j}_d \cdot \mathrm{d}\boldsymbol{S} = j_d\pi R^2$,由此得位移电流密度的大小为

$$j_d = \dfrac{I_d}{\pi R^2} = \dfrac{I_c}{\pi R^2} = 15.9\ \mathrm{A\cdot m^{-2}}$$

第五篇
光　学

求解光学问题的基本思路和方法

　　光学的题分成几何光学和波动光学两部分.教材中几何光学主要是集中介绍几种光学仪器的基本原理.因此求解相关习题时只要掌握了书本中介绍的每种光学仪器的成像原理就可以.下面介绍波动光学求解习题的基本思路和方法.

　　1. 相位分析法和光程差计算

　　波动光学主要内容就是光的干涉和光的衍射,而相位分析法和光程差的计算是求解这类问题的关键.在光的干涉中,两束光在相遇区出现明、暗条纹,实际上就是两束振幅相同的相干光波因干涉使合成振动振幅出现极大和相消的问题.因此只要求出两束光在相遇点的相位差即可.所以对杨氏双缝、牛顿环、劈尖干涉、薄膜干涉和迈克耳孙干涉仪中的干涉等,其核心问题就是找出两束相干光的相位差 $\Delta\varphi$.有了 $\Delta\varphi$ 则结果为

$$\Delta\varphi = \begin{cases} 2k\pi & （明条纹） \\ (2k+1)\pi & （暗条纹） \end{cases}$$

考虑到通常两束相干光的初相位差为零,则可有 $\Delta\varphi = \dfrac{2\pi}{\lambda}\delta$,$\delta$ 是光程差,λ 是光在真空中的波长.那么上式也可表达为

$$\delta = \begin{cases} k\lambda & （明条纹） \\ (2k+1)\dfrac{\lambda}{2} & （暗条纹） \end{cases}$$

因此当你掌握了相位差(或光程差)的计算,光的干涉问题就基本解决了,对于不同问题只是等式左边形式的不同而已.例如薄膜干涉,$\delta = 2ne + \dfrac{\lambda}{2}$ 或 $\delta = 2ne$ $\left(\text{要仔细考虑半波损失情况,决定是否加} \dfrac{\lambda}{2} \text{项}\right)$.理解这一点能帮助你提高解题能力.而对于光的衍射,其本质仍是光波的干涉,不论是多缝的光栅衍射,还是单缝

衍射,在讨论其明暗衍射条纹时,仍然是从相位差分析出发.

对光栅衍射,当光栅常量为 $b+b'$ 时,对应不同的衍射角 θ,任意相邻两缝到屏上某点的光程差为 $\delta=(b+b')\sin\theta=k\lambda$ 时出现明条纹(即两束相干光在该点相遇时相位差为 2π).而对单缝衍射,要注意的是明暗条纹公式为

$$\delta=b\sin\theta=\begin{cases} k\lambda & (\text{暗条纹}) \\ (2k+1)\dfrac{\lambda}{2} & (\text{明条纹}) \end{cases}$$

但这也可由相位差分析得到.如图所示,对应屏上点 P,将单缝波阵面 $\overline{AB}$ 分成 $\overline{AA_1}$、$\overline{A_1A_2}$、$\overline{A_2B}$ 等段,使 A、A_1、A_2、B 这些相邻点的光到达点 P 的相位差为 π(对应的光程差为 $\lambda/2$,即图中 $|BB_1|=|B_1B_2|=$ $|B_2C|=\dfrac{\lambda}{2}$).由于在相邻的 $\overline{AA_1}$ 和 $\overline{A_1A_2}$ 段波阵面上均能找到相位差

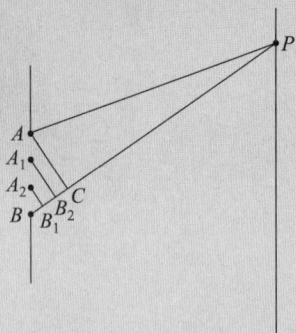

为 π 的一一对应点,从而使它们在点 P 干涉相消.这样当 $\overline{AB}$ 被分成偶数段这样的波阵面时(对应 $|BC|=b\sin\theta=k\lambda$),屏上点 P 出现暗条纹,而当 $\overline{AB}$ 被分成奇数段这样的波阵面时 $\left(\text{对应}|BC|=b\sin\theta=(2k+1)\dfrac{\lambda}{2}\right)$,将有一段不会被抵消,而使屏上出现明条纹.

2. 近似计算的应用

在双缝干涉、光栅衍射和单缝衍射中都有计算屏上明暗条纹位置的问题,或者由已知屏上条纹位置等求入射光波长 λ 的问题.在这类问题中,我们经常用到近似计算 $\sin\theta\approx\tan\theta=\dfrac{x_k}{D}$,这里 x_k 是第 k 级条纹到屏上中心位置的距离.D 是双缝、光栅或单缝到屏的距离.例如:双缝干涉中,由 $d\sin\theta=k\lambda$ 作近似计算得 $d\dfrac{x_k}{D}=k\lambda$.据此可以由已知入射光波长 λ 求条纹位置 x_k,也可由已知条纹位置求入射光波长 λ.但是在这些近似计算中一定要注意掌握度.如果 θ 角较小时可以这样近似,而如果 θ 角较大时,这种近似就有较大误差,要注意应用条件.

3. 光的偏振中要注意的问题

在光的偏振中,在利用马吕斯定律计算光强的问题中,要注意的一点是:如果是自然光通过偏振片,透过的光成为线偏振光,其光强变为原光强的 $\dfrac{1}{2}$,而不能用马吕斯定律计算.马吕斯定律计算的是线偏振光透过偏振片后的光强.在公式 $I=I_0\cos^2\alpha$ 中,α 是偏振光的偏振化方向和所透过的偏振片的偏振化方向的夹角.当光透过偏振片后,偏振光的偏振化方向就变成和该偏振片偏振化方向一致了.理解了这些就可以比较方便地求解这类问题了.

第十三章 几何光学简介

13-1 如图所示,一储油圆桶,底面直径与桶高均为 d.当桶内无油时,从某点 A 恰能看到桶底边缘上的某点 B.当桶内油的深度等于桶高一半时,从点 A 沿 AB 方向看去,可看到桶底上的点 C, C、B 相距 $\dfrac{d}{4}$.由此可得,油的折射率以及光在油中传播的速度为(　　).

(A) $\dfrac{2}{\sqrt{10}}$, $6\sqrt{10}\times10^{7}$ m·s^{-1}　　　　　(B) $\dfrac{\sqrt{10}}{2}$, $6\sqrt{10}\times10^{7}$ m·s^{-1}

(C) $\dfrac{\sqrt{10}}{2}$, $1.5\sqrt{10}\times10^{8}$ m·s^{-1}　　　　(D) $\dfrac{2}{\sqrt{10}}$, $1.5\sqrt{10}\times10^{8}$ m·s^{-1}

分析与解 如图所示,点 C 发出的光线经点 O 折射后射向点 A,则由折射定律 $n\sin i = n_0\sin r$ (n 为油的折射率,n_0 为空气的折射率),可知油的折射率 $n = \dfrac{\sin r}{\sin i} = \dfrac{\sin 45°}{|CD|/|OC|} = \dfrac{\sqrt{10}}{2}$.光在折射率为 n 的介质中速度 $v = \dfrac{c}{n}$,因而可进一步求得光在油中传播的速度 $v = \dfrac{c}{n} = \dfrac{3\times10^{8}}{\sqrt{10}/2}$ m·s^{-1} = $6\sqrt{10}\times10^{7}$ m·s^{-1}.故选(B).

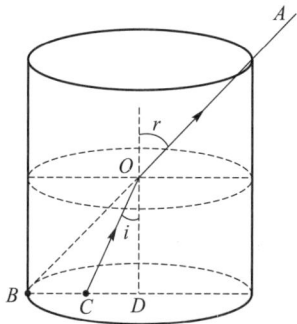

习题 13-1 图

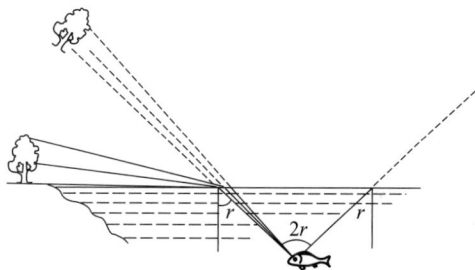

习题 13-2 图

13-2 在水中的鱼看来,水面上和岸上的所有景物,都出现在一倒立圆锥里,其顶角为(　　).

(A) 48.8°　　　　(B) 41.2°　　　　(C) 97.6°　　　　(D) 82.4°

分析与解 本题是一个全反射的应用题.根据水的折射率,光线从空气射入水中时反射光的临界角 $i_c = \arcsin\dfrac{1}{n} \approx 48.8°$,其中 $n = 1.33$ 为水的折射率.如图所示,当光线以 90° 的最大入射角射入水中时,折射角为 r,故所有射入水中的光线的折射角均小于 r,根据空间旋转对称,水面上所有的景物都落在顶角为 $2r = 2i_c = 97.6°$ 的锥面内.故选(C).

13-3 一远视眼的近点在 1 m 处,要看清楚眼前 10 cm 处的物体,此人应佩戴(　　).

（A）焦距为 10 cm 的凸透镜　　　　（B）焦距为 10 cm 的凹透镜

（C）焦距为 11 cm 的凸透镜　　　　（D）焦距为 11 cm 的凹透镜

分析与解　根据薄透镜的成像公式 $\dfrac{1}{p'}-\dfrac{1}{p}=\dfrac{1}{f'}$,可由物距 p 和像距 p' 计算透镜的像方焦距 f'.根据题意,物距 $p=-0.1$ m,像距 $p'=-1$ m,则代入公式可求得像方焦距 $f'\approx0.11$ m $=11$ cm.像方焦距为正数,故为凸透镜.正确答案为(C).

13-4　一束平行超声波入射于水中的平凸有机玻璃透镜的平的一面,球面的曲率半径为 10 cm,试求在水中时透镜的焦距.假设超声波在水中的速度为 $u_1=1\,470$ m·s^{-1},在有机玻璃中的速度为 $u_2=2\,680$ m·s^{-1}.

分析　薄透镜的像方焦距公式为 $f'=\dfrac{n_i}{\dfrac{n_L-n_0}{r_1}-\dfrac{n_i-n_L}{r_2}}$,弄清公式中各值代表的物理意义即可求解本题.这里 n_0、n_i 分别为透镜前后介质的折射率,由题意透镜前后介质均为水,故 $n_0=n_i=n_水$;n_L 为透镜的折射率;r_1 为透镜平的一面的曲率半径,即 $r_1=\infty$;r_2 为透镜凸的一面的曲率半径,即 $r_2=-10$ cm.

解　由上述分析可得

$$f'=\dfrac{n_1}{\dfrac{n_2-n_1}{r_1}-\dfrac{n_1-n_2}{r_2}}=\dfrac{r_2}{1-\dfrac{n_2}{n_1}}=\dfrac{r_2}{1-\dfrac{u_1}{u_2}}=-22.1\text{ cm}$$

13-5　将一根短金属丝置于焦距为 35 cm 的会聚透镜的主光轴上,离开透镜的光心为 50 cm 处,如图所示.(1)试绘出成像光路图;(2)求金属丝的成像位置.

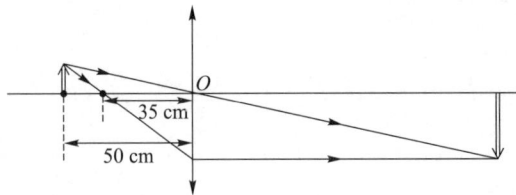

习题 13-5 图

分析　(1)凸透镜的成像光路图只需画出两条特殊光线就可确定像的位置.为此作出以下两条特殊光线:过光心的入射光线折射后方向不变;过物方焦点的入射光线通过透镜出射后平行于主光轴.(2)在已知透镜像方焦距 f' 和物距 p 时,利用薄透镜的成像公式 $\dfrac{1}{p'}-\dfrac{1}{p}=\dfrac{1}{f'}$ 即可求得像的位置.

解　(1)根据分析中所述方法作成像光路图,如图所示.

(2)由成像公式可得成像位置为

$$p'=\dfrac{pf'}{p+f'}=\dfrac{(-50)\times35}{-50+35}\text{ cm}=117\text{ cm}$$

13-6　月球的直径是 3.48×10^6 m,它到地球的平均距离为 3.84×10^8 m.求在焦距为 4 m 的凹

球面镜内月球像的直径.

分析 凹面镜的成像是反射成像,其公式为 $\frac{1}{p}+\frac{1}{p'}=\frac{1}{f}$.式中 p 是物距,p' 为像距,f 为焦距.根据课本中规定,$p<0$,$f<0$,当物像同侧时,$p'<0$,当物像不同侧时,$p'>0$.题中给了 f 与 p 的值,代入可求 p' 值.对近轴光线成像,横向放大率为 $V=\left|\frac{p'}{p}\right|$.当 $V>1$ 时,表示放大,当 $V<1$ 时,表示缩小.V 的大小与物的大小无关.求出 V 后就可求出月球像的直径.

解 根据分析,将 $p=-3.84\times10^8$ m,$f=-4$ m 代入公式

$$\frac{1}{p}+\frac{1}{p'}=\frac{1}{f}$$

得 $p'=-4$ m,表示物与像在同一侧.

横向放大率为

$$V=\frac{p'}{p}$$

则月球像的直径为

$$d'=dV=d\frac{p'}{p}=3.48\times10^6\times\frac{-4}{-3.84\times10^8}\ \text{m}=3.6\times10^{-2}\ \text{m}$$

13-7 有甲、乙两人,甲对 0.5 m 以外的物看不清,而乙对 1m 以内的物看不清,问甲、乙两人各需配怎样的眼镜?(设明视距离为 0.25 m.)

分析 甲为近视眼,远点为 0.5 m.为了校正这种远点不在无限远的缺点,需配一凹透镜,以使入射光束先发散一下,让无限远的物点在有限远点处成一虚像.原理图如图(a)所示.根据课本规定的规则,在透镜成像公式 $\frac{1}{f'}=\frac{1}{p'}-\frac{1}{p}$ 中,这里物距 $p=-\infty$,像距 $p'=0.5$ m.由此可求透镜像方焦距 f' 和透镜焦度 $\varPhi=\frac{1}{f'}$.

乙为远视眼,近点在 1.0 m 处,为了使眼前 25 cm(明视距离)处的物成虚像于所要校正的近点上,要配一凸透镜。原理图如图(b)所示.同样在透镜成像公式 $\frac{1}{f'}=\frac{1}{p'}-\frac{1}{p}$ 中,$p'=-1.0$ m,$p=-0.25$ m,由此可求透镜像方焦距 f' 和透镜焦度 $\varPhi=\frac{1}{f'}$.

解 根据分析,对甲有

$$\frac{1}{f'}=\frac{1}{p'}-\frac{1}{p}=\frac{1}{-0.5\ \text{m}}-\frac{1}{-\infty}=-2\ \text{m}^{-1}$$

即像方焦距 $f'=-0.5$ m(凹透镜),透镜焦度 $\varPhi=\frac{1}{f'}=-2$D(屈光度),故甲需配 200 度凹透镜.

对乙有

$$\frac{1}{f'}=\frac{1}{p'}-\frac{1}{p}=\frac{1}{-1.0\ \text{m}}-\frac{1}{-0.25\ \text{m}}=3\ \text{m}^{-1}$$

即透镜像方焦距 $f'=0.33$ m(凸透镜),透镜焦度为 3D(屈光度),故乙需配 300 度凸透镜.

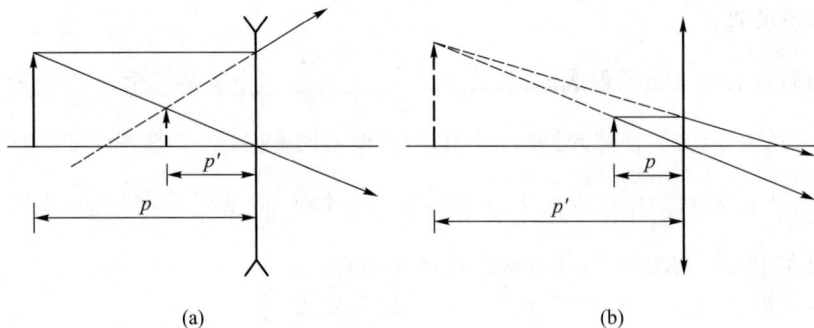

(a) (b)

习题 13-7 图

13-8 一架显微镜的物镜和目镜相距 20 cm,物镜的焦距为 7 mm,目镜的焦距为 5 mm,物镜和目镜均可看作薄透镜.试求:(1) 被观察物到物镜的距离;(2) 物镜的横向放大率;(3) 显微镜的视角放大率.

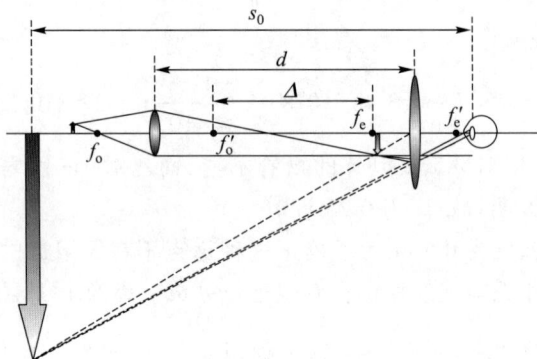

习题 13-8 图

分析 (1) 图示为显微镜的工作原理图.使用显微镜观察物体时,是将物体置于物镜物方焦点 f_o 外侧附近.调节物镜与目镜的间距 d,使物体经物镜放大成实像(显微镜的中间像)在目镜物方焦点 f_e 附近.由题意,图中 d 和 f_e 已知,可以求得中间像到物镜的距离,即物体对物镜的像距 $p' = d - |f_e|$.则利用薄透镜成像公式就可求得物体到物镜的距离 p.(2) 物镜的横向放大率可由公式 $V = \dfrac{p'}{p}$ 直接求出.而显微镜的视角放大率由公式 $M = -\dfrac{s_0 \Delta}{f_o f_e}$ 计算.其中 Δ 为物镜像方焦点到目镜物方焦点的距离.

解 (1) 由分析可知,显微镜的中间像对物镜的距离(像距)为

$$p' = d - |f_e| = 195 \text{ mm}$$

而像方焦距 $f' = 7$ mm,则由薄透镜成像公式 $\dfrac{1}{p'} - \dfrac{1}{p} = \dfrac{1}{f'}$ 可得观察物到物镜的距离为

$$p = \frac{f' p'}{f' - p'} = \frac{7 \times 195}{7 - 195} \text{ mm} = -7.3 \text{ mm}$$

(2) 物镜的横向放大率为

$$V = \frac{p'}{p} = -26.7$$

（3）由分析知 $\Delta = d - |f_o'| - |f_e'| = (200-7-5) \text{ mm} = 188 \text{ mm}$，则显微镜的视角放大率为

$$M = -\frac{250 \times 188}{(-7) \times (-5)} \approx -1\ 343$$

13-9 一架天文望远镜的物镜与目镜相距 90 cm，放大倍数为 8×（即 8 倍），求物镜和目镜的焦距.

分析 望远镜的放大率为 $M = \dfrac{-f_o'}{f_e'}$，其中 f_o' 和 f_e' 分别为物镜和目镜的像方焦距.而通常物镜的像方焦点和目镜的物方焦点几乎重合，即目镜和物镜的间距为两者焦距之和，而题中已知 $f_o' + f_e' = 90$ cm，由此可求 f_o' 和 f_e'.

解 由分析可知 $|M| = \dfrac{f_o'}{f_e'} = 8$，又 $f_o' + f_e' = 90$ cm，则得物镜和目镜的像方焦距为

$$\begin{cases} f_o' = 80 \text{ cm} \\ f_e' = 10 \text{ cm} \end{cases}$$

第十四章 波动光学

14-1 在双缝干涉实验中，若单色光源 S 到两缝 S_1、S_2 距离相等，则观察屏上中央明纹位于图中 O 处，现将光源 S 向下移动到示意图中的 S' 位置，则（　　）.

（A）中央明纹向上移动，且条纹间距增大

（B）中央明纹向上移动，且条纹间距不变

（C）中央明纹向下移动，且条纹间距增大

（D）中央明纹向下移动，且条纹间距不变

分析与解 由 S 发出的光到达 S_1、S_2 的光程相同，它们传到屏上中央 O 处，光程差 $\Delta = 0$，形成明纹.当光源由 S 移到 S' 时，由 S' 到达狭缝 S_1 和 S_2 的两束光产生了光程差.为了保持原中央明纹处的光程差为 0，它会向上移到图中 O' 处.使得由 S' 沿 S_1、S_2 狭缝传到 O' 处的光程差仍为 0.而屏上各级条纹位置只是向上平移，因此条纹间距不变.故选（B）.

14-2 如图所示，折射率为 n_2，厚度为 e 的透明介质薄膜的上方和下方的透明介质的折射率分别为 n_1 和 n_3，且 $n_1 < n_2$，$n_2 > n_3$.若用真空中波长为 λ 的单色平行光垂直入射到该薄膜上，则从薄膜上、下两表面反射的光的光程差是（　　）.

（A）$2n_2 e$　　　　（B）$2n_2 e - \dfrac{\lambda}{2}$　　　　（C）$2n_2 e - \lambda$　　　　（D）$2n_2 e - \dfrac{\lambda}{2n_2}$

分析与解 由于 $n_1 < n_2$，$n_2 > n_3$，因此在上表面的反射光有半波损失，下表面的反射光没有半波损失，故它们的光程差为 $\Delta = 2n_2 e \pm \lambda/2$.故选（B）.

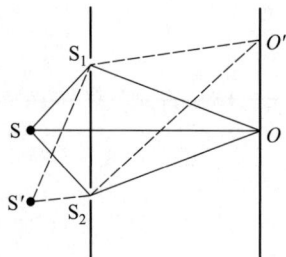

习题 14-1 图

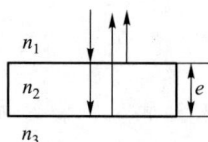

习题 14-2 图

14-3 如图(a)所示,两个直径有微小差别的彼此平行的滚柱之间的距离为 L,夹在两块平面晶体的中间,形成空气劈尖.当单色光垂直入射时,产生等厚干涉条纹,如果滚柱之间的距离 L 变小,那么在 L 范围内干涉条纹的( ).

(A) 数目减小,间距变大 (B) 数目减小,间距不变

(C) 数目不变,间距变小 (D) 数目增加,间距变小

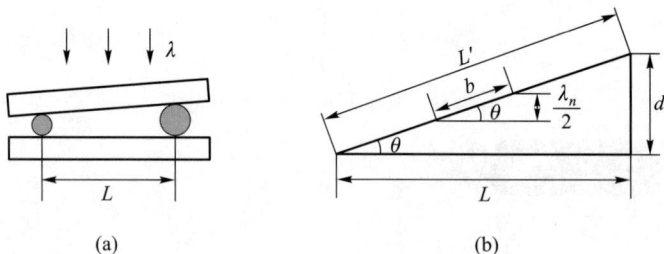

习题 14-3 图

分析与解 图(a)装置形成的劈尖等效图如图(b)所示.图中 d 为两滚柱的直径差,b 为两相邻明(或暗)条纹间距.因为 d 不变,当 L 变小时,θ 变大,L'、b 均变小.由图可得 $\sin\theta = \dfrac{\lambda_n}{2b} = \dfrac{d}{L'}$,因此条纹总数 $N = \dfrac{L'}{b} = \dfrac{2d}{\lambda_n}$,因为 d 和 λ_n 不变,所以 N 不变.正确答案为(C).

14-4 在迈克耳孙干涉仪的一条光路中,放入一折射率为 n、厚度为 d 的透明薄片.如果入射光波长为 λ,则在视场中可以观察到移过的条纹数为( ).

(A) $(n-1)d/\lambda$ (B) $2(n-1)d/\lambda+1/2$

(C) $2nd/\lambda$ (D) $2(n-1)d/\lambda$

分析与解 在迈克耳孙干涉仪的一条光路中,放入折射率为 n 的介质后,该条光路的光程增加,与另一条光路的光在相遇后产生了新的附加光程差.其值为 $\Delta = 2(n-1)d$,这个光程差会导致条纹移动 N 条,且有 $2(n-1)d = N\lambda$,则 $N = 2(n-1)d/\lambda$,答案选(D).

14-5 单色平行光垂直照射在单缝上时,可观察夫琅禾费衍射.若屏上点 P 处为第 2 级暗条纹,则相应的单缝波阵面可分成的半波带数为( ).

(A) 3 个 (B) 4 个 (C) 5 个 (D) 6 个

分析与解 根据单缝衍射公式

$$b\sin\theta = \begin{cases} \pm 2k\dfrac{\lambda}{2} & (\text{暗条纹}) \\[2mm] \pm(2k+1)\dfrac{\lambda}{2} & (\text{明条纹}) \end{cases} \qquad k=1,2,\cdots$$

因此第 k 级暗条纹对应的单缝处波阵面被分成 $2k$ 个半波带,第 k 级明条纹对应的单缝处波阵面被分成 $2k+1$ 个半波带.则对应第 2 级暗条纹,单缝处波阵面被分成 4 个半波带.故选(B).

14-6 波长 $\lambda = 550$ nm 的单色光垂直入射于光栅常量 $d = 1.0\times10^{-4}$ cm 的光栅上,可能观察到的光谱线的最大级次为( ).

(A) 4 　　　　　　(B) 3 　　　　　　(C) 2 　　　　　　(D) 1

分析与解 由光栅方程 $d\sin\theta = \pm k\lambda\,(k=0,1,\cdots)$,可能观察到的最大级次为

$$k_{\max} \leqslant \frac{d\sin(\pi/2)}{\lambda} = 1.82$$

即只能看到第 1 级明条纹.正确答案为(D).

*14-7 一个双缝的缝宽为 b,缝间距为 $2b$,则在单缝的中央包络线内对双缝干涉而言实际可以出现的明条纹有( ).

(A) 1 条 　　　　　(B) 3 条 　　　　　(C) 4 条 　　　　　(D) 5 条

分析与解 单缝衍射公式 $b\sin\varphi = \begin{cases} \pm k\lambda & (\text{暗}) \\[2mm] \pm(2k+1)\dfrac{\lambda}{2} & (\text{明}) \end{cases}$,在中央包络线内,即在衍射角满足

$\sin\varphi = \pm\dfrac{\lambda}{b}$ 范围之内.而双缝的明条纹公式为 $2b\sin\varphi = \begin{cases} \pm k\lambda & (\text{明}) \\[2mm] \pm(2k+1)\dfrac{\lambda}{2} & (\text{暗}) \end{cases}$,可见对双缝明条纹而

言,在 $\sin\varphi = \pm\dfrac{\lambda}{b}$ 范围之内,k 的取值为 $k=0,\pm1,\pm2$,但是根据缺级条件,当缝间距 b'(这里是 $2b$)与单缝宽度 b 是整数比时恰好缺级.即这里双缝的第 2 级明条纹恰好是单缝的第 1 级暗条纹位置,故屏上只出现 $k=0,\pm1$ 的 3 条明条纹,选(B).

14-8 三个偏振片 P_1、P_2 与 P_3 堆叠在一起,P_1 与 P_3 的偏振化方向相互垂直,P_2 与 P_1 的偏振化方向间的夹角为 $30°$,强度为 I_0 的自然光入射于偏振片 P_1,并依次透过偏振片 P_1、P_2 与 P_3,则通过三个偏振片后的光强为( ).

(A) $\dfrac{3I_0}{16}$ 　　　　(B) $\dfrac{\sqrt{3}I_0}{8}$ 　　　　(C) $\dfrac{3I_0}{32}$ 　　　　(D) 0

分析与解 自然光透过偏振片后光强为 $I_1 = \dfrac{I_0}{2}$.由于 P_1 和 P_2 的偏振化方向成 $30°$,所以偏

振光透过 P_2 后光强由马吕斯定律得 $I_2 = I_1\cos^2 30° = \dfrac{3I_0}{8}$.而 P_2 和 P_3 的偏振化方向成 $60°$,则透过

P_3 后光强变为 $I_3 = I_2\cos^2 60° = \dfrac{3I_0}{32}$.故答案为(C).

14-9 自然光以 $60°$ 的入射角照射到两介质交界面时,反射光为完全线偏振光,则折射光

为（　　）.

（A）完全线偏振光,且折射角是 30°

（B）部分偏振光,且只是在该光由真空入射到折射率为 $\sqrt{3}$ 的介质时,折射角是 30°

（C）部分偏振光,但须知两种介质的折射率才能确定折射角

（D）部分偏振光且折射角是 30°

分析与解　根据布儒斯特定律,当入射角为布儒斯特角时,反射光是线偏振光,相应的折射光为部分偏振光.此时,反射光与折射光垂直.因为入射角为 60°,反射角也为 60°,所以折射角为 30°.故选（D）.

14-10　在双缝干涉实验中,两缝间距为 0.30 mm,用单色光垂直照射双缝,在离缝 1.20 m 的屏上测得中央明纹一侧第 5 级暗条纹与另一侧第 5 级暗条纹间的距离为 22.78 mm.问所用光的波长为多少?是什么颜色的光?

分析　在双缝干涉中,屏上暗条纹位置由 $x = \dfrac{d'}{d}(2k+1)\dfrac{\lambda}{2}$ 决定,式中 d' 为双缝到屏距离,d 为双缝间距.所谓第 5 条暗条纹是指对应 $k=4$ 的那一级暗条纹.由于条纹对称,该暗条纹到中央明纹中心的距离 $x = \dfrac{22.78}{2}$ mm,那么由暗条纹公式即可求得波长 λ.

此外,因双缝干涉是等间距的,故也可用条纹间距公式 $\Delta x = \dfrac{d'}{d}\lambda$ 求入射光波长.应注意两个第 5 条暗条纹之间所包含的相邻条纹间隔数为 9（不是 10,为什么?）,故 $\Delta x = \dfrac{22.78}{9}$ mm.

解 1　屏上暗条纹的位置 $x = \dfrac{d'}{d}(2k+1)\dfrac{\lambda}{2}$,把 $k=4$,$x = \dfrac{22.78}{2}\times10^{-3}$ m 以及 d、d' 值代入,可得 $\lambda = 632.8$ nm,为红光.

解 2　屏上相邻暗条纹（或明条纹）间距 $\Delta x = \dfrac{d'}{d}\lambda$,把 $\Delta x = \dfrac{22.78}{9}\times10^{-3}$ m 以及 d、d' 值代入,可得 $\lambda \approx 632.8$ nm.

14-11　在双缝干涉实验中,用波长 $\lambda = 546.1$ nm 的单色光照射,双缝与屏的距离 $d' = 300$ mm.测得中央明纹两侧的两个第 5 级明条纹的间距为 12.2 mm,求双缝间的距离.

分析　双缝干涉在屏上形成的条纹是上下对称且等间隔的.如果设两明条纹间隔为 Δx,则由中央明纹两侧第 5 级明条纹间距 $x_5 - x_{-5} = 10\Delta x$ 可求出 Δx.再由公式 $\Delta x = \dfrac{d'}{d}\lambda$ 即可求出双缝间距 d.

解　根据分析

$$\Delta x = (x_5 - x_{-5})/10 = 1.22\times10^{-3} \text{ m}$$

双缝间距为

$$d = \dfrac{d'\lambda}{\Delta x} = 1.34\times10^{-4} \text{ m}$$

14-12　一个微波发射器置于岸上,离水面高度为 d,对岸在离水面高度 h 处放置一接收器,

水面宽度为 D，且 $D \gg d$，$D \gg h$，如图所示。发射器向对面发射波长为 λ 的微波，且 $\lambda < d$，问接收器测得极大值时，至少离地多高？

分析 由发射器直接发射的微波与经水面反射后的微波相遇可互相干涉，这种干涉与劳埃德镜实验完全相同。形成的干涉结果与缝距为 $2d$，缝屏间距为 D 的双缝干涉相似，如图（b）所示。但要注意的是和劳埃德镜实验一样，由于从水面上反射的波存在半波损失，使得两束波在屏上相遇产生的波程差为 $2d\sin\theta + \dfrac{\lambda}{2}$，而不是 $2d\sin\theta$。

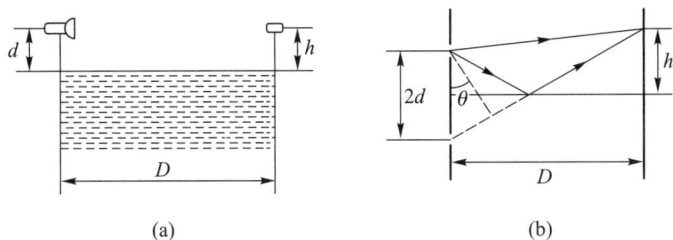

(a)   (b)

习题 14-12 图

解 由分析可知，接收到的信号为极大值时，应满足

$$2d\sin\theta + \frac{\lambda}{2} = k\lambda \quad (k=1,2,\cdots)$$

$$h \approx D\tan\theta \approx D\sin\theta = D\frac{\lambda(2k-1)}{4d}$$

取 $k=1$ 时，得 $h_{\min} = \dfrac{D\lambda}{4d}$。

14-13 如图所示，将一折射率为 1.58 的云母片覆盖于杨氏双缝上的一条缝上，使得屏上原中央极大的所在点 O 改变为第 5 级明条纹。假定 $\lambda = 550$ nm，问：（1）条纹如何移动？（2）云母片厚度 d 是多少？

分析 （1）本题是干涉现象在工程测量中的一个具体应用，它可以用来测量透明介质薄片的微小厚度或折射率。在不加介质片之前，两相干光均在空气中传播，它们到达屏上任一点 P 的光程差由其几何路程差决定。对于点 O，光程差 $\Delta = 0$，故点 O 处为中央明纹，其余条纹相对点 O 对称分布。而在插入介质片后，虽然两相干光到点 O 的几何路程相同，但光程却不同，则点 O 处 $\Delta \neq 0$，故点 O 不再是中央明纹，整个条纹发生平移。原来中央明纹将出现在两束光到达屏上光程差为 $\Delta = 0$ 的位置。（2）干涉条纹空间分布的变化完全取决于

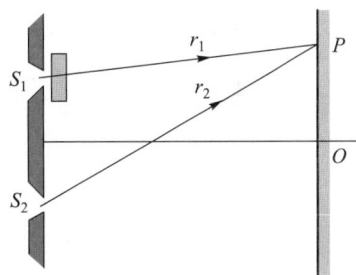

习题 14-13 图

光程差的变化。因此，对于屏上某点 P（明条纹或暗条纹位置），只要计算出插入介质片前后光程差的变化，即可知道其干涉条纹的变化情况。插入介质前的光程差 $\Delta_1 = r_1 - r_2 = k_1\lambda$（对应 k_1 级明纹），插入介质后的光程差 $\Delta_2 = (n-1)d + r_1 - r_2 = k_2\lambda$（对应 k_2 级明纹）。光程差的变化量为

$$\Delta_2 - \Delta_1 = (n-1)d = (k_2 - k_1)\lambda$$

式中(k_2-k_1)可以理解为移过点 P 的条纹数(本题为5).因此,对于这类问题,求解光程差的变化量是解题的关键.

解 (1)由上述分析可知,插入云母片后的光程差为

$$\Delta_2 = (n-1)d + r_1 - r_2$$

则新的中央明纹所在屏上位置对应的光程差 $\Delta_2 = (n-1)d + r_1 - r_2 = 0$,显然要求 $r_1 < r_2$,即条纹上移.

(2)云母片插入前后,对于原中央明纹所在点 O,有

$$\Delta_2 - \Delta_1 = (n-1)d = 5\lambda$$

将有关数据代入可得

$$d = \frac{5\lambda}{n-1} = 4.74 \times 10^{-6} \text{ m}$$

14-14 宇航员观察太阳的色球层所用的过滤片只允许波长为 656.3 nm 的红光通过.这一过滤片是由两块局部镀铝的玻璃片以及夹在它们之间的厚度为 d 的透明电介质薄膜构成.已知电介质的折射率为1.378.若要使透射光的光强达到最大,d 的最小可能取值为多少?

分析 这是一个薄膜干涉的问题.可以看成是图示光束①与光束②的干涉.光束②比光束①在薄膜中多经过了一个折返过程,因此光束②在电介质薄膜与玻璃片两个界面都有反射,则不论玻璃片折射率多少,都不用考虑半波损失.故光束①与光束②的光程差为 $\delta = 2nd$,要使透光强度达到最大,即需满足干涉极大条件 $\delta = k\lambda$,k 为整数.

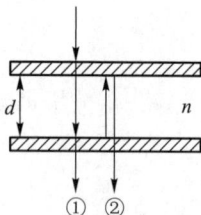

解 由分析知

$$2nd = k\lambda$$

最小可能取值为

$$d = \frac{\lambda}{2n} = \frac{656.3}{2 \times 1.378} \text{ nm} = 238.1 \text{ nm}$$

习题 14-14 图

14-15 白光垂直照射到空气中一厚度为 380 nm 的肥皂膜上.设肥皂的折射率为1.32,试问该膜的正面呈现什么颜色?

分析 这是薄膜干涉问题,求正面呈现的颜色就是在反射光中求因干涉增强光的波长(在可见光范围).

解 根据分析对反射光加强,有

$$2ne + \frac{\lambda}{2} = k\lambda \quad (k=1,2,\cdots)$$

$$\lambda = \frac{4ne}{2k-1}$$

在可见光范围,$k=2$ 时,　　　　　$\lambda = 668.8 \text{ nm}$(红光)

　　　　　　　　$k=3$ 时,　　　　　$\lambda = 401.3 \text{ nm}$(紫光)

故正面呈红紫色.

14-16 如图所示,利用空气劈尖测细丝直径.已知 $\lambda = 589.3$ nm,$L = 2.888 \times 10^{-2}$ m,测得 30 条条纹的总宽度为 4.295×10^{-3} m,求细丝直径 d.

分析 在应用劈尖干涉公式 $d = \frac{\lambda}{2nb}L$ 时,应注意相邻条纹的间距 b 是 N 条条纹的宽度 Δx 除

以 $(N-1)$，对空气劈尖 $n=1$.

解 由分析知，相邻条纹间距 $b=\dfrac{\Delta x}{N-1}$，则细丝直径为

$$d=\frac{\lambda}{2nb}L=\frac{\lambda(N-1)}{2n\Delta x}L=5.75\times10^{-5}\ \text{m}$$

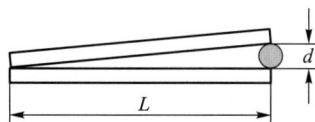

习题 14-16 图

14-17 集成光学中的楔形薄膜耦合器原理图如图所示.沉积在玻璃衬底上的是氧化钽 (Ta_2O_5) 薄膜，其楔形端从 A 到 B 厚度逐渐减小为零.为测定薄膜的厚度，现用波长 $\lambda=632.8\ \text{nm}$ 的氦氖激光垂直照射，观察到薄膜楔形端共出现 11 级暗条纹，且 A 处对应一级暗条纹.试求氧化钽薄膜的厚度.(Ta_2O_5 对 632.8 nm 激光的折射率为 2.21)

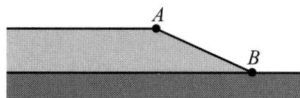

习题 14-17 图

分析 置于玻璃上的薄膜 AB 段形成劈尖，求薄膜厚度就是求该劈尖在 A 点处的厚度.由于 Ta_2O_5 对激光的折射率大于玻璃，故从该劈尖上表面反射的光有半波损失，而下表面没有，因而两反射光光程差为 $\Delta=2ne+\dfrac{\lambda}{2}$.由反射光暗条纹公式 $2ne_k+\dfrac{\lambda}{2}=(2k+1)\dfrac{\lambda}{2},k=0,1,2,3,\cdots$，可以求厚度 e_k.又因为 AB 中共有 11 级暗条纹(因半波损失 B 端也为暗条纹)，则 k 取 10 即得薄膜厚度.

解 根据分析，有

$$2ne_k+\frac{\lambda}{2}=(2k+1)\frac{\lambda}{2}\quad(k=0,1,2,3,\cdots)$$

取 $k=10$，得薄膜厚度 $e_{10}=\dfrac{10\lambda}{2n}=1.4\times10^{-6}\ \text{m}$.

14-18 折射率为 1.60 的两块标准平面玻璃板之间形成一个劈形膜(劈尖角 θ 很小).用波长 $\lambda=600\ \text{nm}$ 的单色光垂直入射，产生等厚干涉条纹.假如在劈形膜内充满 $n=1.40$ 的液体时的相邻明条纹间距，比劈形膜内是空气时的间距缩小 $\Delta l=0.5\ \text{mm}$，那么劈尖角 θ 应是多少？

分析 劈尖干涉中相邻条纹的间距 $l\approx\dfrac{\lambda}{2n\theta}$，其中 θ 为劈尖角，n 是劈尖内介质折射率.由于前后两次劈形膜内介质不同，因而 l 不同.则利用 $l\approx\lambda/2n\theta$ 和题给条件可求出 θ.

解 劈形膜内为空气时

$$l_{空}=\frac{\lambda}{2\theta}$$

劈形膜内为液体时

$$l_{液} = \frac{\lambda}{2n\theta}$$

则由 $\Delta l = l_{空} - l_{液} = \frac{\lambda}{2\theta} - \frac{\lambda}{2n\theta}$,得

$$\theta = \frac{\lambda\left(1 - \dfrac{1}{n}\right)}{2\Delta l} = 1.71 \times 10^{-4}\ \text{rad}$$

14-19 如图(a)所示的干涉膨胀仪,已知样品的平均高度为 3.0×10^{-2} m,用 $\lambda = 589.3$ nm 的单色光垂直照射.当温度由 17 ℃ 上升至 30 ℃ 时,看到有 20 级条纹移过,问样品的热膨胀系数为多少?

分析 温度升高 $\Delta T = T_2 - T_1$ 后,样品因受热膨胀,其高度 l 的增加量 $\Delta l = l\alpha\Delta T$.由于样品表面上移,使在倾角 θ 不变的情况下,样品与平板玻璃间的空气劈的整体厚度减小.根据等厚干涉原理,干涉条纹将整体向棱边平移,则原 k 级条纹从 a 移至 a' 处,如图(b)所示,移过某一固定观察点的条纹数目 N 与 Δl 的关系为 $\Delta l = N\dfrac{\lambda}{2}$,由上述关系可得出热膨胀系数 α.

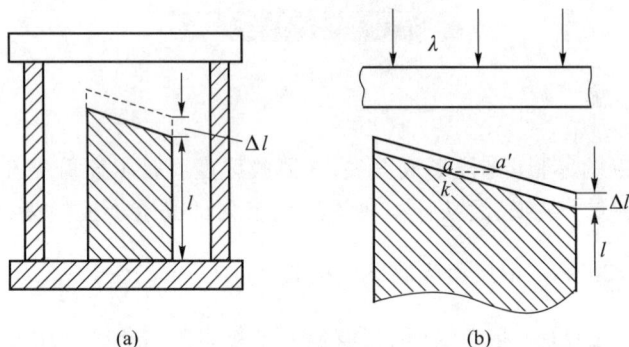

(a)   (b)

习题 14-19 图

解 由题意知,移动的条纹数 $N = 20$,从分析可得

$$N\frac{\lambda}{2} = l\alpha\Delta T$$

则热膨胀系数为

$$\alpha = \frac{N\dfrac{\lambda}{2}}{l\Delta T} = 1.51 \times 10^{-5}\,\text{K}^{-1}$$

14-20 在牛顿环装置的平凸透镜和平板玻璃间充满某种透明液体,观测到第 10 个明环的直径由充液前的 14.8 cm 变成充液后的 12.7 cm.求这种液体的折射率 n.

分析 牛顿环干涉的明环半径公式为 $r_k = \dfrac{D_k}{2} = \sqrt{\left(k - \dfrac{1}{2}\right)\dfrac{R\lambda}{n}}$,式中 $k = 1, 2, \cdots$,λ 为光在真空中的波长,n 为充入的介质折射率.充液前为空气,折射率 $n_0 \approx 1$.题中给出了充液前空气中观察到

的第 10 个明环直径 D_{10} 和充了折射率为 n 的介质后的 D'_{10} 值,故由上述公式可求得 n 值.

解 由分析中公式可得

$$\frac{D_{10}}{D'_{10}} = \sqrt{\frac{n}{n_0}} = \sqrt{n}$$

即

$$n = \left(\frac{D_{10}}{D'_{10}}\right)^2 = \left(\frac{14.8}{12.7}\right)^2 = 1.36$$

14-21 在利用牛顿环测未知单色光波长的实验中,当用波长为 589.3 nm 的钠黄光垂直照射时,测得第 1 个和第 4 个暗环的距离为 $\Delta r = 4.00 \times 10^{-3}$ m;当用波长未知的单色光垂直照射时,测得第 1 个和第 4 个暗环的距离为 $\Delta r' = 3.85 \times 10^{-3}$ m,求该单色光的波长.

分析 牛顿环装置产生的干涉暗环半径 $r = \sqrt{kR\lambda}$,其中 $k = 0, 1, 2 \cdots$,$k=0$ 对应牛顿环中心的暗斑,$k=1$ 和 $k=4$ 则对应第 1 个和第 4 个暗环,由它们的间距 $\Delta r = r_4 - r_1 = \sqrt{R\lambda}$,可知 $\Delta r \propto \sqrt{\lambda}$,据此可按题中的测量方法求出未知波长 λ'.

解 根据分析有

$$\frac{\Delta r'}{\Delta r} = \frac{\sqrt{\lambda'}}{\sqrt{\lambda}}$$

故未知光波长为

$$\lambda' = 546 \text{ nm}$$

14-22 如图所示,折射率 $n_2 = 1.2$ 的油滴落在 $n_3 = 1.50$ 的平板玻璃上,形成一上表面近似于球面的油膜,测得油膜中心最高处的高度 $d_m = 1.1$ μm,用 $\lambda = 600$ nm 的单色光垂直照射油膜.问:(1)油膜周边是暗环还是明环?(2)整个油膜可看到几个完整暗环?

分析 本题也是一种牛顿环干涉现象,由于 $n_1 < n_2 < n_3$,故油膜上任一点处两反射相干光的光程差 $\Delta = 2n_2 d$.(1)令 $d = 0$,由干涉加强或减弱条件即可判断油膜周边是明环.(2)由 $2n_2 d = (2k+1)\dfrac{\lambda}{2}$,且令 $d = d_m$ 可求得油膜上暗环的最高级次(取整),从而判断油膜上完整暗环的数目.

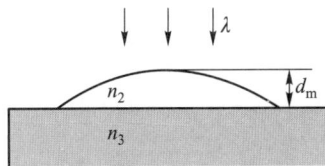

习题 14-22 图

解 (1)根据分析,由

$$2n_2 d = \begin{cases} k\lambda & (\text{明环}) \\ (2k+1)\dfrac{\lambda}{2} & (\text{暗环}) \end{cases} \quad k = 0, 1, 2, \cdots$$

油膜周边处 $d = 0$,即 $\Delta = 0$ 符合干涉加强条件,故油膜周边是明环.

(2)油膜上任一暗环处满足

$$\Delta = 2n_2 d = (2k+1)\frac{\lambda}{2} \quad (k = 0, 1, 2, \cdots)$$

令 $d = d_m$,解得 $k = 3.9$,可知油膜上暗环的最高级次为 3,故油膜上出现的完整暗环共有 4 个,即 $k = 0, 1, 2, 3$.

14-23 把折射率 $n = 1.40$ 的薄膜放入迈克耳孙干涉仪的一臂,如果由此产生了 7 级条纹的移动,试求薄膜的厚度.设入射光的波长为 589 nm.

分析 迈克耳孙干涉仪中的干涉现象可以等效为薄膜干涉(两平面镜相互垂直)和劈尖干涉(两平面镜不垂直)两种情况,本题属于后一种情况.在干涉仪一臂中插入介质片后,两束相干光的光程差改变了,相当于在观察者视野内的空气劈尖的厚度改变了,从而引起干涉条纹的移动.

解 插入厚度为 d 的介质片后,两相干光光程差的改变量为 $2(n-1)d$,从而引起 N 级条纹的移动,根据劈尖干涉加强的条件,有 $2(n-1)d=N\lambda$,得

$$d=\frac{N\lambda}{2(n-1)}=5.154\times10^{-6}\ \text{m}$$

14-24 如图所示,狭缝的宽度 $b=0.60$ mm,透镜焦距 $f=0.40$ m,一个与狭缝平行的屏放置在透镜的焦平面处,若以波长为 600 nm 的单色平行光垂直照射狭缝,则在屏上离点 O 为 $x=1.4$ mm 处的点 P 处看到衍射明条纹.试求:(1)点 P 条纹的级数;(2)从点 P 处来看,对该光波而言,狭缝处的波阵面可分成半波带的数目.

分析 单缝衍射中的明条纹条件为 $b\sin\varphi=\pm(2k+1)\dfrac{\lambda}{2}$,当观察点 P 位置确定(即衍射角 φ 确定)以及波长 λ 确定后,条纹的级数 k 也就确定了.而狭缝处的波阵面对明条纹可以划分的半波带数目为 $(2k+1)$ 条.

解 (1)设透镜到屏的距离为 d,由于 $d\gg b$,对于点 P 而言,有 $\sin\varphi\approx\tan\varphi=\dfrac{x}{d}$,根据分析中的条纹公式,有

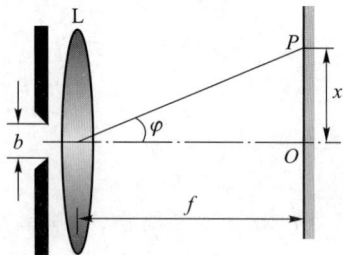

习题 14-24 图

$$b\frac{x}{d}=\pm(2k+1)\frac{\lambda}{2}$$

将 b、$d(d\approx f)$、x、λ 的值代入,可得

$$k=3$$

(2)由分析可知,半波带数目为 7.

14-25 一单色平行光垂直照射于一单缝,若其第 3 级明条纹位置正好和波长为 600 nm 的单色光入射时的第 2 级明条纹位置一样,求前一种单色光的波长.

分析 采用比较法来确定波长.对应于同一观察点,两次衍射的光程差相同,由于衍射明条纹条件 $b\sin\varphi=(2k+1)\dfrac{\lambda}{2}$,故有 $(2k_1+1)\lambda_1=(2k_2+1)\lambda_2$,在两明条纹级次和其中一种波长已知的情况下,即可求出另一种未知波长.

解 据分析,将 $\lambda_2=600$ nm,$k_2=2$,$k_1=3$ 代入 $(2k_1+1)\lambda_1=(2k_2+1)\lambda_2$,得

$$\lambda_1=\frac{(2k_2+1)\lambda_2}{2k_1+1}=428.6\ \text{nm}$$

14-26 已知单缝宽度 $b=1.0\times10^{-4}$ m,透镜焦距 $f=0.50$ m,用 $\lambda_1=400$ nm 和 $\lambda_2=760$ nm 的单色平行光分别垂直照射,求这两种光的第 1 级明条纹离屏中心的距离,以及这两级明条纹之间的距离.若用每厘米刻有 1 000 条刻线的光栅代替这个单缝,则这两种单色光的第 1 级明条纹分别

距屏中心多远？这两条明条纹之间的距离又是多少？

分析 用含有两种不同波长的混合光照射单缝或光栅,每种波长可在屏上独立地产生自己的一组衍射条纹,屏上最终显示出两组衍射条纹的混合图样.因而本题可根据单缝(或光栅)衍射公式分别计算两种波长的 k 级条纹的位置 x_1 和 x_2,并算出其条纹间距 $\Delta x = x_2 - x_1$.通过计算可以发现,使用光栅后,条纹将远离屏中心,条纹间距也变大,这是光栅的特点之一.

解 （1）当光垂直照射单缝时,屏上第 k 级明条纹的位置为

$$x = (2k+1)\frac{\lambda}{2b}f$$

当 $\lambda_1 = 400$ nm 和 $k = 1$ 时, $\qquad x_1 = 3.0 \times 10^{-3}$ m

当 $\lambda_2 = 760$ nm 和 $k = 1$ 时, $\qquad x_2 = 5.7 \times 10^{-3}$ m

其条纹间距为 $\qquad \Delta x = x_2 - x_1 = 2.7 \times 10^{-3}$ m

（2）当光垂直照射光栅时,屏上第 k 级明条纹的位置为

$$x' = \frac{k\lambda}{d}f$$

而光栅常量为

$$d = \frac{10^{-2}}{10^3} \text{ m} = 10^{-5} \text{ m}$$

当 $\lambda_1 = 400$ nm 和 $k = 1$ 时, $\qquad x_1' = 2.0 \times 10^{-2}$ m

当 $\lambda_2 = 760$ nm 和 $k = 1$ 时, $\qquad x_2' = 3.8 \times 10^{-2}$ m

其条纹间距为

$$\Delta x' = x_2' - x_1' = 1.8 \times 10^{-2} \text{ m}$$

14-27 老鹰眼睛的瞳孔直径约为 6 mm,问其最多飞翔多高时可看清地面上身长为 5 cm 的小鼠？设光在空气中的波长为 600 nm.

分析 两物体能否被分辨,取决于两物对光学仪器通光孔(包括鹰眼)的张角 θ 和光学仪器的最小分辨角 θ_0 的关系.当 $\theta \geq \theta_0$ 时能分辨,其中 $\theta = \theta_0$ 为恰能分辨.在本题中 $\theta_0 = 1.22\frac{\lambda}{D}$ 为一定值,这里 D 是老鹰的瞳孔直径.而 $\theta = L/h$,其中 L 为小鼠的身长,h 为老鹰飞翔的高度.恰好看清时,$\theta = \theta_0$.

解 由分析可知 $\frac{L}{h} = 1.22\frac{\lambda}{D}$,得最大飞翔高度为

$$h = \frac{LD}{1.22\lambda} = 409.8 \text{ m}$$

14-28 一束平行光垂直入射到某个光栅上,该光束有两种波长的光,$\lambda_1 = 440$ nm 和 $\lambda_2 = 660$ nm.实验发现,两种波长的谱线(不计中央明纹)第二次重合于衍射角 $\varphi = 60°$ 的方向上,求此光栅的光栅常量.

分析 根据光栅衍射方程 $d\sin\varphi = \pm k\lambda$,两种不同波长的谱线,除 $k = 0$ 中央明纹外,同级明条纹在屏上位置是不同的,如果重合,应是它们对应不同级次的明条纹在相同衍射角方向上重合.故由 $d\sin\varphi = k\lambda_1 = k'\lambda_2$ 可求解本题.

解 由分析可知 $d\sin\varphi=k\lambda_1=k'\lambda_2$,得

$$\frac{k}{k'}=\frac{\lambda_2}{\lambda_1}=\frac{3}{2}$$

上式表明第一次重合是 λ_1 的第 3 级明条纹与 λ_2 的第 2 级明条纹重合,第二次重合是 λ_1 的第 6 级明条纹与 λ_2 的第 4 级明条纹重合.此时,$k=6,k'=4,\varphi=60°$,则光栅常量为

$$d=\frac{k\lambda_1}{\sin\varphi}=3.05\times10^{-6}\text{ m}=3.05\ \mu\text{m}$$

*14-29 波长为 600 nm 的单色光垂直入射到一光栅上,其透光和不透光部分的宽度比为 1:3,第二级主极大出现在 $\sin\varphi=0.20$ 处.试问:(1)光栅上相邻两缝的间距是多少?(2)光栅上狭缝的宽度有多大?(3)在 $-90°<\varphi<90°$ 范围内,呈现的全部明条纹的级数有哪些?

分析 (1)利用光栅方程 $d\sin\varphi=(b+b')\sin\varphi=\pm k\lambda$,即可由题给条件求出光栅常量 $d=b+b'$(即两相邻缝的间距).这里 b 和 b' 是光栅上相邻两缝透光(狭缝)和不透光部分的宽度,在已知两者之比时可求得狭缝的宽度.(2)要求屏上呈现的全部级数,除了要求最大级次 k 以外,还必须知道光栅缺级情况.光栅衍射是多缝干涉的结果,也同时可看成光透过许多平行的单缝衍射的结果.缺级就是按光栅方程计算屏上某些应出现明条纹的位置,而按各个单缝衍射计算恰是出现暗纹的位置.因此利用光栅方程 $d\sin\varphi=(b+b')\sin\varphi=k\lambda$ 和单缝衍射暗条纹公式 $b\sin\varphi=k'\lambda$ 可以计算屏上缺级的情况,从而求出屏上条纹的全部级数.

解 (1)光栅常量为

$$d=\frac{k\lambda}{\sin\varphi}=6\times10^{-6}\text{ m}=6\ \mu\text{m}$$

(2)由
$$\begin{cases}d=b+b'=6\ \mu\text{m}\\\dfrac{b}{b'}=\dfrac{1}{3}\end{cases}$$

得狭缝的宽度 $b=1.5\ \mu\text{m}$.

(3)利用缺级条件

$$\begin{cases}(b+b')\sin\varphi=k\lambda & (k=0,\pm1,\cdots)\\b\sin\varphi=k'\lambda & (k'=\pm1,\pm2,\cdots)\end{cases}$$

可得 $\dfrac{b+b'}{b}=\dfrac{k}{k'}=4$,则在 $k=4k'$ 时,明条纹缺级,即 $\pm4,\pm8,\pm12,\cdots$ 级缺级.

又由光栅方程 $(b+b')\sin\varphi=\pm k\lambda$,可知屏上呈现条纹最高级次应满足 $k<\dfrac{b+b'}{\lambda}=10$,即 $k=9$.考虑到缺级,实际屏上呈现的级数为 $0,\pm1,\pm2,\pm3,\pm5,\pm6,\pm7,\pm9$,共 15 条.

*14-30 以波长为 0.11 nm 的 X 射线照射岩盐晶体,实验测得 X 射线与晶面夹角为 11.5° 时获得第一级反射极大.(1)问岩盐晶体原子平面的间距 d 为多大?(2)如以另一束待测 X 射线照射,测得 X 射线与晶面夹角为 17.5° 时获得第一级反射极大,求该 X 射线的波长.

分析 X 射线入射到晶体上时,干涉加强条件为 $2d\sin\theta=k\lambda(k=1,2,\cdots)$,式中 d 为晶格常量,即晶体内原子平面的间距(如图所示).

解 （1）由布拉格公式

$$2d\sin\theta = k\lambda \quad (k=0,1,2,\cdots)$$

第一级反射极大，即 $k=1$.因此得

$$d = \frac{\lambda_1}{2\sin\theta_1} = 0.276 \text{ nm}$$

（2）同理，由 $2d\sin\theta_2 = k\lambda_2$，取 $k=1$，得

$$\lambda_2 = 2d\sin\theta_2 = 0.166 \text{ nm}$$

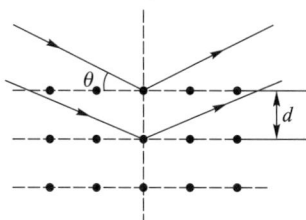

习题 14-30 图

14-31 今测得从一池静水的表面反射出来的太阳光是线偏振光，问此时太阳处在地平线的多大仰角处？（水的折射率为 1.33.）

分析 如图所示，设太阳光（自然光）以入射角 i 入射到水面，则仰角 $\theta = \frac{\pi}{2} - i$.当反射光起偏时，根据布儒斯特定律，有 $i = i_0 = \arctan\frac{n_2}{n_1}$（其中 n_1 为空气的折射率，n_2 为水的折射率）.

解 根据以上分析，有

$$i_0 = i = \frac{\pi}{2} - \theta = \arctan\frac{n_2}{n_1}$$

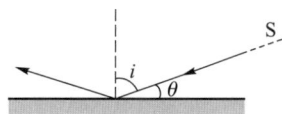

习题 14-31 图

则

$$\theta = \frac{\pi}{2} - \arctan\frac{n_2}{n_1} = 36.9°$$

14-32 一束光是自然光和线偏振光的混合，当它通过一偏振片时，发现透射光的强度取决于偏振片的取向，其强度可以变化 5 倍.问入射光中两种光的强度各占总入射光强度的几分之几？

分析 偏振片的旋转，仅对入射的混合光中的线偏振光部分有影响.在偏振片旋转一周的过程中，当偏振光的振动方向平行于偏振片的偏振化方向时，透射光强最大；而相互垂直时，透射光强最小.分别计算最大透射光强 I_{max} 和最小透射光强 I_{min}，按题意用相比的方法即能求解.

解 设入射混合光强为 I，其中线偏振光的光强为 xI，自然光的光强为 $(1-x)I$.按题意旋转偏振片，则有

最大透射光强

$$I_{max} = \left[\frac{1}{2}(1-x) + x\right]I$$

最小透射光强

$$I_{min} = \left[\frac{1}{2}(1-x)\right]I$$

按题意 $\dfrac{I_{\max}}{I_{\min}} = 5$，则有

$$\frac{1}{2}(1-x) + x = 5 \times \frac{1}{2}(1-x)$$

解得

$$x = \frac{2}{3}$$

即线偏振光占总入射光强的 $\dfrac{2}{3}$，自然光占 $\dfrac{1}{3}$.

第六篇
近代物理基础

求解近代物理问题的基本思路和方法

工科大学物理范围内涉及的近代物理部分的内容面广而不深,要求定量计算的问题有限且较为基本.但由于近代物理展示的物理规律往往与经典物理格格不入,所以学习上和解题中遇到的困难往往表现为学习者在观念上的困惑和不解.明确以下几点,可能会对我们求解近代物理中的若干问题有所帮助.

1. 在什么情况下用近代物理的规律求解问题

近代物理通常是指相对论和量子物理.前者揭示了运动物体的速度接近光速时所遵循的物理规律,后者显示了微观粒子的物理行为.按照对应原理,在极限条件下(低速、宏观)近代物理的一系列规律又能自然退化为经典规律.这说明两种理论并非完全不相容,只是适用对象和条件不同.

(1) 相对论判据(或非相对论近似条件)

一般来说只有当运动物体的速度接近于光速时才有明显的相对论效应,因此通常把 $v \ll c$ 作为非相对论近似条件,对于微观粒子来说,当 $E_k \ll E_0$ 或 $p \ll \dfrac{E_0}{c}$ 时可用非相对论处理,两者接近时则必须用相对论规律,熟记常见粒子的静能数值有助于迅速判断,如电子静能 $E_{0e} = 0.51$ MeV,质子静能 $E_{0p} = 937$ MeV 等.由于微观粒子静能值往往相差较大,对于动能相同的两种粒子来说,往往会出现一种粒子可用非相对论,而另一种粒子必须用相对论处理的情况.

(2) 量子物理的适用范围

由于微观粒子具有波粒二象性,大部分情况下只有用量子理论才能解释其行为,因此对原子、电子、质子等微观粒子必须用量子理论解释,而对分子系统来说,其中常温及高温下的气体可用经典理论,但对低温下的气体以及固体和液体则应用量子理论.

2. 对相对论中几个重要结论的思考

在相对论中时间和空间联系在一起构成了一个统一体,它们均与运动有关.

为什么相对论的一些重要结论常使人感到困惑呢？这主要是源于它的基本观念与人们的"常识"不符,但这里所说的"常识"均是人们在宏观低速物理环境中所感受的,而"常识"又往往成为我们接受相对论的障碍.在相对论的一系列结论中,同时性的相对性是一个关键性概念,相对论中一系列时空特征都与这一基本概念有关.在学习中有人会问:既然相对论告诉我们动尺缩短,那么,在两个作相对运动的惯性系之中究竟哪个尺子缩短了？其实考虑同时的相对性,对于运动的尺,只有同时测量其两端才能得出其长度,对于静止的尺,则无须同时测量其两端,而不同惯性系中同时是相对的,由洛伦兹变换得出在不同惯性系中均为动尺缩短,在这里根本不存在"哪一根尺缩短了",它是同时的相对性带来时空属性,而不是一种物质过程.对"动钟变慢"也可作同样的理解.至于质量和速度的关系,则应注意质量并非物质本身,它是对物体惯性的量度,这种量度与惯性系的选择有关,质量变化了,并非物质本身的量发生变化,也非一种物质过程.总之只要认同相对论的两个基础——相对性原理和光速不变原理,就能得到与现代物理理论和实验相符合的一系列重要结论,并用一种全新思维方式去认识它.当然,在低速($v <$$< c$)的情况下,相对论力学趋同于牛顿力学,牛顿力学仍然是人们处理低速情况下物理问题的基础.

3. 如何实现微观粒子 E_k 和 p 之间的互求

在微观粒子的各种实验中,能够直接测得的往往是粒子动能 E_k 或动量 p,初学者往往先用相对论规律求出粒子的速度,与光速 c 比较后,再进行下一步计算,其实大可不必这样做.

当 E_k 与 E_0 或 p 与 $\dfrac{E_0}{c}$ 接近时,直接用相对论规律实现 E_k 与 p 之间的互求.即

$$p = \frac{1}{c}\sqrt{E_k(E_k + 2E_0)}$$

或

$$E_k = E_0\left[\sqrt{1 + \left(\frac{pc}{E_0}\right)^2} - 1\right]$$

而当 $E_k \ll E_0$ 或 $p \ll \dfrac{E_0}{c}$ 时,直接用经典规律实现互求,即

$$p = \sqrt{2m_0 E_k} \quad \text{或} \quad E_k = \frac{p^2}{2m_0}$$

以上操作避开了速度的求解,同时又能迅速判断用哪一种关系实现 E_k 和 p 之间互求,因而要简便得多.

4. 对量子物理中若干基本概念的认识

近现代诸多实验表明,微观粒子的状态是量子化的,包括能量、动量、角动量以及空间取向等,量子化其实是自然界的本来面目,只是在经典条件下,无法被人们觉察,而被认为是"连续"的而已.

同样大量实验表明微观粒子具有波粒二象性,但二象性绝非是一个"经典粒子+经典波"的混合图像,因为两个图像在经典物理中是不相容的,前者在空间是局域的,有确定的轨道,后者在空间是广延的,非局域的,表现为时空周期性.这两种属性在微观粒子上同时具有又该如何理解呢？这只能用概率加以理解,微观粒子绝非经典粒子,我们不能同时确定其坐标和动量,其波动性体现为粒子在空间某个位置出现的概率上,或一个物理行为发生的概率上,实际

上凡是在涉及原子过程的所有实验中,没有一个实验能够揭示原子过程发生的准确时间和位置,对于原子过程只能给出概率性的描述,因此微观粒子是一种概率波,既承认其粒子性又同时体现其波动性,这样微观粒子的波粒二象性就在概率论基础上被统一起来.认识到这一点对用波函数模的平方(即$|\Psi|^2$)来描述粒子空间概率分布的这种方法也就不难理解了.

5. 不确定关系与估算方法

不确定关系式既表明了微观粒子的波粒二象性,同时又是对用经典方法描述微观粒子行为作出的一种限制.利用不确定关系可直接对粒子坐标、动量或其他有关物理量不确定范围作出估计,也可以通过这些物理量的不确定范围对物理量本身的数量级进行估计.以上计算注重的是数量级,因而计算无须严格.例如可近似认为 $\Delta p \approx p$,$\Delta r \approx r$ 等.此外 $\Delta x \Delta p \geqslant h\left(\text{或} \geqslant \dfrac{h}{4\pi}\right)$ 是最基本的不确定关系式,由此还可演变出诸多不确定关系式,计算时也都只需用估算方法.

由于近代物理的基本概念远远超出了经典物理的框架,因此学好近代物理,首先要在思维和观念上不受已在经典物理中形成的牢固概念和思维定式的约束,而用一种全新的思维方式来思考和求解近代物理问题.

第十五章　狭义相对论

15-1　有下列几种说法：

（1）两个相互作用的粒子系统对某一个惯性系满足动量守恒，对另一个惯性系来说，其动量不一定守恒；

（2）在真空中，光的速度与光的频率、光源的运动状态无关；

（3）在任何惯性系中，光在真空中沿任何方向的传播速率都相同．

上述说法中正确的是（　　）．

（A）只有（1）、（2）是正确的　　（B）只有（1）、（3）是正确的

（C）只有（2）、（3）是正确的　　（D）三种说法都是正确的

分析与解　物理相对性原理和光速不变原理是相对论的基础．前者是理论基础，后者是实验基础．按照这两个原理，任何物理规律（含题述动量守恒定律）对某一个惯性系成立，对另一个惯性系也同样成立．而光在真空中的速度与光的频率和光源的运动状态无关，从任何惯性系（相对光源静止还是运动）测得光速均为 $3\times10^8\ \mathrm{m\cdot s^{-1}}$．迄今为止，还没有实验能推翻这一事实．由此可见，说法（2）、（3）是正确的，故选（C）．

15-2　按照相对论的时空观，下列说法正确的是（　　）．

（A）在一个惯性系中，两个同时的事件，在另一个惯性系中一定是同时的事件

（B）在一个惯性系中，两个同时的事件，在另一个惯性系中一定是不同时的事件

（C）在一个惯性系中，两个同时又同地的事件，在另一个惯性系中一定是同时同地的事件

（D）在一个惯性系中，两个同时不同地的事件，在另一个惯性系中只可能同时不同地

（E）在一个惯性系中，两个同时不同地的事件，在另一个惯性系中只可能同地不同时

分析与解　设在惯性系 S 中发生两个事件，其时间和空间间隔分别为 Δt 和 Δx，按照洛伦兹坐标变换，在 S′系中测得两事件时间和空间间隔分别为

$$\Delta t'=\frac{\Delta t-\dfrac{v}{c^2}\Delta x}{\sqrt{1-\beta^2}}\quad\text{和}\quad\Delta x'=\frac{\Delta x-v\Delta t}{\sqrt{1-\beta^2}}$$

讨论上述两式，可对题述几种说法的正确性予以判断：说法（A）、（B）是不正确的，这是因为在一个惯性系（如 S 系）发生的同时（$\Delta t=0$）事件，在另一个惯性系（如 S′系）中是否同时有两种可能，这取决于那两个事件在 S 系中发生的地点是同地（$\Delta x=0$）还是不同地（$\Delta x\neq0$）．说法（D）、（E）也是不正确的，由上述两式可知：在 S 系发生两个同时（$\Delta t=0$）不同地（$\Delta x\neq0$）事件，在 S′系中一定是既不同时（$\Delta t'\neq0$）也不同地（$\Delta x'\neq0$），但是在 S 系中的两个同时同地的事件，在 S′系中一定是同时同地的，故只有说法（C）正确．有兴趣的读者，可对上述两式详加讨论，以增加对相对论时空观的深入理解．

15-3　有一细棒固定在 S′系中，它与 Ox' 轴的夹角 $\theta'=60°$，如果 S′系以速度 u 沿 Ox 轴方向相对 S 系运动，那么 S 系中的观测者测得细棒与 Ox 轴的夹角（　　）．

（A）等于 60°

（B）大于 60°

（C）小于 60°

（D）当 S′系沿 Ox 轴正方向运动时大于 60°，而当 S′系沿 Ox 轴负方向运动时小于 60°

分析与解 按照相对论的长度收缩效应，静止于 S′系中的细棒在运动方向（即 Ox 轴方向）上的分量相对 S 系中观测者来说将会缩短，而在垂直于运动方向上的分量不变，因此 S 系中观测者测得细棒与 Ox 轴的夹角将会大于 60°，此结论与 S′系相对 S 系沿 Ox 轴正方向还是负方向运动无关.由此可见应选（B）.

15-4 一飞船的固有长度为 L，相对地面以速度 v_1 作匀速直线运动，从飞船中的后端向飞船中的前端的一个靶子发射一颗相对飞船的速度为 v_2 的子弹.在飞船上测得子弹从射出到击中靶的时间间隔是（   ）.（c 表示真空中的光速.）

（A）$\dfrac{L}{v_1+v_2}$ （B）$\dfrac{L}{v_2-v_1}$ （C）$\dfrac{L}{v_2}$ （D）$\dfrac{L}{v_1\sqrt{1-(v_1/c)^2}}$

分析与解 固有长度是指相对测量对象静止的观测者所测，则题中 L、v_2 以及所求时间间隔均为同一参考系（此处指飞船）中的三个相关物理量，求解时与相对论的时空观无关.故选（C）.

讨论 从地面测得的上述时间间隔为多少？建议读者自己求解.注意此处要用到相对论时空观方面的规律了.

15-5 设 S′系以速率 $v=0.60c$ 相对 S 系沿 Ox 轴运动，且在 $t=t'=0$ 时，$x=x'=0$.

（1）若有一事件，在 S 系中发生于 $t=2.0\times10^{-7}$ s，$x=50$ m 处，该事件在 S′系中发生于何时刻？

（2）若有另一事件，在 S 系中发生于 $t=3.0\times10^{-7}$ s，$x=10$ m 处，则在 S′系中测得这两个事件的时间间隔为多少？

分析 在相对论中，可用一组时空坐标 (x,y,z,t) 表示一个事件.因此，本题可直接利用洛伦兹变换把两事件从 S 系变换到 S′系中.

解 （1）由洛伦兹变换可得 S′系的观察者测得第一事件发生的时刻为

$$t'_1=\frac{t_1-\dfrac{v}{c^2}x_1}{\sqrt{1-v^2/c^2}}=1.25\times10^{-7}\text{ s}$$

（2）同理，第二个事件发生的时刻为

$$t'_2=\frac{t_2-\dfrac{v}{c^2}x_2}{\sqrt{1-v^2/c^2}}=3.5\times10^{-7}\text{ s}$$

所以，在 S′系中两个事件的时间间隔为

$$\Delta t'=t'_2-t'_1=2.25\times10^{-7}\text{ s}$$

15-6 设有两个参考系 S 和 S′，它们的原点在 $t=0$ 和 $t'=0$ 时重合在一起.一个事件在 S′系中发生于 $t'=8.0\times10^{-8}$ s，$x'=60$ m，$y'=0$，$z'=0$ 处，若 S′系相对于 S 系以速率 $v=0.6c$ 沿 Ox 轴运动，问该事件在 S 系中的时空坐标各为多少？

分析 本题可直接由洛伦兹逆变换将该事件从 S′系转换到 S 系.

解 由洛伦兹逆变换得该事件在 S 系的时空坐标分别为

$$x = \frac{x'+vt'}{\sqrt{1-v^2/c^2}} = 93 \text{ m}$$

$$y = y' = 0$$

$$z = z' = 0$$

$$t = \frac{t'+\dfrac{vx'}{c^2}}{\sqrt{1-v^2/c^2}} = 2.5 \times 10^{-7} \text{ s}$$

*15-7 一列火车长 0.30 km(火车上的观测者测得),以 100 km·h^{-1} 的速度行驶,地面上观测者发现有两个闪电同时击中火车前后两端.问火车上的观测者测得两个闪电击中火车前后两端的时间间隔为多少?

分析 首先应确定参考系,如设地面为 S 系,火车为 S′系,把两个闪电击中火车前后端视为两个事件(即两组不同的时空坐标).地面观测者看到两个闪电同时击中,即两个闪电在 S 系中的时间间隔 $\Delta t = t_2 - t_1 = 0$.火车的长度是相对火车静止的观测者测得的长度(注:物体长度在不指明观测者的情况下,均指相对其静止参考系测得的长度),即两事件在 S′系中的空间间隔 $\Delta x' = x_2' - x_1' = 0.30 \times 10^3$ m. S′系相对 S 系的速度即为火车速度(对初学者来说,完成上述基本分析是十分必要的).由洛伦兹变换可得两事件时间间隔之间的关系式为

$$t_2 - t_1 = \frac{(t_2' - t_1') + \dfrac{v}{c^2}(x_2' - x_1')}{\sqrt{1-v^2/c^2}} \tag{1}$$

$$t_2' - t_1' = \frac{(t_2 - t_1) - \dfrac{v}{c^2}(x_2 - x_1)}{\sqrt{1-v^2/c^2}} \tag{2}$$

将已知条件代入式(1)可直接解得结果.也可利用式(2)求解,此时应注意,式中 $x_2 - x_1$ 为地面观测者测得两事件的空间间隔,即 S 系中测得的火车长度,而不是火车原长.根据相对论,运动物体(火车)有长度收缩效应,即 $x_2 - x_1 = (x_2' - x_1')\sqrt{1-v^2/c^2}$.考虑这一关系方可利用式(2)求解.

解 1 根据分析,由式(1)可得火车(S′系)上的观测者测得两个闪电击中火车前后端的时间间隔为

$$t_2' - t_1' = -\frac{v}{c^2}(x_2' - x_1') = -9.26 \times 10^{-14} \text{ s}$$

负号说明火车上的观测者测得闪电先击中车头 x_2' 处.

解 2 根据分析,把关系式 $x_2 - x_1 = (x_2' - x_1')\sqrt{1-v^2/c^2}$ 代入式(2)亦可得与解 1 相同的结果.相比之下解 1 较简便,这是因为解 1 中直接利用了 $x_2' - x_1' = 0.30$ km 这一已知条件.

*15-8 在惯性系 S 中,某一事件 A 发生于 x_1 处,2.0×10^{-6} s 后,另一事件 B 发生于 x_2 处,已知 $x_2 - x_1 = 300$ m.问:(1)能否找到一个相对 S 系作匀速直线运动的参考系 S′,在 S′系中,两事件发生于同一地点?(2)在 S′系中,上述两事件之间的时间间隔为多少?

分析 在相对论中,从不同惯性系测得两事件的空间间隔和时间间隔有可能是不同的,它与

两惯性系之间的相对速度有关.设惯性系 S′以速度 v 相对 S 系沿 x 轴正方向运动,因在 S 系中两事件的时空坐标已知,由洛伦兹时空变换式,可得

$$x_2'-x_1'=\frac{(r_2-r_1)-v(t_2-t_1)}{\sqrt{1-v^2/c^2}} \tag{1}$$

$$t_2'-t_1'=\frac{(t_2-t_1)-\frac{v}{c^2}(x_2-x_1)}{\sqrt{1-v^2/c^2}} \tag{2}$$

两事件在 S′系中发生在同一地点,即 $x_2'-x_1'=0$,代入式(1)可求出 v 值,以此作匀速直线运动的 S′系,即为所寻找的参考系.然后由式(2)可得两事件在 S′系中的时间间隔.对于本题第二问,也可从相对论时间延缓效应来分析.因为如果两事件在 S′系中发生在同一地点,则 $\Delta t'$ 为固有时间间隔(原时),由时间延缓效应关系式 $\Delta t'=\Delta t\sqrt{1-v^2/c^2}$ 可直接求得结果.

解 (1)令 $x_2'-x_1'=0$,由式(1)可得

$$v=\frac{x_2-x_1}{t_2-t_1}=1.50\times10^8\ \mathrm{m\cdot s^{-1}}=0.50c$$

(2)将 v 值代入式(2),可得

$$t_2'-t_1'=\frac{(t_2-t_1)\left(1-\frac{v}{c^2}\frac{x_2-x_1}{t_2-t_1}\right)}{\sqrt{1-v^2/c^2}}=(t_2-t_1)\sqrt{1-v^2/c^2}$$

$$=1.73\times10^{-6}\ \mathrm{s}$$

这表明在 S′系中事件 A 先发生.

15-9 设在正负电子对撞机中,电子和正电子以速度 $0.90c$ 相向飞行,问它们之间的相对速度为多少?

分析 设对撞机为 S 系,沿 x 轴正方向飞行的正电子为 S′系.S′系相对 S 系的速度 $v=0.90c$,则另一电子相对 S 系速度 $u_x=-0.90c$,该电子相对 S′系(即沿 x 轴正方向飞行的电子)的速度 u_x' 即为题中所求的相对速度.在明确题目所述已知条件及所求量的物理含义后,即可利用洛伦兹速度变换式进行求解.

解 按分析中所选参考系,电子相对 S′系的速度为

$$u_x'=\frac{u_x-v}{1-\frac{v}{c^2}u_x}=-0.994c$$

式中负号表示该电子沿 x' 轴负方向飞行,正好与正电子相向飞行.

讨论 若按照伽利略速度变换,它们之间的相对速度为多少?

15-10 设想有一粒子以 $0.050c$ 的速率相对实验室参考系运动.此粒子衰变时发射一个电子.电子的速率为 $0.80c$,电子速度的方向与粒子运动方向相同.试求电子相对实验室参考系的速度.

分析 这是相对论的速度变换问题.取实验室为 S 系,运动粒子为 S′系,则 S′系相对 S 系的速度 $v=0.050c$.题中所给的电子速率是电子相对衰变粒子的速率,故 $u_x'=0.80c$.

解 根据分析,由洛伦兹速度逆变换式可得电子相对 S 系的速度为

$$u_x = \frac{u_x'+v}{1+\frac{v}{c^2}u_x'} = 0.817c$$

15－11 设在宇宙飞船中的观测者测得脱离它而去的航天器相对它的速度为 1.2×10^8 m·s^{-1} i.同时,航天器发射一枚空间火箭,航天器中的观测者测得此火箭相对它的速度为 1.0×10^8 m·s^{-1} i.问:(1) 此火箭相对宇宙飞船的速度为多少? (2) 如果以激光光束替代空间火箭,那么此激光光束相对宇宙飞船的速度又为多少? 请将上述结果与伽利略速度变换所得结果相比较,并理解光速是物体速度的极限.

分析 该题仍是相对论速度变换问题.(2)中用激光束来替代火箭,其区别在于激光光束是以光速 c 相对航天器运动,因此其速度变换结果应该与光速不变原理相一致.

解 设宇宙飞船为 S 系,航天器为 S′系,则 S′系相对 S 系的速度 $v=1.2 \times 10^8$ m·s^{-1},空间火箭相对航天器的速度为 $u_x'=1.0 \times 10^8$ m·s^{-1},激光光束相对航天器的速度为光速 c.由洛伦兹变换可得:

(1) 空间火箭相对 S 系的速度为

$$u_x = \frac{u_x'+v}{1+\frac{v}{c^2}u_x'} = 1.94 \times 10^8 \text{ m·s}^{-1}$$

(2) 激光光束相对 S 系的速度为

$$u_x = \frac{c+v}{1+\frac{v}{c^2}c} = c$$

即激光光束相对宇宙飞船的速度仍为光速 c,这是光速不变原理所预料的.如用伽利略变换,则有 $u_x = c+v > c$.这表明对伽利略变换而言,运动物体没有极限速度,但对相对论的洛伦兹变换来说,光速是运动物体的极限速度.

15－12 以速度 v 沿 x 轴方向运动的粒子,在 y 轴方向上发射一光子,求地面观测者所测得光子的速度.

分析 设地面为 S 系,运动粒子为 S′系.与上题不同之处在于,光子的运动方向与粒子运动方向不一致,因此应先求出光子相对 S 系速度 $\boldsymbol{u}$ 的分量 u_x、u_y 和 u_z,然后才能求 $\boldsymbol{u}$ 的大小和方向.根据所设参考系,光子相对 S′系的速度分量分别为 $u_x'=0$,$u_y'=c$,$u_z'=0$.

解 由洛伦兹速度的逆变换式可得光子相对 S 系的速度分量分别为

$$u_x = \frac{u_x'+v}{1+\frac{v}{c^2}u_x'} = v$$

$$u_y = \frac{u_y'\sqrt{1-v^2/c^2}}{1+\frac{v}{c^2}u_x'} = c\sqrt{1-v^2/c^2}$$

$$u_z = 0$$

所以,光子相对 S 系速度 u 的大小为

$$u = \sqrt{u_x^2 + u_y^2 + u_z^2} = c$$

速度 u 与 x 轴的夹角为

$$\theta = \arctan \frac{u_y}{u_x} = \arctan \frac{\sqrt{c^2 - v^2}}{v}$$

讨论 地面观测者所测得光子的速度仍为 c,这也是光速不变原理的必然结果.但在不同惯性参考系中,其速度的方向却发生了变化.

15-13 在惯性系 S 中观察到有两个事件发生在同一地点,其时间间隔为 4.0 s,从另一个惯性系 S′中观察到这两个事件的时间间隔为 6.0 s,试问从 S′系测量到这两个事件的空间间隔是多少? 设 S′系以恒定速率相对 S 系沿 Ox 轴运动.

分析 这是相对论中同地不同时的两事件的时空转换问题.可以根据时间延缓效应的关系式先求出 S′系相对 S 系的运动速度 v,进而得到两个事件在 S′系中的空间间隔 $\Delta x' = v\Delta t'$(由洛伦兹时空变换同样可得到此结果).

解 由题意知在 S 系中的时间间隔为固有的,即 $\Delta t = 4.0$ s,而 $\Delta t' = 6.0$ s.根据时间延缓效应的关系式 $\Delta t' = \dfrac{\Delta t}{\sqrt{1 - v^2/c^2}}$,可得 S′系相对 S 系的速度为

$$v = c \sqrt{1 - \left(\frac{\Delta t}{\Delta t'}\right)^2} = \frac{\sqrt{5}}{3} c$$

两个事件在 S′系中的空间间隔为

$$\Delta x' = v\Delta t' = 1.34 \times 10^9 \text{ m}$$

15-14 在惯性系 S 中,有两个事件同时发生在 Ox 轴上相距为 1.0×10^3 m 的两处,从惯性系 S′观测到这两个事件相距为 2.0×10^3 m,试问由 S′系测得此两个事件的时间间隔为多少?

分析 这是同时不同地的两个事件之间的时空转换问题.由于本题未给出 S′系相对 S 系的速度 v,故可由不同参考系中两个事件空间间隔之间的关系求得 v,再由两个事件时间间隔的关系求出两个事件在 S′系中的时间间隔.

解 设此两个事件在 S 系中的时空坐标为 $(x_1, 0, 0, t_1)$ 和 $(x_2, 0, 0, t_2)$,且有 $|x_2 - x_1| = 1.0 \times 10^3$ m,$t_2 - t_1 = 0$.而在 S′系中,此两个事件的时空坐标为 $(x_1', 0, 0, t_1')$ 和 $(x_2', 0, 0, t_2')$,且 $|x_2' - x_1'| = 2.0 \times 10^3$ m,根据洛伦兹变换,有

$$x_2' - x_1' = \frac{(x_2 - x_1) - v(t_2 - t_1)}{\sqrt{1 - v^2/c^2}} \tag{1}$$

$$t_2' - t_1' = \frac{(t_2 - t_1) - \dfrac{v}{c^2}(x_2 - x_1)}{\sqrt{1 - v^2/c^2}} \tag{2}$$

由式(1)可得

$$v = c \sqrt{1 - \frac{(x_2 - x_1)^2}{(x_2' - x_1')^2}} = \frac{\sqrt{3}}{2} c$$

将 v 值代入式(2),可得

$$|t'_2 - t'_1| = 5.77 \times 10^{-6} \text{ s}$$

15-15 一根米尺沿着它的长度方向相对于观测者以 $0.6c$ 的速度运动,问米尺通过观测者面前要花多长时间?

分析 本题应首先根据长度收缩效应求得观测者测得的米尺长度.

解 米尺静长 $L_0 = 100$ cm,相对观测者的运动速度 $u = 0.6c$.根据长度收缩公式,观测者测得米尺长度为

$$L = L_0 \sqrt{1 - u^2/c^2} = 0.8L_0 = 0.80 \text{ m}$$

米尺通过观测者面前需要的时间为

$$\Delta t = \frac{L}{u} = 4.44 \times 10^{-9} \text{ s}$$

15-16 一个立方体的(固有)体积为 1 000 cm^3.求沿与立方体的一边平行的方向以 $0.8c$ 的速率运动的观测者所测得的体积.

分析 长度收缩效应只发生在运动方向上,故该立方体和运动方向垂直的边长将会保持不变.对观测者而言此立方体已变为长方体了.

解 立方体的固有边长 $L_0 = \sqrt[3]{V_0} = 10$ cm.观测者测得与运动方向垂直的边长保持不变,但与运动方向平行的边长发生长度收缩.根据长度收缩公式,有

$$L = L_0 \sqrt{1 - u^2/c^2} = 0.6L_0 = 6.0 \text{ cm}$$

观测者测得的立方体体积为

$$V = L_0^2 L = 600 \text{ cm}^3$$

15-17 若从一惯性系中测得宇宙飞船的长度为其固有长度的一半,试问宇宙飞船相对此惯性系的速度为多少(以光速 c 表示)?

解 设宇宙飞船的固有长度为 l_0,它相对于惯性系的速率为 v,而从此惯性系测得宇宙飞船的长度为 $l_0/2$,根据洛伦兹长度收缩公式,有

$$l_0/2 = l_0 \sqrt{1 - v^2/c^2}$$

可解得

$$v = 0.866c$$

15-18 一固有长度为 4.0 m 的物体,若以速率 $0.60c$ 沿 Ox 轴相对某惯性系运动,试问从此惯性系来测量,此物体的长度为多少?

解 由洛伦兹长度收缩公式,得

$$l = l_0 \sqrt{1 - v^2/c^2} = 3.2 \text{ m}$$

15-19 若一个电子的总能量为 5.0 MeV,求该电子的静能、动能、动量和速率.

分析 粒子静能 E_0 是指粒子在相对静止的参考系中的能量,$E_0 = m_0 c^2$,式中 m_0 为粒子在相对静止的参考系中的质量.就确定的粒子来说,E_0 和 m_0 均为常量.本题中由于电子总能量 $E > E_0$,因此,该电子相对观察者所在的参考系还应具有动能,也具有相应的动量和速率.由相对论动能定义、动量与能量关系式以及质能关系式,即可解出结果.

解 电子的静能为

$$E_0 = m_0 c^2 = 0.51 \text{ MeV}$$

电子的动能为

$$E_k = E - E_0 = 1.49 \text{ MeV}$$

由 $E^2 = p^2 c^2 + E_0^2$ 得电子的动量为

$$p = \frac{1}{c}\sqrt{E^2 - E_0^2} = 2.66 \times 10^{-21} \text{ kg} \cdot \text{m} \cdot \text{s}^{-1}$$

由 $E = \dfrac{E_0}{\sqrt{1 - v^2/c^2}}$ 得电子的速率为

$$v = c\sqrt{1 - E_0^2/E^2} = 0.995c$$

15-20 一被加速器加速的电子,其能量为 3.00×10^9 eV.试问:(1)这个电子的质量是其静质量的多少倍?(2)这个电子的速率为多少?

解 (1)由相对论质能关系 $E = mc^2$ 和 $E_0 = m_0 c^2$ 可得电子的动质量 m 与静质量 m_0 之比为

$$\frac{m}{m_0} = \frac{E}{E_0} = \frac{E}{m_0 c^2} = 5.86 \times 10^3$$

(2)由相对论质速关系式 $m = \dfrac{m_0}{\sqrt{1 - v^2/c^2}}$ 可解得

$$v = c\sqrt{1 - m_0^2/m^2} = 0.999\,999\,985c$$

可见此时的电子速率已十分接近光速了.

15-21 在电子偶的湮没过程中,一个电子和一个正电子相碰撞而消失,并产生电磁辐射.假定正负电子在湮没前均静止,由此估算辐射的总能量 E.

分析 在相对论中,粒子的相互作用过程仍满足能量守恒定律,因此辐射的总能量应等于电子偶湮没前两电子总能量之和.按题意电子偶湮没前的总能量只是它们的静能之和.

解 由分析可知,辐射总能量为

$$E = 2m_0 c^2 = 1.64 \times 10^{-13} \text{J} = 1.02 \text{ MeV}$$

15-22 若将电子由静止加速到速率为 $0.10c$,需对它做多少功?若将电子的速率由 $0.80c$ 加速到 $0.90c$,则又需对它做多少功?

分析 在相对论力学中,动能定理仍然成立,即 $W = \Delta E_k = E_{k2} - E_{k1}$,但需注意动能 E_k 不能用 $\dfrac{1}{2}mv^2$ 表示.

解 由相对论性的动能表达式和质速关系可得当电子速率从 v_1 增加到 v_2 时,电子动能的增量为

$$\Delta E_k = E_{k2} - E_{k1} = (m_2 c^2 - m_0 c^2) - (m_1 c^2 - m_0 c^2)$$

$$= m_0 c^2 \left(\frac{1}{\sqrt{1 - v_2^2/c^2}} - \frac{1}{\sqrt{1 - v_1^2/c^2}} \right)$$

根据动能定理,当 $v_1 = 0, v_2 = 0.10c$ 时,外力所做的功为

$$W = \Delta E_k = 2.58 \times 10^3 \text{ eV}$$

当 $v_1 = 0.80c, v_2 = 0.90c$ 时,外力所做的功为

$$W' = \Delta E'_k = 3.21 \times 10^5 \text{ eV}$$

由计算结果可知,虽然同样将速率提高 $0.1c$,但后者所做的功比前者要大得多,这是因为随着速率的增大,电子的质量也增大.

第十六章 量子物理

16-1 下列物体属于绝对黑体的是( ).

（A）不辐射可见光的物体 　　（B）不辐射任何光线的物体

（C）不能反射可见光的物体 　　（D）不能反射任何光线的物体

分析与解 一般来说,任何物体对外来辐射同时会有三种反应:反射、透射和吸收,各部分的比例与材料、温度、波长有关.同时任何物体在任何温度下会同时对外辐射,实验和理论证明:一个物体辐射能力正比于其吸收能力.作为一种极端情况,绝对黑体(一种理想模型)能将外来辐射(可见光或不可见光)全部吸收,自然也就不会反射任何光线,同时其对外辐射能力最强.综上所述应选(D).

16-2 光电效应和康普顿效应都是光子和物质原子中的电子相互作用过程,其区别何在?在下面几种理解中,正确的是( ).

（A）两种效应中电子与光子组成的系统都服从能量守恒定律和动量守恒定律

（B）光电效应是由于电子吸收光子能量而产生的,康普顿效应则是由于电子与光子的弹性碰撞而产生的

（C）两种效应都属于电子与光子的弹性碰撞过程

（D）两种效应都属于电子吸收光子的过程

分析与解 两种效应都属于电子与光子的作用过程,不同之处在于:光电效应是由于电子吸收光子而产生的,光子的能量和动量会在电子以及束缚电子的原子、分子或固体之间按照适当的比例分配,但仅就电子和光子而言,两者之间并不是一个弹性碰撞过程,也不满足能量和动量守恒.而康普顿效应中的电子属于"自由"电子,其作用相当于一个弹性碰撞过程,作用后的光子并未消失,两者之间满足能量和动量守恒.综上所述,应选(B).

16-3 关于光子的性质,有以下几种说法:

（1）不论在真空中或在介质中的速度都是 c;

（2）它的静止质量为零;

（3）它的动量为 $h\nu/c$;

（4）它的总能量就是它的动能;

（5）它有动量和能量,但没有质量.

其中正确的是( ).

（A）（1）、（2）、（3） 　　（B）（2）、（3）、（4）

（C）（3）、（4）、（5） 　　（D）（3）、（5）

分析与解 光不但具有波动性还具有粒子性,一个光子在真空中的速度为 c(与惯性系选择

无关),在介质中的速度为$\dfrac{c}{n}$,它有质量、能量和动量,一个光子的静止质量$m_0=0$,运动质量$m=\dfrac{h\nu}{c^2}$,能量$E=h\nu$,动量$p=\dfrac{h}{\lambda}=\dfrac{h\nu}{c}$,由于光子的静止质量为零,故它的静能$E_0$为零,所以其总能量表现为动能.综上所述,说法(2)、(3)、(4)都是正确的,故选(B).

16-4 关于不确定关系$\Delta x \Delta p_x \geqslant h$,有以下几种理解:

(1)粒子的动量不可能确定,但坐标可以被确定;

(2)粒子的坐标不可能确定,但动量可以被确定;

(3)粒子的动量和坐标不可能同时确定;

(4)不确定关系不仅适用于电子和光子,也适用于其他粒子.

其中正确的是(   ).

(A)(1)、(2) (B)(2)、(4)

(C)(3)、(4) (D)(4)、(1)

分析与解 由于一切实物粒子都具有波粒二象性,因此实物粒子的动量和坐标(即位置)不可能同时被确定,在这里不能简单误认为动量不可能被确定或位置不可能被确定.这一关系式在理论上适用于一切实物粒子(当然对于宏观物体来说,位置不确定量或动量的不确定量都微不足道,故可以认为可以同时被确定).由此可见(3)、(4)说法是正确的.故选(C).

16-5 已知粒子在一维无限深方势阱中运动,其波函数为

$$\psi(x) = \sqrt{\dfrac{2}{a}} \sin \dfrac{3\pi}{a}x \quad (0 \leqslant x \leqslant a)$$

那么粒子在$x = a/6$处出现的概率密度为(   ).

(A)$\sqrt{2}/\sqrt{a}$ (B)$1/a$ (C)$2/a$ (D)$1/\sqrt{a}$

分析与解 我们通常用波函数ψ来描述粒子的状态,虽然波函数本身并无确切的物理含义,但其模的平方$|\psi|^2$表示粒子在空间各点出现的概率.因此题述一维粒子在$0 \leqslant x \leqslant a$区间的概率密度函数应为$|\psi(x)|^2 = \dfrac{2}{a} \sin^2 \dfrac{3\pi}{a}x$.将$x = a/6$代入即可得粒子在此处出现的概率为$2/a$.故选(C).

16-6 天狼星的温度大约是11 000 ℃.试由维恩位移定律计算其辐射峰值的波长.

解 由维恩位移定律可得天狼星单色辐出度的峰值所对应的波长

$$\lambda_m = \dfrac{b}{T} = \dfrac{2.898 \times 10^{-3} \text{ m} \cdot \text{K}}{(11\,000 + 273)\text{K}} = 2.57 \times 10^{-7} \text{ m} = 257 \text{ nm}$$

该波长属紫外区域,所以天狼星呈紫色.

16-7 太阳可看作半径为7.0×10^8 m的球形黑体,试计算太阳表面的温度.设太阳在地球表面上的辐照度为1.4×10^3 W·m^{-2},地球与太阳间的距离为1.5×10^{11} m.

分析 以太阳为中心,地球与太阳之间的距离d为半径作一球面,地球处在该球面的某一位置上.太阳在单位时间内对外辐射的总能量将均匀地通过该球面,因而可根据地球表面单位面积在单位时间内接收的太阳辐射能量E,计算出太阳单位时间单位面积辐射的总能量$M(T)$,再由公式$M(T) = \sigma T^4$计算太阳表面的温度.

解 根据分析有

$$M(T) = \frac{4\pi d^2 E}{4\pi R^2} \tag{1}$$

$$M(T) = \sigma T^4 \tag{2}$$

由式(1)、(2)可得

$$T = \left(\frac{d^2 E}{R^2 \sigma}\right)^{1/4} = 5\ 800\ \text{K}$$

16-8 钾的截止频率为 4.62×10^{14} Hz，今以波长为 435.8 nm 的光照射，求钾放出的光电子的初速度.

解 根据光电效应的爱因斯坦方程

$$h\nu = \frac{1}{2}mv^2 + W$$

其中

$$W = h\nu_0, \qquad \nu = \frac{c}{\lambda}$$

可得电子的初速度

$$v = \sqrt{\frac{2h}{m}\left(\frac{c}{\lambda} - \nu_0\right)} = 5.74 \times 10^5 \ \text{m} \cdot \text{s}^{-1}$$

由于逸出金属的电子的速度 $v \ll c$，故式中 m 取电子的静止质量.

16-9 钨的逸出功是 4.52 eV，钡的逸出功是 2.50 eV，请分别计算钨和钡的截止频率.哪一种金属可以用作可见光范围内的光电管阴极材料？

分析 由光电效应方程 $h\nu = \frac{1}{2}mv^2 + W$ 可知，当入射光频率 $\nu = \nu_0$（式中 $\nu_0 = \frac{W}{h}$）时，电子刚能逸出金属表面，其初动能 $\frac{1}{2}mv^2 = 0$.因此 ν_0 是能产生光电效应的入射光的最低频率（即截止频率），它与材料的种类有关.由于可见光频率处在 $0.395 \times 10^{15} \sim 0.75 \times 10^{15}$ Hz 的狭小范围内，因此不是所有的材料都能作为可见光范围内的光电管材料的（指光电管中发射电子用的阴极材料）.

解 钨的截止频率为

$$\nu_{01} = \frac{W_1}{h} = 1.09 \times 10^{15} \ \text{Hz}$$

钡的截止频率为

$$\nu_{02} = \frac{W_2}{h} = 0.603 \times 10^{15} \ \text{Hz}$$

对照可见光的频率范围可知，钡的截止频率 ν_{02} 正好处于该范围内，而钨的截止频率 ν_{01} 大于可见光的最大频率，因而钡可以用于可见光范围内的光电管阴极材料.

16-10 当钠灯发出的黄光照射某一光电池时，为了遏止所有电子到达收集器，我们需要 0.30 V 的负电压.当用波长 400 nm 的光照射这个光电池时，若要遏止电子，需要多高的电压？极板材料的逸出功为多少？

分析 逸出功是材料的固有特性,只与材料的种类有关.本题首先应根据题给条件,由光电效应方程求得材料的逸出功,然后再由光电效应方程求出其他光照射时所需遏止电压.

解 光电子最大初动能与遏止电压的关系是

$$E_{km} = eU_0$$

爱因斯坦光电效应方程为

$$h\frac{c}{\lambda} = E_{km} + W$$

联立上述两方程,得到材料的逸出功

$$W = h\frac{c}{\lambda} - eU_0$$

当用波长 $\lambda = 589.3$ nm 的钠灯黄光照射时,遏止电压 $U_0 = 0.30$ V,代入解得 $W = 1.81$ eV.

当用波长 $\lambda' = 400$ nm 的光照射时,有 $h\frac{c}{\lambda'} = eU_0' + W$,解得此时遏止电压为

$$U_0' = \frac{h\dfrac{c}{\lambda'} - W}{e} = 1.30 \text{ V}$$

16-11 在康普顿效应中,入射光子的波长为 3.0×10^{-3} nm,反冲电子的速度为光速的 60%,求散射光子的波长及散射角.

分析 首先由康普顿效应中的能量守恒关系式 $h\dfrac{c}{\lambda_0} + m_0 c^2 = h\dfrac{c}{\lambda} + mc^2$,可求出散射光子的波长 λ,式中 m 为反冲电子的运动质量,即 $m = \dfrac{m_0}{\sqrt{1 - v^2/c^2}}$.再根据康普顿散射公式 $\Delta\lambda = \lambda - \lambda_0 = \lambda_C(1 - \cos\theta)$,求出散射角 θ,式中 λ_C 为康普顿波长($\lambda_C = 2.43 \times 10^{-12}$ m).

解 根据分析有

$$h\frac{c}{\lambda_0} + m_0 c^2 = h\frac{c}{\lambda} + mc^2 \tag{1}$$

$$m = \frac{m_0}{\sqrt{1 - v^2/c^2}} \tag{2}$$

$$\lambda - \lambda_0 = \lambda_C(1 - \cos\theta) \tag{3}$$

由式(1)和式(2)可得散射光子的波长

$$\lambda = \frac{4h\lambda_0}{4h - \lambda_0 m_0 c} = 4.35 \times 10^{-3} \text{ nm}$$

将 λ 值代入式(3),得散射角

$$\theta = \arccos\left(1 - \frac{\lambda - \lambda_0}{\lambda_C}\right) = \arccos 0.444 = 63°36'$$

*16-12 一个具有 1.0×10^4 eV 能量的光子,与一个静止的自由电子相碰撞,碰撞后光子的散射角为 $60°$.试问:(1)光子的波长、频率和能量各改变多少?(2)碰撞后,电子的动能、动量和运动方向又如何?

分析 （1）可由光子能量 $E = h\nu$ 及康普顿散射公式直接求得光子波长、频率和能量的改变量.

（2）应全面考虑康普顿效应所服从的基本规律,包括碰撞过程中遵循能量和动量守恒定律,以及相对论效应.求解时应注意以下几点:

① 由能量守恒可知,反冲电子获得的动能 E_{ke} 就是散射光子失去的能量,即 $E_{ke} = h\nu_0 - h\nu$.

② 由相对论中粒子的能量动量关系式,即 $E_e^2 = E_{0e}^2 + p_e^2 c^2$ 和 $E_e = E_{0e} + E_{ke}$,可求得电子的动量 p_e.注意式中 E_{0e} 为电子静能,其值为 0.51 MeV.

③ 如图所示,反冲电子的运动方向可由动量守恒定律在 Oy 轴上的分量式求得,即
$$\frac{h\nu}{c}\sin\theta - p_e\sin\varphi = 0.$$

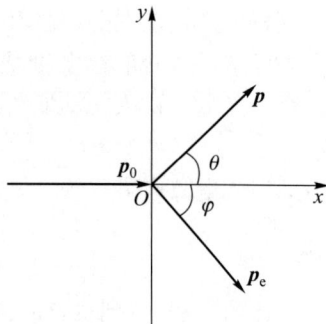

习题 16-12 图

解 （1）入射光子的频率和波长分别为
$$\nu_0 = \frac{E}{h} = 2.41\times10^{18}\ \text{Hz}, \quad \lambda_0 = \frac{c}{\nu_0} = 0.124\ \text{nm}$$

散射前后光子波长、频率和能量的改变量分别为
$$\Delta\lambda = \lambda_C(1-\cos\theta) = 1.22\times10^{-3}\ \text{nm}$$
$$\Delta\nu = \frac{c}{\lambda} - \frac{c}{\lambda_0} = c\left(\frac{1}{\lambda_0+\Delta\lambda} - \frac{1}{\lambda_0}\right) = -2.30\times10^{16}\ \text{Hz}$$
$$\Delta E = h\nu - h\nu_0 = h\Delta\nu = -1.524\times10^{-17}\ \text{J} = -95.3\ \text{eV}$$

式中负号表示散射光子的频率要减小,与此同时,光子也将失去部分能量.

（2）根据分析,可得电子动能
$$E_{ke} = h\nu_0 - h\nu = |\Delta E| = 95.3\ \text{eV}$$

电子动量
$$p_e = \frac{\sqrt{E_{ke}^2 + 2E_{0e}E_{ke}}}{c} = 5.27\times10^{-24}\ \text{kg}\cdot\text{m}\cdot\text{s}^{-1}$$

电子运动方向
$$\varphi = \arcsin\left(\frac{h\nu}{p_e c}\sin\theta\right) = \arcsin\left[\frac{h(\nu_0+\Delta\nu)}{p_e c}\sin\theta\right] = 59°32'$$

16-13 波长为 0.10 nm 的光子入射在碳上,从而产生康普顿效应.从实验中测量到,散射光子的方向与入射光子的方向相垂直.求:（1）散射光子的波长;（2）反冲电子的动能和运动方向.

解 （1）由散射公式得
$$\lambda = \lambda_0 + \Delta\lambda = \lambda + \lambda_C(1-\cos\theta) = 0.102\ 4\ \text{nm}$$

（2）反冲电子的动能等于光子失去的能量,因此有

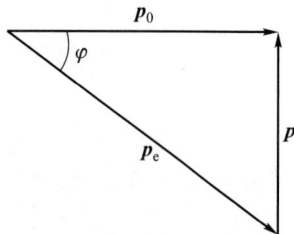

习题 16-13 图

$$E_k = h\nu_0 - h\nu = hc\left(\frac{1}{\lambda_0} - \frac{1}{\lambda}\right) = 4.66 \times 10^{-17} \text{ J}$$

根据动量守恒的矢量关系(如图所示),可确定反冲电子的方向

$$\varphi = \arctan\left(\frac{h}{\lambda} \Big/ \frac{h}{\lambda_0}\right) = \arctan\left(\frac{\lambda_0}{\lambda}\right) = 44°18'$$

16-14 试求波长为下列数值的光子的能量、动量及质量:(1)波长为 1 500 nm 的红外线;(2)波长为 500 nm 的可见光;(3)波长为 20 nm 的紫外线;(4)波长为 0.15 nm 的 X 射线;(5)波长为 1.0×10^{-3} nm 的 γ 射线.

解 由能量 $E = h\nu$,动量 $p = h/\lambda$ 以及质能关系式 $m = E/c^2$,可得

(1)当 $\lambda_1 = 1\ 500$ nm 时,

$$E_1 = h\nu_1 = \frac{hc}{\lambda_1} = 1.33 \times 10^{-19} \text{ J}$$

$$p_1 = \frac{h}{\lambda_1} = 4.42 \times 10^{-28} \text{ kg} \cdot \text{m} \cdot \text{s}^{-1}$$

$$m_1 = \frac{E_1}{c^2} = \frac{h}{c\lambda_1} = 1.47 \times 10^{-36} \text{ kg}$$

(2)当 $\lambda_2 = 500$ nm 时,因 $\lambda_2 = \frac{1}{3}\lambda_1$,故有

$$E_2 = 3E_1 = 3.99 \times 10^{-19} \text{ J}$$
$$p_2 = 3p_1 = 1.33 \times 10^{-27} \text{ kg} \cdot \text{m} \cdot \text{s}^{-1}$$
$$m_2 = 3m_1 = 4.41 \times 10^{-36} \text{ kg}$$

(3)当 $\lambda_3 = 20$ nm 时,因 $\lambda_3 = \frac{1}{75}\lambda_1$,故有

$$E_3 = 75E_1 = 9.97 \times 10^{-18} \text{ J}$$
$$p_3 = 75p_1 = 3.31 \times 10^{-26} \text{ kg} \cdot \text{m} \cdot \text{s}^{-1}$$
$$m_3 = 75m_1 = 1.10 \times 10^{-34} \text{ kg}$$

(4)当 $\lambda_4 = 0.15$ nm 时,因 $\lambda_4 = 10^{-4}\lambda_1$,故有

$$E_4 = 10^4 E_1 = 1.33 \times 10^{-15} \text{ J}$$
$$p_4 = 10^4 p_1 = 4.42 \times 10^{-24} \text{ kg} \cdot \text{m} \cdot \text{s}^{-1}$$
$$m_4 = 10^4 m_1 = 1.47 \times 10^{-32} \text{ kg}$$

(5)当 $\lambda_5 = 1 \times 10^{-3}$ nm 时,

$$E_5 = \frac{hc}{\lambda_5} = 1.99 \times 10^{-13} \text{ J}$$

$$p_5 = \frac{h}{\lambda_5} = 6.63 \times 10^{-22} \text{ kg} \cdot \text{m} \cdot \text{s}^{-1}$$

$$m_5 = \frac{h}{c\lambda_5} = 2.21 \times 10^{-30} \text{ kg}$$

16-15 计算氢原子光谱中莱曼系的最短和最长波长,并指出是否为可见光.

分析 氢原子光谱规律为

$$\frac{1}{\lambda} = R\left(\frac{1}{n_f^2} - \frac{1}{n_i^2}\right)$$

式中 $n_f = 1,2,3,\cdots$；$n_i = n_f + 1, n_f + 2, \cdots$. 若把氢原子的众多谱线按 $n_f = 1,2,3,\cdots$ 归纳为若干谱线系，其中 $n_f = 1$ 为莱曼系，$n_f = 2$ 就是最早被发现的巴耳末系，所谓莱曼系的最长波长是指 $n_i = 2$ 所对应的光谱线的波长，最短波长是指 $n_i \to \infty$ 所对应的光谱线的波长，莱曼系的其他谱线均分布在上述波长范围内. 式中 R 的实验值常取 $1.097 \times 10^7 \text{ m}^{-1}$. 此外本题也可由频率条件 $h\nu = E_f - E_i$ 计算.

解 莱曼系的谱线满足

$$\frac{1}{\lambda} = R\left(\frac{1}{1^2} - \frac{1}{n_i^2}\right), \quad n_i = 2,3,4,\cdots$$

令 $n_i = 2$，得该谱系中最长的波长

$$\lambda_{max} = 121.5 \text{ nm}$$

令 $n_i \to \infty$，得该谱系中最短的波长

$$\lambda_{min} = 91.2 \text{ nm}$$

对照可见光波长范围（$400 \sim 760 \text{ nm}$），可知莱曼系中所有的谱线均不是可见光，它们处在紫外线范围.

16-16 在氢原子的玻尔理论中，当电子由量子数 $n_i = 5$ 的轨道跃迁到 $n_f = 2$ 的轨道上时，对外辐射的光的波长为多少？若该电子再从 $n_f = 2$ 的轨道跃迁到游离状态，则外界需要提供多少能量？

分析 当原子中的电子在高能量 E_i 的轨道与低能量 E_f 的轨道之间跃迁时，原子对外辐射或吸收外界的能量，可用公式 $\Delta E = E_i - E_f$ 或 $\Delta E = E_f - E_i$ 计算. 对氢原子来说，$E_n = \dfrac{E_1}{n^2}$，其中 E_1 为氢原子中基态（$n=1$）的能量，即 $E_1 = -Rhc = -13.6 \text{ eV}$，电子从 $n_f = 2$ 的轨道到达游离状态时所需的能量，就是指电子由轨道 $n_f = 2$ 跃迁到游离态 $n_i \to \infty$ 时所需能量，它与电子由基态（$n_f = 1$）跃迁到游离态 $n_i = \infty$ 时所需的能量（称电离能）是有区别的，后者恰为 13.6 eV.

解 根据氢原子辐射的波长公式，电子从 $n_i = 5$ 跃迁到 $n_f = 2$ 轨道状态时对外辐射光的波长满足

$$\frac{1}{\lambda} = R\left(\frac{1}{2^2} - \frac{1}{5^2}\right)$$

则

$$\lambda = 4.34 \times 10^{-7} \text{ m} = 434 \text{ nm}$$

而电子从 $n_f = 2$ 跃迁到游离态 $n_i \to \infty$ 所需的能量为

$$\Delta E = E_2 - E_\infty = \frac{E_1}{2^2} - \frac{E_1}{\infty} = -3.4 \text{ eV}$$

负号表示电子吸收能量.

16-17 若用能量为 12.6 eV 的电子轰击氢原子，则将产生哪些谱线？

分析 氢原子可以从对它轰击的高能粒子上吸收能量而使自己从较低能级（一般在不指明情况下均指基态）激发到较高的能级，但吸收的能量并不是任意的，而是必须等于氢原子两个能级间的能量差. 据此，可算出被激发氢原子可跃迁到的最高能级为 $n_i = 3$. 但是，激发态都是不稳定

的,其后,它又会自发跃迁回基态,如图所示,可以有 3→1,3→2 和 2→1 三种可能的辐射.

解 根据分析有

$$\Delta E = E_f - E_i = \frac{E_1}{n_f^2} - \frac{E_1}{n_i^2} \qquad (1)$$

$$\frac{1}{\lambda} = R\left(\frac{1}{n_f^2} - \frac{1}{n_i^2}\right) \qquad (2)$$

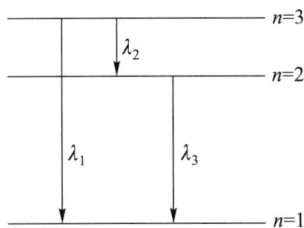

习题 16-17 图

将 $E_1 = -13.6$ eV,$n_f = 1$ 和 $\Delta E = -12.6$ eV(这是受激氢原子可以吸收的最多能量)代入式(1),可得 $n_i = 3.69$,取整 $n_i = 3$(想一想为什么?),即此时氢原子处于 $n = 3$ 的状态.

由式(2)可得氢原子回到基态过程中的三种可能辐射(见分析)所对应的谱线波长分别为 102.6 nm、656.3 nm 和 121.5 nm.

16-18 试证在基态氢原子中,电子运动时的等效电流为 $1.05×10^{-3}$ A.在氢原子核处,这个电流产生的磁场的磁感强度为多大?

分析 根据经典的原子理论,基态氢原子中的电子在第一玻尔半径 r_1 上绕核作圆周运动 $(r_1 = 0.529×10^{-10}$ m),绕核运动的频率 $f = \frac{v_1}{2\pi r_1}$(式中 v_1 为基态时电子绕核运动的速度,$v_1 = \frac{h}{2\pi m r_1}$),由此可得电子运动的等效电流 $I = ef$ 以及它在核处激发的磁感强度 $B = \frac{\mu_0 I}{2 r_1}$.

解 根据分析,电子绕核运动的等效电流为

$$I = ef = \frac{ev_1}{2\pi r_1} = \frac{eh}{4\pi^2 m r_1^2} = 1.05×10^{-3} \text{ A}$$

该圆形电流在核处的磁感强度为

$$B = \frac{\mu_0 I}{2 r_1} = 12.5 \text{ T}$$

上述过程中电子的速度 $v \ll c$,故式中 m 取电子的静止质量.

16-19 已知氢光谱的某一线系的极限波长为 364.7 nm,其中一谱线波长为 656.5 nm.试由氢原子的玻尔理论,求与该波长相应的始态与终态能级的能量.

分析 所谓线系极限波长是指:该线系中终态能级 k(即最低能级)和电离状态($E_\infty = 0$)之间所对应的谱线波长,亦即最短波长.本题首先由题给条件由跃迁公式求得终态能级 k,从而可判断该线系是何种线系,然后再由跃迁公式求 $\lambda = 656.5$ nm 相对应的始态能量.

解 由分析,根据氢原子的玻尔理论,有

$$h\nu = \frac{hc}{\lambda_{min}} = E_\infty - E_k = 0 - \frac{E_1}{k^2}$$

式中 $\lambda_{min} = 364.7$ nm,$E_1 = -13.6$ eV,解得

$$k = \sqrt{-\frac{\lambda_{min} E_1}{hc}} = 2$$

为巴耳末系.巴耳末系中谱线的终态能级的能量为

$$E_2 = \frac{E_1}{2^2} = -3.40 \text{ eV}$$

根据跃迁公式 $h\frac{c}{\lambda} = E_n - E_2$,将 $\lambda = 656.5$ nm 代入,得始态能级的能量为

$$E_n = h\frac{c}{\lambda} + E_2 = -1.51 \text{ eV}$$

16-20 已知 α 粒子的静止质量为 6.64×10^{-27} kg.求速率为 5 000 km·s^{-1} 的 α 粒子的德布罗意波长.

分析 在本题及以后几题求解的过程中,如实物粒子运动速率远小于光速(即 $v \ll c$)或动能远小于静能(即 $E_k \ll E_0$),均可利用非相对论方法处理,即认为 $m \approx m_0$ 和 $p^2 = 2m_0 E_k$.

解 由于 α 粒子运动速率 $v \ll c$,故有 $m = m_0$,则其德布罗意波长为

$$\lambda = \frac{h}{p} = \frac{h}{m_0 v} = 2.00 \times 10^{-5} \text{ nm}$$

16-21 求温度为 27 ℃时,对应于方均根速率的氧气分子的德布罗意波长.

解 理想气体分子的方均根速率 $\sqrt{\overline{v^2}} = \sqrt{\frac{3RT}{M}}$.对应的氧分子的德布罗意波长为

$$\lambda = \frac{h}{p} = \frac{h}{m\sqrt{\overline{v^2}}} = \frac{N_A h}{\sqrt{3MRT}} = 2.58 \times 10^{-2} \text{ nm}$$

16-22 若电子和光子的波长均为 0.20 nm,则它们的动量和动能各为多少?

分析 光子的静止质量 $m_0 = 0$,静能 $E_0 = 0$,其动能、动量均可由德布罗意关系式 $E = h\nu$,$p = \frac{h}{\lambda}$ 求得.而对电子来说,动能 $E_k = E - E_0 = \sqrt{p^2 c^2 + m_0^2 c^4} - m_0 c^2 < pc$.本题中因电子的 pc(6.22 keV)$\ll E_0$ (0.51 MeV),所以 $E_k \ll E_0$,因而可以不考虑相对论效应,电子的动能可用公式 $E_k = \frac{p^2}{2m_0}$ 计算.

解 由于光子与电子的波长相同,它们的动量均为

$$p = \frac{h}{\lambda} = 3.32 \times 10^{-24} \text{ kg·m·s}^{-1}$$

光子的动能为

$$E_k = E = pc = 6.22 \text{ keV}$$

电子的动能为

$$E_k = \frac{p^2}{2m_0} = 37.8 \text{ eV}$$

讨论 用电子束代替可见光做成的显微镜叫电子显微镜.由上述计算可知,对于波长相同的光子与电子来说,电子的动能远小于光子的动能.很显然,在分辨率相同的情况下(分辨率 $\propto 1/\lambda$),电子束对样品损害较小,这也是电子显微镜优于光学显微镜的一个方面.

16-23 用德布罗意波,仿照弦振动的驻波公式来求解一维无限深方势阱中自由粒子的动量与能量表达式.

分析 设势阱宽度为 a，当自由粒子在其间运动时，根据德布罗意假设，会形成两列相向而行的物质波.由于波的强度、波长相同，最终会形成驻波，相当于两端固定的弦驻波，且有 $a = n\dfrac{\lambda}{2}$，其中 $n = 1, 2, 3, \cdots$.由德布罗意关系式 $\lambda = \dfrac{h}{p}$ 和非相对论情况下的动能的关系式 $E_k = \dfrac{p^2}{2m}$ 即可求解.其结果与用量子力学求得的结果相同.虽然推导不甚严格，但说明上述处理方法有其内在的合理性与科学性，是早期量子论中常用的一种方法，称为"驻波法".

解 根据分析，势阱内的自由粒子来回运动，就相当于物质波在区间 a 内形成了稳定的驻波，由两端固定弦驻波的条件可知，必有 $a = \dfrac{n\lambda}{2}$，即

$$\lambda = \frac{2a}{n} \quad (n = 1, 2, 3, \cdots)$$

由德布罗意关系式 $\lambda = \dfrac{h}{p}$，可得自由粒子的动量表达式

$$p = \frac{h}{\lambda} = \frac{nh}{2a} \quad (n = 1, 2, 3, \cdots)$$

由非相对论的动量与动能表达式 $E = \dfrac{p^2}{2m}$，可得自由粒子的能量表达式

$$E = \frac{n^2 h^2}{8ma^2} \quad (n = 1, 2, 3, \cdots)$$

从上述结果可知，此时自由粒子的动量和能量都是量子化的.

16-24 当电子位置的不确定范围为 5.0×10^{-2} nm 时，其速率的不确定范围为多少？

分析 量子论改变了我们对于自然现象的传统认识，即我们不可能对粒子的行为作出绝对性的断言.不确定关系式 $\Delta x \Delta p_x \geq h$ $\left(\text{严格的表述应为 } \Delta x \Delta p_x \geq \dfrac{h}{4\pi}\right)$ 就是关于不确定性的一种量子规律.由上述基本关系式还可引出其他的不确定关系式，如 $\Delta L_{\varphi} \Delta \varphi \geq h$（$\Delta \varphi$ 为粒子角位置的不确定范围，ΔL_{φ} 为粒子角动量的不确定范围），$\Delta E \Delta t \geq h$（Δt 为粒子在能量状态 E 附近停留的时间，又称平均寿命，ΔE 为粒子能量的不确定范围，又称能级的宽度）等，不论是对粒子行为作定性分析，还是定量估计（一般指数量级），不确定关系式都很有用.

解 因电子位置的不确定范围 $\Delta x = 5 \times 10^{-2}$ nm，由不确定关系式以及 $\Delta p_x = m \Delta v_x$ 可得电子速率的不确定范围

$$\Delta v_x = \frac{h}{m \Delta x} = 1.46 \times 10^7 \text{ m} \cdot \text{s}^{-1}$$

16-25 已知铀核的线度为 7.2×10^{-15} m.求其中一个质子的动量和速度的不确定范围.

分析 粒子的线度一般是指它的直径，由于质子处于铀核内，因此铀核的半径 r 可视为质子位置的不确定范围，由不确定关系式可得质子动量和速度的不确定范围.

解 对质子来说，其位置的不确定范围 $\Delta r = \dfrac{7.2 \times 10^{-15}}{2}$ m $= 3.6 \times 10^{-15}$ m，由不确定关系式 $\Delta r \Delta p \geq h$ 以及 $\Delta p = m_p \Delta v$，可得质子动量和速度的不确定范围分别为

$$\Delta p = \frac{h}{\Delta r} = 1.84 \times 10^{-19} \text{ kg} \cdot \text{m} \cdot \text{s}^{-1}$$

$$\Delta v = \frac{\Delta p}{m_p} = 1.10 \times 10^8 \text{ m} \cdot \text{s}^{-1}$$

16-26 一颗质量为 40 g 的子弹以 1.0×10^3 m·s^{-1} 的速率飞行.（1）求其德布罗意波长；（2）若测量子弹位置的不确定范围为 0.10 mm，求其速率的不确定范围.

解 （1）子弹的德布罗意波长为

$$\lambda = \frac{h}{mv} = 1.66 \times 10^{-35} \text{ m}$$

（2）由不确定关系式以及 $\Delta p_x = m \Delta v_x$ 可得子弹速率的不确定范围为

$$\Delta v = \frac{\Delta p_x}{m} = \frac{h}{m \Delta x} = 1.66 \times 10^{-28} \text{ m} \cdot \text{s}^{-1}$$

讨论 由于 h 值极小，其数量级为 10^{-34}，故不确定关系式只对微观粒子才有实际意义，对于宏观物体，其行为可以精确地预言.

16-27 设一电子在宽为 0.20 nm 的一维无限深方势阱中.（1）计算该电子在最低能级的能量；（2）当电子处于第一激发态时，该电子在势阱何处出现的概率密度最小，其值为多少？

解 （1）一维无限深方势阱中粒子的可能能量 $E_n = n^2 \dfrac{h^2}{8ma^2}$，式中 a 为势阱宽度，当量子数 $n=1$ 时，粒子处于基态，能量最低.因此，电子在最低能级的能量为

$$E_1 = \frac{h^2}{8ma^2} = 1.51 \times 10^{-18} \text{ J} = 9.43 \text{ eV}$$

（2）粒子在无限深方势阱中的波函数为

$$\psi(x) = \sqrt{\frac{2}{a}} \sin \frac{n\pi}{a} x \quad (n = 1, 2, \cdots)$$

当它处于第一激发态（$n=2$）时，波函数为

$$\psi(x) = \sqrt{\frac{2}{a}} \sin \frac{2\pi}{a} x \quad (0 \leqslant x \leqslant a)$$

相应的概率密度函数为

$$|\psi(x)|^2 = \frac{2}{a} \sin^2 \frac{2\pi}{a} x \quad (0 \leqslant x \leqslant a)$$

令 $\dfrac{\mathrm{d}|\psi(x)|^2}{\mathrm{d}x} = 0$，得

$$\frac{8\pi}{a^2} \sin \frac{2\pi x}{a} \cos \frac{2\pi x}{a} = 0$$

在 $0 \leqslant x \leqslant a$ 的范围内讨论可得，当 $x = 0, \dfrac{a}{4}, \dfrac{a}{2}, \dfrac{3}{4}a$ 和 a 时，函数 $|\psi(x)|^2$ 取得极值.由 $\dfrac{\mathrm{d}^2\psi(x)}{\mathrm{d}x^2} > 0$

可知，函数在 $x = 0, x = \dfrac{a}{2}$ 和 $x = a$（即 $x = 0, 0.10$ nm，0.20 nm）处概率密度最小，其值均为零.

16-28 在线度为 1.0×10^{-5} m 的细胞中有许多质量为 $m = 1.0 \times 10^{-17}$ kg 的生物粒子,若将生物粒子作为微观粒子处理,试估算该粒子的 $n = 100$ 和 $n = 101$ 的能级和能级差.

分析 作为估算,被限制在细胞内运动的粒子,可按一维无限深方势阱中的粒子处理,势阱宽度 $a = 1.0 \times 10^{-5}$ m.

解 由分析可知,按一维无限深方势阱这一物理模型计算,可得

$$n = 100 \text{ 时}, E_1 = n^2 \frac{h^2}{8ma^2} = 5.49 \times 10^{-37} \text{ J}$$

$$n = 101 \text{ 时}, E_2 = n^2 \frac{h^2}{8ma^2} = 5.60 \times 10^{-37} \text{ J}$$

它们的能级差为

$$\Delta E = E_2 - E_1 = 0.11 \times 10^{-37} \text{ J}$$

*16-29 一电子被限制在宽度为 1.0×10^{-10} m 的一维无限深方势阱中运动.(1)欲使电子从基态跃迁到第一激发态,则需给它多少能量?(2)在基态时,电子处于 $x_1 = 0.090 \times 10^{-10}$ m 与 $x_2 = 0.110 \times 10^{-10}$ m 之间的概率为多少?(3)在第一激发态时,电子处于 $x'_1 = 0$ 与 $x'_2 = 0.25 \times 10^{-10}$ m 之间的概率为多少?

分析 设一维粒子的波函数为 $\psi(x)$,则 $|\psi(x)|^2$ 表示粒子在一维空间内的概率密度,$|\psi(x)|^2 dx$ 则表示粒子在 $x \sim x+dx$ 间隔内出现的概率,而 $\int_{x_1}^{x_2} |\psi(x)|^2 dx$ 则表示粒子在 $x_1 \sim x_2$ 区间内出现的概率.如 $x_1 \sim x_2$ 区间的间隔 Δx 较小,上述积分可近似用 $|\psi(x)|^2 \Delta x$ 代替,其中 $|\psi(x)|^2$ 取 x_1 和 x_2 之间的中点位置 c 处的概率密度作为上述区间内的平均概率密度.这是一种常用的近似计算的方法.

解 (1)电子从基态($n = 1$)跃迁到第一激发态($n = 2$)所需的能量为

$$\Delta E = E_2 - E_1 = n_2^2 \frac{h^2}{8ma^2} - n_1^2 \frac{h^2}{8ma^2} = 112 \text{ eV}$$

(2)当电子处于基态($n = 1$)时,电子在势阱中的概率密度为 $|\psi_1(x)|^2 = \frac{2}{a} \sin^2 \frac{\pi}{a} x$,所求区间宽度 $\Delta x = x_2 - x_1$,区间的中点位置 $x_c = \frac{x_1 + x_2}{2}$,则电子在所求区间的概率近似为

$$P_1 = \int_{x_1}^{x_2} |\psi(x)|^2 dx \approx |\psi_1(x_c)|^2 \Delta x = \frac{2}{a} \sin^2 \left(\frac{\pi}{a} \frac{x_1 + x_2}{2} \right) (x_2 - x_1)$$
$$= 3.8 \times 10^{-3}$$

(3)同理,电子在第一激发态($n = 2$)的概率密度为 $|\psi_2(x)|^2 = \frac{2}{a} \sin^2 \frac{2\pi}{a} x$,则电子在所求区间的概率近似为

$$P_2 = \frac{2}{a} \sin^2 \left(\frac{2\pi}{a} \frac{x'_1 + x'_2}{2} \right) (x'_2 - x'_1) = 0.25$$

16-30 在描述原子内电子状态的量子数 n, l, m_l 中:(1)当 $n = 5$ 时,l 的可能值是多少?(2)当 $l = 5$ 时,m_l 的可能值是多少?(3)当 $l = 4$ 时,n 的最小可能值是多少?(4)当 $n = 3$ 时,电

子可能的状态数是多少?

分析 微观粒子状态的描述可用能量、角动量、角动量的空间取向、自旋角动量和自旋角动量的空间取向所对应的量子数来表示,即用一组量子数(n, l, m_l, s, m_s)表示一种确定状态.由于电子自旋量子数s恒为$\frac{1}{2}$,故区别电子状态时只需用4个量子数即n、l、m_l和m_s,其中n可取大于零的任何整数值,而l、m_l和m_s的取值则受到一定的限制,如n取定后,l只能为$0, 1, \cdots,$ $(n-1)$,共可取n个值;l取定后,m_l只能为$0, \pm 1, \cdots, \pm l$,共取$2l+1$个值;而m_s只可取$\pm\frac{1}{2}$两个值.上述4个量子数中只要有一个不同,则表示的状态就不同,因此,对于能量确定(即n一定)的电子来说,其可能的状态数为$2n^2$个.

解 (1) $n=5$时,l的可能值为5个,它们是$l=0, 1, 2, 3, 4$.

(2) $l=5$时,m_l的可能值为11个,它们是$m_l=0, \pm 1, \pm 2, \pm 3,$ $\pm 4, \pm 5$.

(3) $l=4$时,因为l的最大可能值为$(n-1)$,所以n的最小可能值是5.

(4) $n=3$时,电子的可能状态数是$2n^2=18$.

16-31 氢原子中的电子处于$n=4$、$l=3$的状态.问:(1)该电子角动量L的值为多少?(2)角动量L在z轴上的分量有哪些可能的值?(3)角动量L与z轴的夹角的可能值为多少?

解 (1) $n=4, l=3$时,电子角动量为

$$L = \sqrt{l(l+1)}\frac{h}{2\pi} = \sqrt{12}\frac{h}{2\pi}$$

(2) 轨道角动量在z轴上的分量$L_z = m_l\frac{h}{2\pi}$,对于$n=4, l=3$的电子来说$m_l=0, \pm 1, \pm 2, \pm 3$,则$L_z$的可能取值为$0, \pm\frac{h}{2\pi}, \pm\frac{2h}{2\pi}, \pm\frac{3h}{2\pi}$.

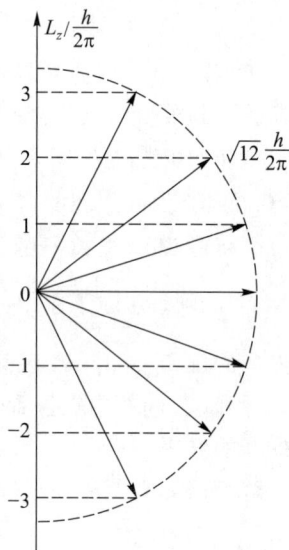

习题 16-31 图

(3) 角动量与z轴的夹角$\theta = \arccos\frac{L_z}{L} = \arccos\frac{m_l}{\sqrt{l(l+1)}}$,如图所示,当$m_l$分别取$3, 2, 1, 0,$ $-1, -2, -3$时,相应夹角θ分别为$30°, 55°, 73°, 90°, 107°, 125°, 150°$.

16-32 α粒子在一维无限深方势阱中运动,其波函数为

$$\psi(x) = \sqrt{\frac{1}{2}}\sin\frac{3\pi}{4}x$$

试问该α粒子应具有的能量为多少?

解 此时一维粒子的波函数为

$$\psi(x) = \sqrt{\frac{2}{a}}\sin\frac{n\pi}{a}x$$

$$= \sqrt{\frac{1}{2}}\sin\frac{3\pi}{4}x$$

比较后得

$$a = 4, n = 3$$

则该 α 粒子能量为

$$E = n^2 \frac{h^2}{8ma^2} = 4.65 \times 10^{-42} \text{ J}$$

式中 α 粒子的静质量为 6.64×10^{-27} kg(见习题 16-20).

郑重声明

高等教育出版社依法对本书享有专有出版权。任何未经许可的复制、销售行为均违反《中华人民共和国著作权法》,其行为人将承担相应的民事责任和行政责任;构成犯罪的,将被依法追究刑事责任。为了维护市场秩序,保护读者的合法权益,避免读者误用盗版书造成不良后果,我社将配合行政执法部门和司法机关对违法犯罪的单位和个人进行严厉打击。社会各界人士如发现上述侵权行为,希望及时举报,我社将奖励举报有功人员。

反盗版举报电话　(010)58581999　58582371

反盗版举报邮箱　dd@hep.com.cn

通信地址　北京市西城区德外大街 4 号
　　　　　高等教育出版社法律事务部

邮政编码　100120

读者意见反馈

为收集对教材的意见建议,进一步完善教材编写并做好服务工作,读者可将对本教材的意见建议通过如下渠道反馈至我社。

咨询电话　400-810-0598

反馈邮箱　hepsci@pub.hep.cn

通信地址　北京市朝阳区惠新东街 4 号富盛大厦 1 座
　　　　　高等教育出版社理科事业部

邮政编码　100029

防伪查询说明

用户购书后刮开封底防伪涂层,使用手机微信等软件扫描二维码,会跳转至防伪查询网页,获得所购图书详细信息。

防伪客服电话　(010)58582300